TEGAOYA HUNHEJILIAN HUANLIUZHAN ZHUSHEBEI
JI GUANJIAN JISHU

特高压混合级联换流站主设备及关键技术

国网江苏省电力有限公司超高压分公司 组编

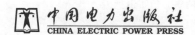

中国电力出版社
CHINA ELECTRIC POWER PRESS

内容提要

本书以白鹤滩—江苏特高压直流输电工程为技术背景，系统地梳理了世界上第一个采用常规直流和柔性直流混合级联拓扑结构的直流输电工程的关键技术、主要设备和工程建设规范，内容涵盖特高压混合级联换流站的系统结构、设备工作原理、系统控制保护、工程参数设计和系统运维要领，归纳总结了当今最先进的特高压混合级联直流输电技术。

本书将为从事直流输电运行维护、工程建设、科学研究、设备制造、电网规划和运行管理等方面的技术人员和管理人员提供参考；将对我国高压直流输电技术的发展和人才培养发挥重要作用；将为缓解我国区域能源分布和地区经济发展不平衡，推动"双碳"目标实施落地，促进绿色环保可持续发展作出积极贡献。

图书在版编目（CIP）数据

特高压混合级联换流站主设备及关键技术/国网江苏省电力有限公司超高压分公司组编. —北京：中国电力出版社，2024.5

ISBN 978-7-5198-8350-8

Ⅰ.①特…　Ⅱ.①国…　Ⅲ.①特高压输电－换流站－直流输电－中国　Ⅳ.①TM726.1

中国国家版本馆 CIP 数据核字（2023）第 227205 号

出版发行：中国电力出版社
地　　址：北京市东城区北京站西街 19 号（邮政编码 100005）
网　　址：http://www.cepp.sgcc.com.cn
责任编辑：孙建英（010-63412369）　贾丹丹
责任校对：黄　蓓　常燕昆
装帧设计：赵姗姗
责任印制：吴　迪

印　　刷：三河市航远印刷有限公司
版　　次：2024 年 5 月第一版
印　　次：2024 年 5 月北京第一次印刷
开　　本：787 毫米×1092 毫米　16 开本
印　　张：15.25
字　　数：336 千字
印　　数：0001—1000 册
定　　价：98.00 元

本书编委会

主　　编　李朋波　杨　波

副 主 编　张　东　郭　涛　王树刚　汤　峻　张俊辉

编写人员　马文亮　陈松涛　孙勇军　高拓宇　潘瑞瑞
陈　萍　徐梦节　徐　兵　施纪栋　赵学华
刘　佩　姜阳华　王庆庆　李　威　冯兴荣
王　荣　沈明慷　朱晓峰　张　坤　朱映锦
沙浩源　朱　超　况志强　王菁怡　储厚成
黄麒睿　朱振池　丁　凯　张舒鹏　傅　鹏
鞠晓慧　蔡志坤　蔡　博　汪龙龙　张　军
张金国　王　强　关　杰　邓海晖　莫　豪
柏　彬　黄　涛　茅鑫同

前　言

2022 年 1 月 24 日下午，在中共中央政治局第三十六次集体学习中，习近平总书记明确指出：要把“双碳”工作纳入生态文明建设整体布局和经济社会发展全局，建立健全绿色低碳循环发展经济体系，持续推动产业结构和能源结构调整。要加大力度规划建设以大型风光电基地为基础、以其周边清洁高效先进节能的煤电为支撑、以稳定安全可靠的特高压输变电线路为载体的新能源供给消纳体系。

特高压作为能源转型的载体，可以有效带动我国资源优化进程，促进国内各地区资源分工发展，确保我国“碳达峰、碳中和”目标的快速实现，推动我国重大决策和行动方案的逐步落地，与此同时国家也出台了一系列政策支持特高压行业发展，行业建设将驶入快车道。“十四五”期间及之后一段时间，中国还将建设多条线路的特高压输电工程。

为此，我国正面临着急需培养大批特高压混合级联换流站的设计、维护、管理人员的任务，力求他们能够在较短的时间内，充分掌握高压混合级联换流站设计、调试、运行、维护和管理知识，以便全面承担起高压混合级联换流站安全可靠运行的任务。

本书正是为此目的而编写的。本书以白鹤滩——江苏特高压直流输电工程为技术背景，系统地梳理了世界上第一个采用常规直流和柔性直流混合级联拓扑结构的直流输电工程的关键技术、主要设备和工程建设规范，内容涵盖特高压混合级联换流站的系统结构、设备工作原理、系统控制保护、工程参数设计和系统运维要领，归纳总结了当今最先进的特高压混合级联直流输电技术，使读者能够获得比较完整的有关特高压混合级联换流站工作的物理概念。当然，本书也能为从事研究和设计工作的人员服务，他们在掌握了本书提供的物理概念和理论基础知识后，就能顺利地进行有关特高压混合级联换流站设计计算和试验研究方面的专门训练。

本书共八章，第一章概述了混合级联换流站作用、特点、难点及接入方式。第二章至第七章详细介绍了混合级联换流站的直流控制保护系统、柔性直流换流阀、换流变压器、幅相校正器、可控自恢复消能装置、阀冷却系统等主设备。第八章介绍了混合级联输电换流站调试。为了增强实用性，本书特别加强了对主设备的结构设计、设备选型、施工安装、运行调试等工程建设经验总结，形成了关键技术应用和核心设备管理系列理论，并对主设备调试与运行阶段典型问题进行了详细分析。总体内容比较广泛，论述力求深入浅出，理论联系实际，希望便于读者接受。

编写中编者参阅了大量国内外相关单位的学术著作、论文和工作报告，甚至引用或介绍了他们的论述和观点，在此特致感谢。

限于编者水平，书中难免存在不足之处，敬请广大读者批评指正。

编者

2023 年 10 月

目 录

CONTENTS

第一章 概 述

第一节 混合级联输电系统概述

一、混合级联输电系统介绍

混合级联输电系统（hybrid cascaded transmission system）是一种将不同类型的输电技术结合在一起的输电网络，以提高系统性能、可靠性和灵活性。在这种系统中，常见的输电技术如交流输电和直流输电被整合在同一个输电系统中，以便在不同场景和应用中实现更优化的输电解决方案。白鹤滩—江苏±800 kV 特高压直流输电工程是首个同时采用常规直流和柔性直流混合级联技术的工程。混合级联技术综合利用常规直流功率输送能力强、可靠性高以及柔性直流灵活性好、系统性能优的特点，是继千万千瓦级±800 kV 输电、特高压交直流直接互联、1100 kV 特高压直流、特高压交流 GIL、柔性直流电网后的又一世界级创新引领工程。

混合级联输电系统具有以下特点：

（1）灵活性。根据实际需求和特定场景，系统可以自动切换或同时使用交流和直流输电技术。

（2）高效性。混合系统可以减少能量损耗，提高输电效率，从而降低运营成本。

（3）可靠性。整合多种输电技术，可以降低单一输电方式的风险，提高系统的稳定性和可靠性。

（4）容量优化。通过合理分配交流和直流输电线路，可以最大限度地利用现有输电网络的容量。

（5）可再生能源的整合。混合级联输电系统可以更好地整合可再生能源，如太阳能和风能，有助于实现更绿色和可持续的能源体系。

二、混合级联输电系统作用

建设白鹤滩—江苏特高压直流输电工程，是落实国家电力发展“十四五”规划的工作要求，保障白鹤滩水电站电力可靠送出，促进四川富余水电在更大范围内优化配置，推动地方新能源开发和消费步入良性循环。

江苏省经济规模大，能源资源禀赋少，环境承载能力弱，人均用能基数高。白鹤滩直流受端换流站落点江苏，可源源不断地承接西南清洁水电资源，在保障省内电力供应的基础上，大大提高非化石能源消费比重，加快能源绿色发展进程，为完成能源发展规划的目标提供坚实有力的保障。

±800 kV 姑苏换流站是白江工程的受电端，位于江苏苏南地区负荷中心，送入的 8000 MW 清洁水电，不仅可以满足江苏快速增长的负荷需求，提升负荷中心的电力供给能力，同时在保障省内电力供应的基础上，优化江苏能源结构，有利于实现清洁能源在更大范围的优化配置。此外，姑苏换流站还具有改善江苏电网调节能力、缓解省内重要输电断面压力的功能，在系统中具有举足轻重的作用。

±800 kV 姑苏换流站是国内拥有换流变压器和阀厅数量最多的换流站，同时也是世界首座采用“常规直流＋柔性直流”输电技术的特高压换流站，该站有数十项创新技术在世界范围内首次应用，是特高压领域的“顶尖”换流站。

三、混合级联受端接入方式

姑苏换流站接入系统方案如下：

高端换相换流器（line-commuted converter，LCC）出线 5 回，其中 LCC 就近 π 入斗山—常熟南 2 回 500 kV 线路，LCC 再新建 1 回线路至常熟南，形成 LCC—斗山 2 回线、LCC—常熟南 3 回线；低端 3 个电压源换流器（voltage source converter，VSC）交流出线共 6 回，其中 VSC1 单 π 常熟南（北站）—张家港单线，VSC2 新建两回 500 kV 线路接入木渎，VSC3 新建 2 回接入玉山。此外，原陆桥—常熟南 1 回 500 kV 线路的斗山—常熟南段被±800 kV 直流线路利用后，陆桥站改接入斗山，形成陆桥—斗山 4 回线。姑苏换流站接入系统方案，如图 1-1 所示。

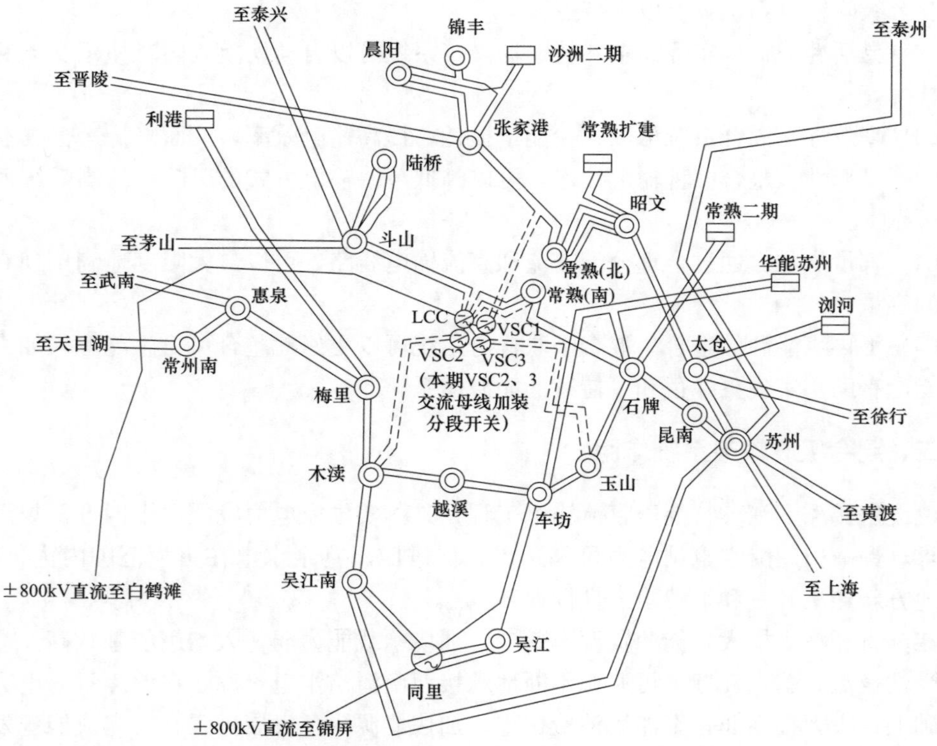

图 1-1　姑苏换流站接入系统方案

第二节 混合级联换流站电气主接线

一、直流侧电气主接线

直流侧采用混合级联双极带接地极接线，包括 2 个完整单极，每极高端为 1 个常规 LCC 换流阀，低端为 3 个 VSC 换流阀并联，每极阀组电压按 400 kV＋400 kV 配置。高端常规直流采用双十二脉动阀组；低端柔性直流换流器采用半桥模块化多电平拓扑结构，按极装设平波电抗器，平波电抗器分置于±800 kV 极线和中性线侧，高低端阀组分别装设旁路开关。按极装设直流滤波器，接于±800 kV 和±400 kV 母线之间，在中性线上配置阻塞滤波器；桥臂电抗器接入柔性直流换流器直流侧，3 个柔性直流换流阀直流侧经快速直流开关等设备接至 400 kV 汇流母线，在 400 kV 汇流母线上装设可控自恢复消能装置。柔性直流换流器交流侧通过联结变压器和启动电阻等设备接入交流 500 kV 配电装置。额定直流电压±800 kV，额定直流电流 5000 A，输电规模为 8000 MW，不考虑融冰方式。

直流部分的电气主接线如图 1-2 所示。

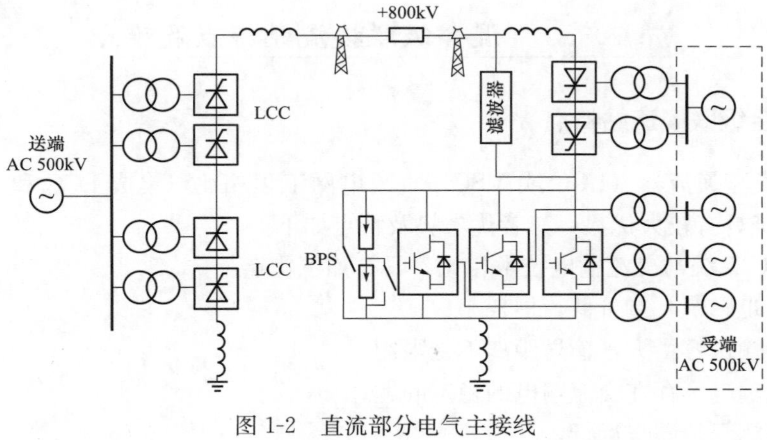

图 1-2 直流部分电气主接线

二、交流侧电气主接线

LCC 的 500 kV 交流配电装置采用一个半接线，3 个 VSC 的交流配电装置均采用双母线接线。

LCC 的一个半接线按 5 个完整串考虑，接入设备包括高端换流变压器进线 2 回、交流滤波器 3 大组、至斗山 500 kV 线路 2 回、至常熟南 500 kV 线路 3 回。站用变压器 2 台，经断路器接入滤波器大组母线。

VSC1 双母线接线接入设备包括换流变压器进线 2 回，单 π 接入常熟北—张家港的 500 kV 线路 2 回；VSC2 双母线接线接入设备包括换流变压器进线 2 回，至木渎的

500 kV 线路 2 回；VSC3 双母线接线接入设备包括换流变压器进线 2 回，至玉山的 500 kV 线路 2 回。

为了提升直流运行灵活性和送电可靠性，同时兼顾受端电网构网需求，在 VSC2 与 VSC3 交流母线间加装分段开关，并在 VSC1 与 VSC2 之间预留分段开关的位置。

LCC 和 VSC 交流部分电气主接线，如图 1-3 所示。

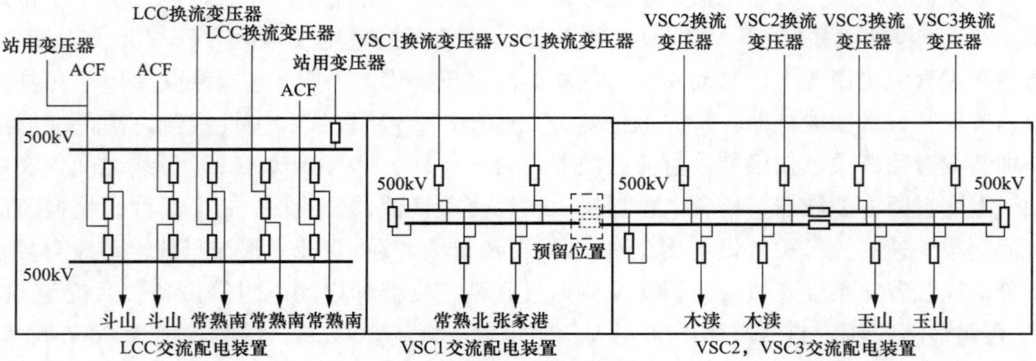

图 1-3 LCC 和 VSC 交流部分电气主接线

第三节 混合级联换流站特点及难点

一、混合级联换流站特点

与单一类型换流器（LCC 或 VSC）直流电网工程相比，集成 LCC 和 VSC 的混合直流电网系统具有较大优势，三者优劣势及特点如下。

（1）LCC 系统与交流输电技术相比，具有如下优点：

1）线路走廊窄，造价低，损耗小；

2）线路输送容量大，输送距离不受限制；

3）直流输电不存在交流输电的稳定问题；

4）电网间无须同步运行。

但是 LCC 需要交流系统提供换相电流，连接弱交流电网时容易引起换相失败。其次，基于电网换相换流器的传统高压直流输电技术（line-commutated converter based high voltage direct current，LCC-HVDC）无功功率消耗大，自身无功功率需求主要是通过谐波滤波装置来实现，没有无功功率调节能力。因此该技术在用于新能源电力并网时需要附加配置大量的无功补偿设备。LCC-HVDC 潮流反转时电压极性反转，且有功功率、无功功率不能独立控制，在构建直流电网时存在局限性。此外，LCC 换流站设备多、占地面积大。

（2）VSC 系统与 LCC 系统相比，具有如下优点：

1）有功功率、无功功率可独立控制，易于实现潮流反转；

2）为交流系统提供无功功率支持，提高交流系统电压稳定性；

3）可向无源网络供电；

4）换流站占地面积小（约减小50%）。

与LCC相比，VSC在建设成本、运行经验及可靠性、换流站损耗方面仍不占优势；且VSC无法抑制直流侧的故障电流，在构建直流电网时必须配置高压直流断路器。

（3）混合级联系统技术具有如下特点：

1）混合直流输电的输送功率范围可从几十兆瓦到几百兆瓦，且逆变侧换流站的大多数设备在制造厂家就被封装起来，安装调试方便、快捷。

2）受端VSC电流能够自关断，可工作在无源逆变方式，不需要外加的换向电压，可不依赖于交流系统去维持电压和频率的稳定。正常运行时VSC可同时且独立控制有功功率和无功功率，控制更加灵活、方便。

3）VSC不需要交流侧提供无功功率，还能起到动态补偿交流母线的无功功率、稳定交流母线电压的作用。

4）由于VSC交流侧电流可以控制，不会增加系统的短路容量，因此增加新的混合直流输电线路后，交流系流的保护整定基本不需要改变。多个VSC可接到一个固定极性的直流母线上，易于构成与交流系统具有相同拓扑结构的多端直流系统，运行控制方式灵活、多变。

5）混合直流输电技术结合了传统高压直流输电（high voltage direct current，HVDC）的技术成熟、成本低廉和VSC技术的调节性能良好的优点，可方便地在传统HVDC系统上扩展成混合直流输电。但其传输的功率不如传统HVDC大，调节灵活性不如VSC。

二、混合级联换流站难点

混合级联换流站难点如下：

（1）拓扑结构创新难度大。首次采用混合级联技术方案，受端将晶闸管常规换流器与3个并联的柔性直流换流器串联，需采用全新的控制保护策略实现工程的启停投退、稳态和暂态控制，具有故障穿越能力。该技术方案暂无工程应用，采用软件仿真和缩比模型的方式探索均属首次。

（2）工程技术方案涉及的功率转化能力优化、避雷器在故障下应力增大等全新工况、VSC功率互济等专题研究，为一系列需要解决的技术问题。

（3）可控自恢复消能装置创新难度大。可控自恢复消能装置为大容量、多柱并联避雷器，研究攻克避雷器从暂态电压抑制过渡到能量吸收的功能转变下的性能特性，需研究集成控制保护、高速开关的功能实现，特别是研制小于5 ms关合时间的快速开关，研制晶闸管快速开关、间隙开关。

（4）控制保护装置需集成全新策略。实现混合级联技术方案的启停投退、动态稳态性能，分步闭锁等新型策略，实现故障穿越与可控自恢复消能装置的配合使用，均需在软件仿真和缩比模型研究中动态更新。

第二章　直流控制保护系统

第一节　系统拓扑结构

一、设备组成与功能

网络拓扑结构上，控制保护系统总体构架分为以下 4 层：

（1）远方调度控制层。与远方调度/监视中心通信的接口装置实现与国调中心、网调、省调、智能管控中心等远方调度通信，主要包括远动工作站、告警图形网关工作站、计划工作站、检修工作站、远动局域网（local area network，LAN）相关设备等。

（2）换流站运行人员控制系统层。换流站运行人员控制系统是换流站正常运行时运行人员的主人机界面和站监控数据采集系统的重要部分，主要由数据采集与监视控制系统（supervisory control and data acquisition，SCADA）LAN 网、运行人员工作站、工程师工作站、站长工作站、服务器等构成。

（3）换流站控制层。换流站控制层包括站层控制保护设备、极层控制保护设备、换流器层控制保护设备。

（4）现场测控接口（I/O 单元）层。采集数据、执行控制层指令，完成对应设备操作控制。

控制保护系统拓扑如图 2-1 所示。

站层控制保护设备负责高低端交流场、滤波器场、站用电等站层设备的控制保护，包括交流场控制（ACC）、变压器测控（ATC）、交流滤波器控制（AFC）、交流滤波器保护［AFP（FBP）］、站用电控制（SPC）、辅助系统控制（ASC）。

极层控制保护设备负责单极直流场隔离开关、顺序控制、极功率控制、极区保护功能，包括极控制（PCP）、极保护（PPR）、极开关场接口（PSI）、极测量接口（PMI）、站间通信接口（TCOM）。

LCC 换流器控制保护设备包括换流器控制（CCP）、换流器保护（CPR）、换流器开关接口（CSI）、换流器测量接口（CMI）、辅助系统接口（ASI）、站用电接口（AXI）、通信接口（COM）、非电量接口（NEP）。

VSC 换流器控制保护设备包括换流器控制（CCP）、换流器保护（CPR）、换流器开关接口（CSI）、换流变压器保护（CTP）、辅助系统接口（ASI）、站用电接口（AXI）、通信接口（COM）。

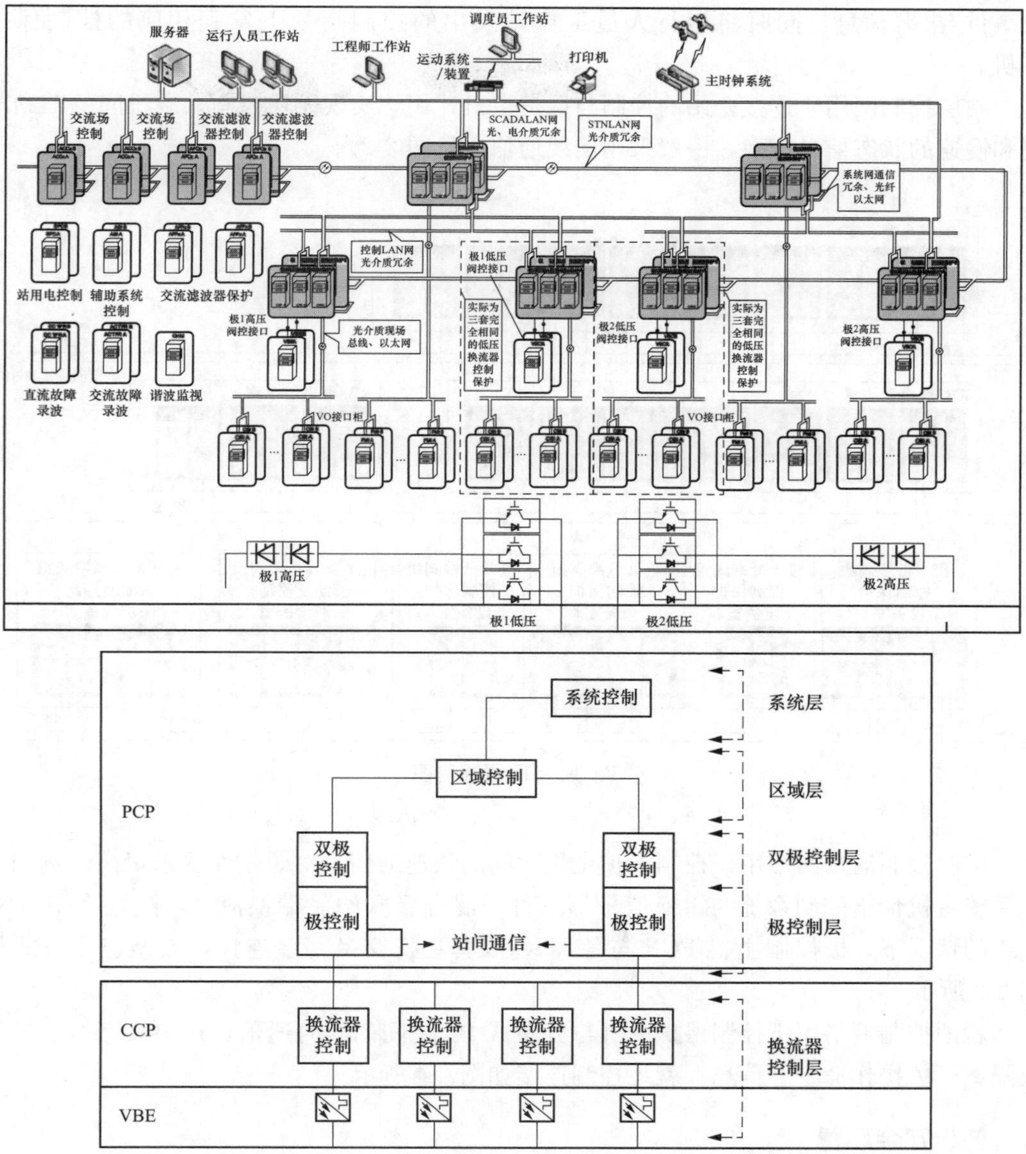

图 2-1　控制保护系统拓扑图

PCP—极控制系统；CCP—换流器控制；VBE—阀基电子设备

二、LAN 网与总线通信

直流控制保护通信系统可以分为后台系统通信网、站层控制网、控制保护装置之间的实时快速通信、控制保护装置与 IO 接口装置的快速通信，根据通信数据类型，采用了不同的协议和通信介质。

站后台系统通信网通过 SCADA 服务器接收控制保护装置发送的换流站监视数据

及事件/报警信息，同时将运行人员工作站发出的控制指令下发到相应的控制保护主机。

站层控制网用于连接全站的控制与保护主机，用于实现无功控制、主机间的辅助监视和慢速的状态信息交换，一般采用网线通信（见图 2-2）。

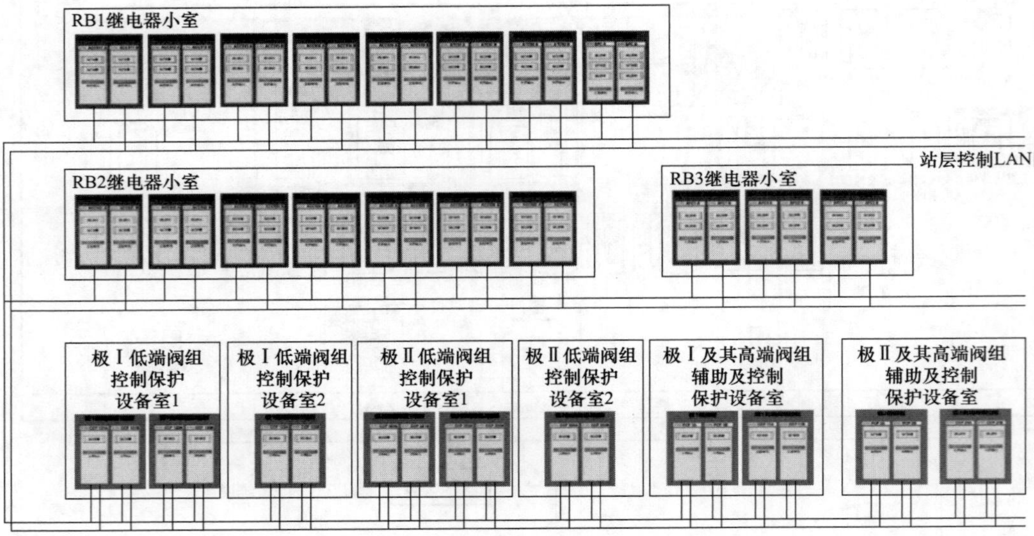

图 2-2　网线通信图

实时控制通信网络用于控制保护主机时间的快速通信，对时效性要求很高，例如保护系统主机传给控制系统的闭锁信号等。对于混合级联的受端换流站，配置多个 VSC 阀组的情况下，极控制主机 PCP 与各 VSC 双套主机交叉冗余连接，典型连接方式如图 2-3 所示。

就地控制网络用于控制保护主机与分布式 IO 之间的实时通信，传递状态、信号以及隔离开关操作命令等信息。就地控制连接如图 2-4 所示。

三、冗余配置

混合级联特高压直流控制保护系统的冗余是保证直流输电系统具有 100%可用性的重要环节。保证这一可用性的原则：不容许单一故障点中断运行。冗余的范围包括所有层的所有系统，从输入/输出回路到 SCADA LAN。极控制系统（PCP）、换流器控制（CCP）、极保护系统（PPR）、换流器保护系统（CPR）、换流变压器保护系统（CTP）、交流站控系统（ACC）、交流滤波器控制系统（AFC）等子系统都按冗余原则进行配置。其中直流保护和换流变压器保护采用三套系统配置，其余采用双重化结构配置。

冗余的设备包括控制保护主机、IO 接口系统、装置间的光纤和网线以太网通信。

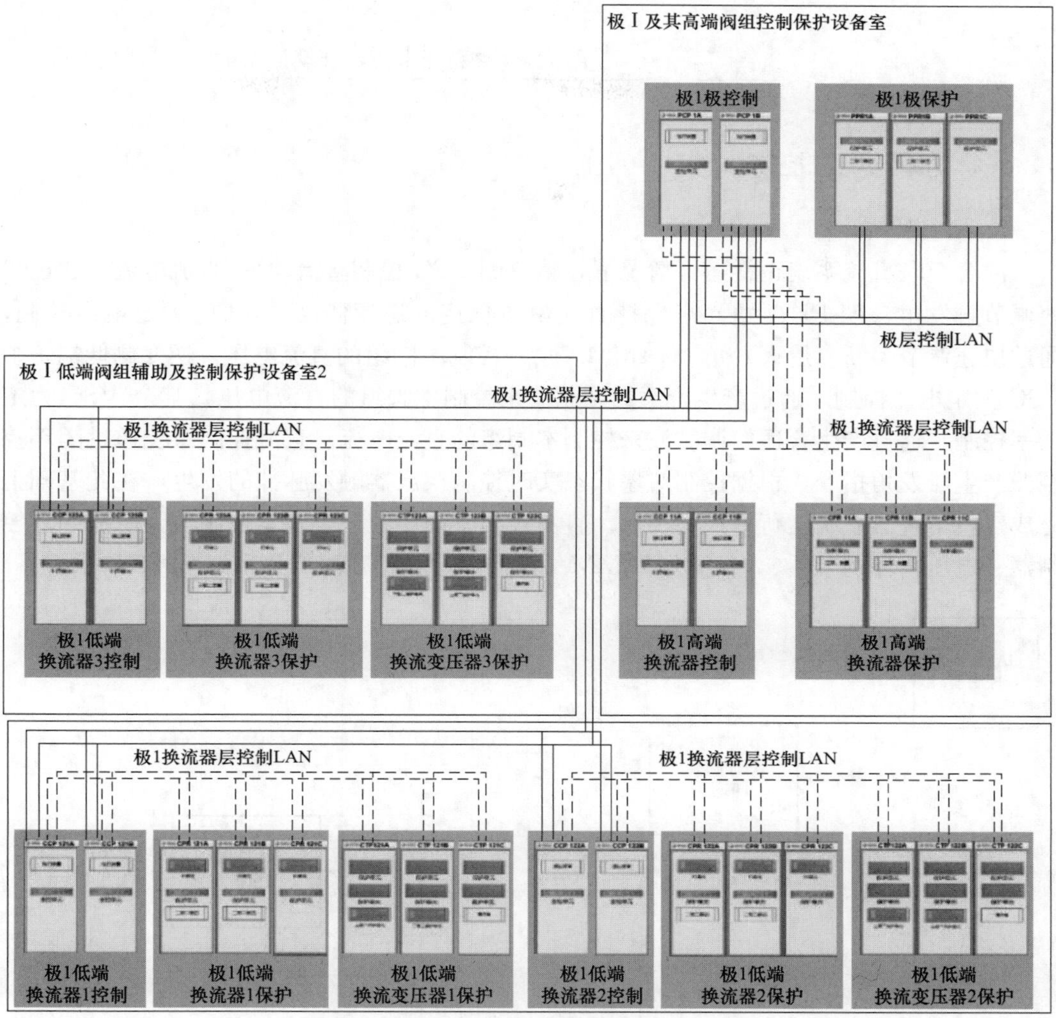

图 2-3　实时通信连接图

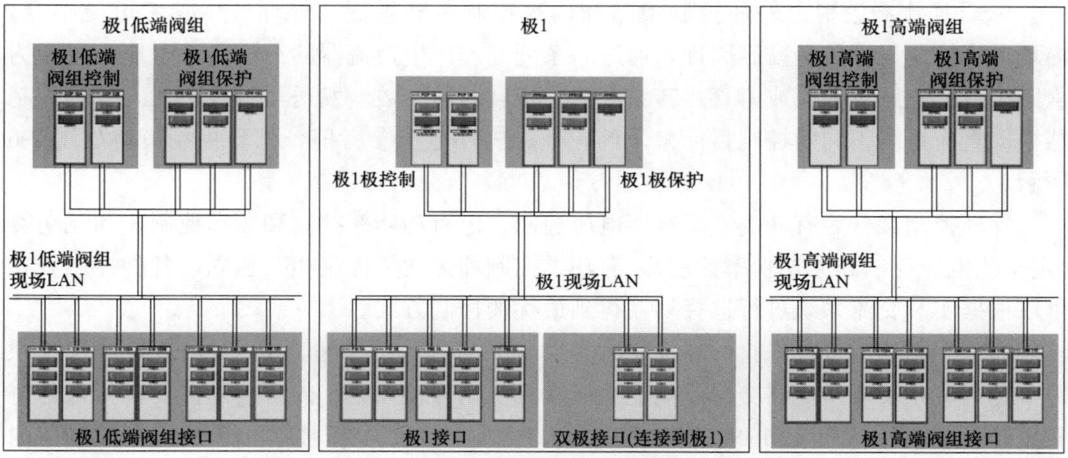

图 2-4　就地控制连接图

第二节 直流控制策略

一、功率与电流控制

1. 控制结构

混合级联直流系统正常运行情况下，整流侧 LCC 控制直流功率/直流电流，通过快速调节触发角（ALPHA 角）来保持直流电流恒定。逆变侧高端 LCC 为定电压控制，通过快速调节关断（熄灭）角（GAMMA 角）控制本阀组的直流电压。逆变侧低端一个 VSC 为定电压控制，通过产生合适的调制波来控制本阀组的直流电压，其余 VSC 为定功率控制，通过产生合适的调制波来控制本阀组的直流电流。直流控制系统通过闭环控制器产生触发角指令，根据控制对象状态实时控制换流器触发脉冲的发生，在此基础上完成对整个直流系统运行方式的控制。直流控制系统中的三个基本控制器为电流闭环控制器、电压闭环调节器、修正的 GAMMA 控制器，其相互间的关系如图 2-5 所示。

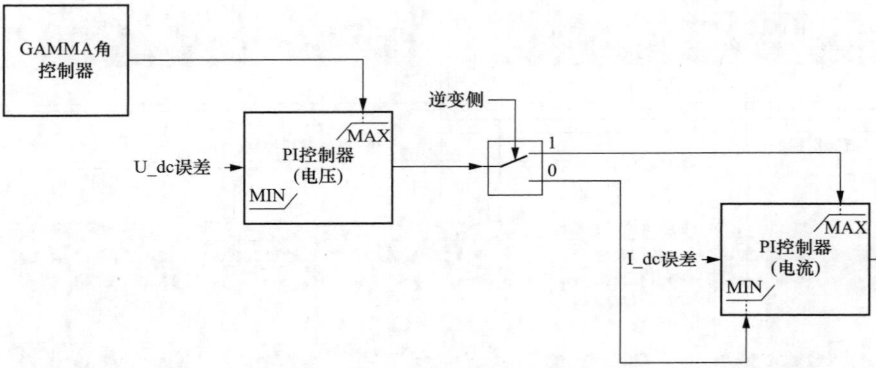

图 2-5 LCC 控制器结构

VSC 换流器控制由外环控制策略和内环控制策略组成。外环产生参考电流指令，内环电流控制根据矢量控制原理，通过一系列处理产生换流器的三相参考电压，调制为六路桥臂的电压参考值或者直接转化成六路桥臂开通个数，发送至阀控单元。外环控制器根据直流系统不同的控制目标来设计，生成内环电流参考值，外环控制策略如图 2-6 所示。

外环控制又分为有功类（定直流电压控制、定有功功率控制和频率控制）和无功类（定交流电压控制和无功功率控制），有功类控制和无功类控制相互独立，各种控制方式可以根据实际交流系统进行选择切换得到最优的控制方式。

内环控制环节接收来自外环控制的有功、无功电流的参考值 i_{dref} 和 i_{qref}，并快速跟踪参考电流，实现换流器交流侧电流波形和相位的直接控制。内环控制主要包括内环电流控制、锁相环（phase-locked loop，PLL）控制、负序电压控制、环流抑制控制。内环控制主要功能如图 2-7 所示。

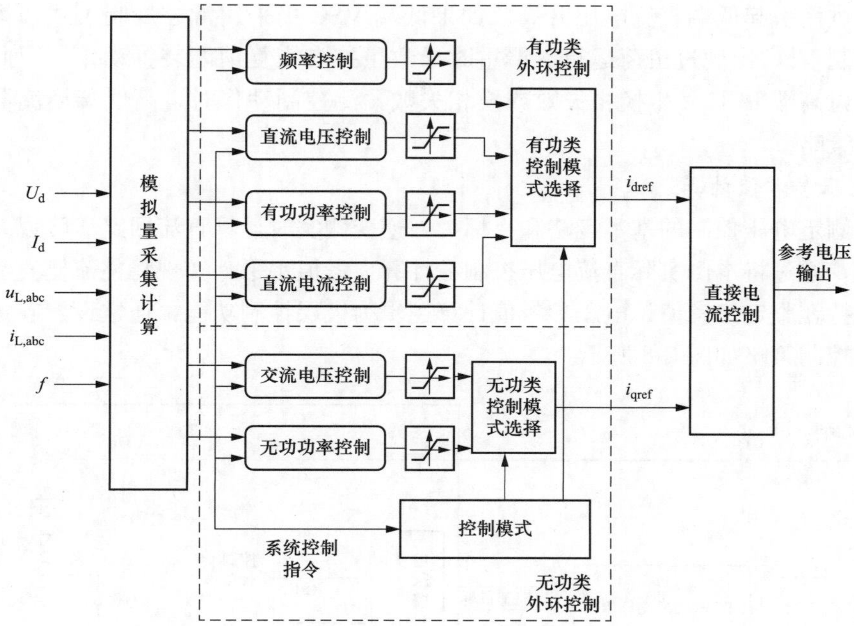

图 2-6　VSC 换流阀外环控制

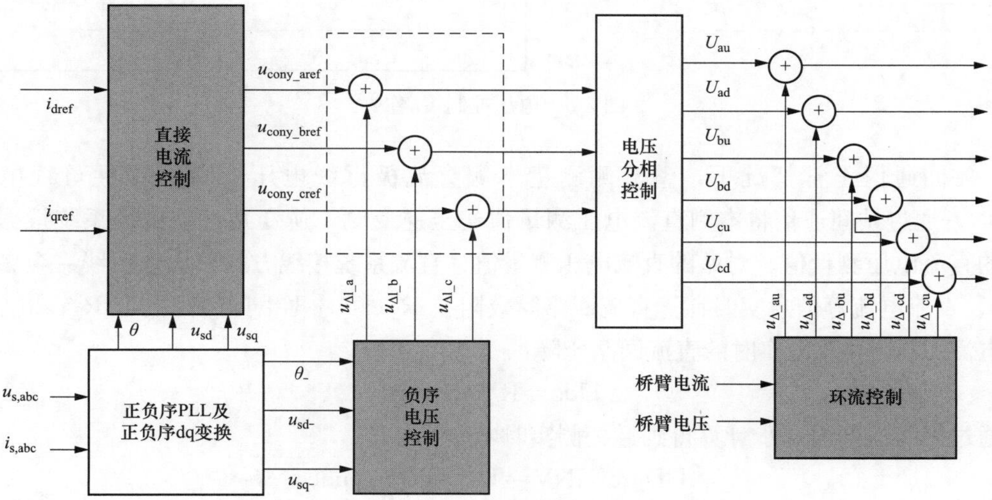

图 2-7　VSC 换流阀内环控制

混合级联特高压直流输电系统中，高低阀组 4 个交流接入点本质属于同一 500 kV 交流电网，因此不同交流接入点之间存在一定的耦合度，低端交流接入点异常时高端交流接入点也会受到影响。因此开展受端 LCC 控制系统换相失败预测控制器设计时，参考常规特高压直流受端分层接入系统的设计思路。另外正常情况下，1 个 VSC 运行在定电压模式，其余 VSC 运行在定功率模式，当受端高端 LCC 换相失败或因交流系统异常引起换相失败预测动作时，高端 LCC 输出的直流电压将快速降低，引起直流电流快速增大，进而引起低端直流电压升高。如果低端 VSC 仍采用常控规制模式，将会导致定电压控制 VSC 出现过负荷运行，严重时导致可控自恢复消能装置动作。因此策略设计需要考虑高端 LCC 发生换相失败或换相失败预测控制动作时，高低端换流器之间的协调控制策略。

2. 电压参考值计算

逆变侧定电压控制的基本策略和目标为：逆变侧实时计算直流回路压降以及本侧电压参考值，通过将本侧实际直流电压控制在计算参考值水平，实现将整流侧直流极的端口电压维持在整定参考值，电压参考值计算逻辑为极层控制功能，通常设置在极控系统中。电压控制策略如图 2-8 所示。

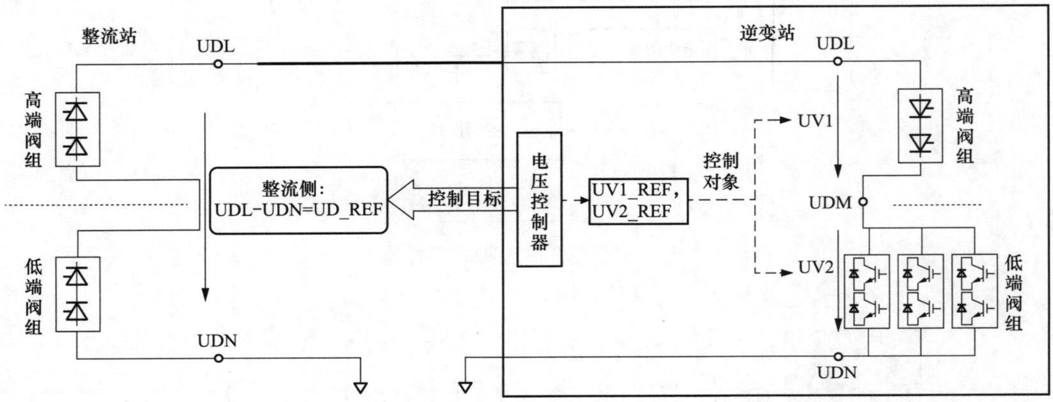

图 2-8　电压控制策略图

站间通信正常情况下，整流侧测量本侧直流极母线电压 UDL、中性母线电压 UDN，通过站间通信将本侧直流电压测量值送至逆变侧。逆变站直流极控系统根据本站的直流电压测量值、对站的直流电压测量值、直流系统接线方式（大地回线、金属回线）、直流电流等信息实时计算直流回路等效阻抗 R_calc，再以回路阻抗值 R_calc、直流电流 Idc 计算获得实时的直流回路压降：

$$\Delta Udc = R\_calc \times Idc \tag{2-1}$$

再通过回路压降进一步计算得到逆变侧实时电压参考值：

$$UD\_ref\_INV = UD\_ref - \Delta udc \tag{2-2}$$

式中：UD_ref 为后台整定的电压参考值，其数值根据运行换流器数量、降压/全压方式以及降压下的整定参考值进行确认。

在以往直流工程中，UD_ref 典型值如下：单换流器运行 0.5（标幺值）；双换流器-降压运行 0.8～1.0（标幺值）；双换流器-全压运行 1.0（标幺值）。通过计算得到 UD_ref_INV 后，逆变侧即以之作为本侧电压参考值用于电压闭环控制，最终完成控制整流侧电压的目标。

站间通信故障情况下，整流侧的直流电压测量值无法送至逆变侧，此时逆变侧在实时计算本侧电压参考值时，可采用直流回路阻抗额定值 R_norm 计算直流回路压降

ΔUdc，即

$$\Delta Udc = R\_norm \times Idc \tag{2-3}$$

得到 ΔUdc 后，即可由整定电压参考值 UD_ref 与 ΔUdc 计算得到逆变侧电压参考值 UD_ref_INV，并进一步完成电压闭环控制。需要说明的是，采用直流回路阻抗额定值计算回路压降时，需根据实际运行接线方式进行阻抗选择与切换，如金属回线方式下，需要以两倍线路阻抗作为回路阻抗额定值参与运算；接地极有流时，回路阻抗中应包含直流线路阻抗、接地极回路阻抗两部分，而此时回路压降计算也应分为线路压降、接地极回路压降。

逆变侧高、低压换流器在换流阀特性、换流变压器特性、交流电压等方面存在差异，高、低端换流器不宜进行同步控制，因此需要在两换流器连接处设置中点电压 UDM 测点。具备该电压测点后，高、低端换流器可采用独立电压控制方式，高、低端换流器控制系统分别控制本换流器的端口电压至参考值水平。在运算得到本侧极电压参考值后，逆变侧极控系统判定本极是否双换流器运行，若为双换流器运行，则将本极电压参考值按照比例分配（如 1∶1）至高、低端换流器，高端 LCC、低端定直流电压的 VSC 换流器控制系统分别完成电压闭环控制，实现了控制整流侧端口电压的目标；若本极为单换流器运行，则极控系统直接将本极电压参考值分配至运行换流器。

3. 电压闭环控制

LCC 换流器的电压闭环控制器是一个 PI 调节器，它配置在换流器控制系统中。电压控制器的输入信号为实际直流电压测量值与电压参考值间的差值，其输出信号则作为电流控制器的上限或下限。当本换流器处于逆变运行时，电压控制器输出作为电流控制器的上限值，用以限制电流控制器的触发角输出；当换流器处于整流运行时，电压控制器输出则作为电流控制器的下限值，作为电流控制器输出的最小触发角限制。

VSC 换流器的直流电压控制产生的电流指令控制流过换流器的有功功率的大小，保持直流侧的电压为设定值。采用定直流电压控制的换流器可以用于平衡直流系统有功功率和保持直流侧电压稳定。直流电压和直流电压指令的偏差经 PI 调节后得到有功电流的参考值。控制结构如图 2-9 所示。

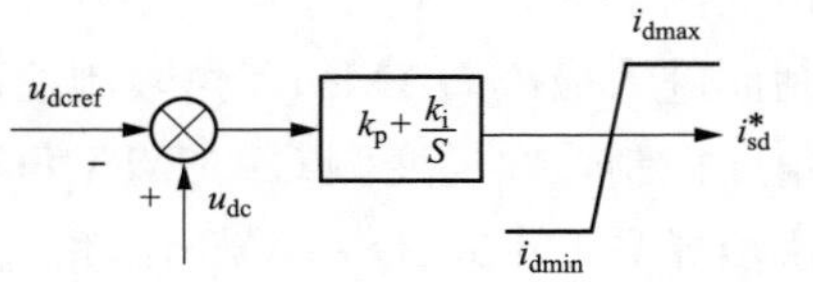

图 2-9 控制结构图

混合级联低端阀组为 3 个 VSC 并联结构，因此低端 VSC 同时还配置了定压控制权切换功能，当定电压控制 VSC 退出时，其他在运行的定功率 VSC 中的高优先级 VSC 将主动切换为定电压控制。

4. 控制策略与分接头的配合

在整流侧定电流、逆变侧的高端阀组定电压、逆变侧的低端阀组定电压（一个 VSC 定电压，其余 VSC 定功率或电流）的控制模式下，为防止 LCC 换流器运行角度过大或过小，同时为促进、维持稳态下两侧控制器间稳定的协调配合关系，需通过换流变压器分接挡位调节功能予以配合，其控制目标为通过对换流变压器分接挡位的控制，调节换流器 Udi0 水平，维持稳态下整流侧触发角、逆变侧关断角在理想范围内，同时为防止 VSC 换流器调制比过大或过小，还需通过换流变压器分接挡位调节功能予以配合，其控制目标为通过对换流变压器分接挡位的控制，调节换流器调制比在理想范围内。

整流侧的高端和低端阀组、逆变侧的高端阀组换流变压器分接头控制均需采用角度控制模式，其功能设计思路如下：

（1）整流侧的高端和低端阀组通过分接头调节，维持 ALPHA 角在理想范围内。

（2）逆变侧的高端阀组通过分接头调节，维持 GAMMA 角在理想范围内。逆变侧的低端阀组换流变压器分接头均采用调制比控制模式，其功能设计思路为定电压、定功率或电流的 VSC 通过分接头调节，维持调制比在 0.7～1.0 的理想范围。

5. 运行特性

正常运行下，逆变侧低端已投运的 VSC 之间直流电流相等。当整流侧 LCC 由于交流电压降低进入最小触发角（α_{min}）限制模式时，逆变侧高端 LCC 通过电流裕度控制接管直流电流控制权，低端 VSC 通过协调控制，保持已投运的 VSC 电流均分。逆变侧单个 VSC 换流器故障闭锁时，若为电压控制模式的换流器闭锁，则其他换流器应按预先设定的顺序接管电压控制功能；若为非电压控制模式的换流器闭锁，其余 VSC 换流器在能力允许范围内进行功率转带，当系统输送功率超过 VSC 输送能力时将进行功率回降。全压运行时，受端高端 LCC 和低端 VSC 直流参考电压根据工程需要设置，如设置参考电压值相同，为总参考电压的一半。降压运行时，受端高端 LCC 进行 80％降压，低端 VSC 不降压，最终实现 90％降压运行。在逆变侧采用定电压控制的系统中，逆变侧高端阀组的电压控制器的参考值无须叠加电压裕度，同时通过采用换流变压器分接头角度控制来维持稳态下换流器的关断角在理想范围。通过两侧控制器的快速调节与换流变压器分接头控制功能的慢速调节相配合，可令正常运行时的稳态工作点处于整流侧定电流、逆变侧定电压的控制模式。当系统运行工况发生变化，如逆变侧交流电压降低，逆变侧 GAMMA 角下降至最小 GAMMA 角限制水平，则逆变侧控制器退出定电压控制而进入最小 GAMMA 角限制控制，此后若工况维持，则由于换流变压器分接头采用角度控制，在逆变侧 GAMMA 角达到限值时，通过换流变压器分接头的自动调节，可逐步提升 Udi0，令 GAMMA 角增加并最终恢复至理想范围，逆变侧重新进入定电压控制；当系统运行工况发生变化，如逆变侧交流电压升高，逆变侧 GAMMA 角向增大方向变化并越限（此时，因逆变侧存在一定控制裕度，多数情况下仍可维持定电压控制，但极端情况下也可能进入定电流控制），若工况维持，则通过换流变压器分接头的自动调节，可逐步降低 Udi0，令 GAMMA 角减小并最终恢复至理想范围，逆变侧重新进入定电压控制。

二、分接头控制

正常运行情况下 LCC 换流变压器抽头控制维持换流器阀侧电压，与常规换流站相同。VSC 换流变压器有调制比控制和桥臂电流优化控制两种不同的特殊控制方式。

1. 调制比控制

换流变压器抽头控制器将实测的调制比和设定的参考值进行比较，得到调制比差。

当调制比差超过动作死区上限时，发出抽头命令，调低换流变压器阀侧电压；当调制比差超过动作死区下限时，发出抽头命令，调高换流变压器阀侧电压，使调制比位于设定死区范围内。

2. 桥臂电流优化控制

换流变压器阀侧电压运行在其他控制允许范围内时，比如调制比、阀侧电压范围满足要求，但阀侧电压处于较低位置时，柔性直流换流阀如运行在满功率等情况下，桥臂电流较大，为保证换流阀桥臂电流在设计容量内，且降低桥臂电流对换流阀一次设备、器件应力及损耗具有有益效果，设计了该优化桥臂电流功能。在阀侧电压较低，但满足其他控制范围时，以阀侧电压额定（可以根据需求进一步提高电压）为目标，或者当桥臂电流有效值越限时，发出抽头命令，调高换流变压器阀侧电压，以降低换流阀桥臂电流，达到优化目的。

三、无功功率控制

无功功率控制包括 LCC 换流器的无功功率控制和 VSC 换流器的无功功率控制。

1. LCC 换流器的无功功率控制

LCC 阀组计算其对所连交流电网输送的有功量，按照交流电网接收的有功量对交流滤波器需求进行计算，并按设计的滤波性能要求进行投切；同时按照阀组运行的实时电压、电流、触发角、叠弧角计算阀组运行吸收的无功量，根据阀组接入交流电网的运行情况，计算得到直流从交流电网吸收的无功量，再根据电网的实测电压计算不同电网内交流滤波器提供的无功量，按照无功交换控制要求对所连交流电网内的交流滤波器进行投切。

2. VSC 换流器的无功功率控制

VSC 换流器可以不用配置交流滤波器，无功控制功能在极控中实现，VSC 换流器的无功控制功能不仅可以发出无功功率，也可以吸收无功功率。

直流运行时，3 个并联的 VSC 换流器作为无功源，其采用电压控制模式时，可以依据所连交流系统的交流电压的变化，通过交流电压调节器的控制作用平滑地发出或吸收无功功率，在输送能力范围内可以精确地控制所连交流电网的电压。这样就存在多点的交流电压控制，由于耦合程度不同，不同的交流电压控制器之间可能引起振荡。

任一时刻只有一个交流电网的交流电压控制器起作用，且优先选择 VSC 换流器在交流电压控制模式，其余的换流器的交流电压控制模式不能生效，均通过无功功率控制方式来满足交流电压的控制要求，通过对输出的无功功率引入上下限，上限为交流电压上限的控制器输出，下限为交流电压下限的控制器输出，从而将交流电压限制在一个范围内。

受端低压阀组为三个 VSC 换流器并联，交流侧分别连接三个不同交流系统的方式，还可采取以下策略对多 VSC 换流器无功类控制器进行协调配合。交流电压带死区控制即处于交流电压控制时，设置交流电压死区，当交流电压处于死区上、下限范围内时，即交流电压处于目标值，该换流器输出无功功率不变；当交流电压超出死区上、下限后，依据交流电压设定值，换流器输出无功功率，将交流电压控制在死区范围内。为保证多换流器以最小无功功率控制交流电压，根据不同 VSC 换流器所连交流系统强弱不同，对各换流器设置死区级差，即换流器所连交流系统越强，该交流电压死区范围大于所连交流系统阻抗较大的换流器，以此类推，保证当多 VSC 换流器同时处于交流电压控制模式时，不存在无功功率倒送及控制交流电压冲突震荡的可能。同样，当仅一换流器处于控交流电压模式，其余无功功率控制模式同样适用。

3. 阀组投退时受端多个交流电网无功控制

换流器投入和退出操作可能会引起直流功率在受端不同交流电网分配的变化，一个交流电网所受有功的突然大量增大，一个交流电网所受有功的突然大量减小，引起换流站与交流网交换无功功率的突然大量过剩或大量缺额，无功的过剩可能会引起交流过电压，无功的缺额可能会引起交流欠电压，以及最小滤波器不足导致的谐波偏大。

针对上述情况，无功控制模块提供一种控制策略，在检测到有高端 LCC 阀组投入或退出的情况下，且无功功率缺额较大时，则启动快速投入滤波器功能，将 Q 控制投入滤波器的时间间隔缩小，快速投入交流滤波器，弥补无功缺额，详细参数由系统研究确定；对于无功功率过剩的情况，有常规特高压直流工程采取的过电压快速切除滤波器功能（不超过 150 ms），不需再增加控制策略。而低端的 VSC 阀组由于其本身就是无功功率源，因而可以依据实际情况自行调节控制。

四、故障清除控制

1. 故障穿越控制策略

混合级联直流中受端交流系统发生短路故障时，造成能量输送受阻，而送端在短时间内通常难以快速响应，造成受端系统暂时功率盈余，该盈余功率可能造成设备损坏、换流器闭锁等衍生故障。为此，混合级联特高压直流系统必须配置暂态能量消能装置以便疏解交流系统短路故障时系统中的盈余功率。

对于柔性直流系统来说，交流侧可能会发生单相接地故障、相间短路故障、两相短路接地故障、三相短路接地故障，此时会导致模块化多电平换流器（modular multilevel converter，MMC）子模块电压升高，存在损坏子模块的风险，需要投入负序控制、交流低压限流、投入可控自恢复消能装置、整流侧进行移相等策略。当故障发生在交流侧与系统连接点或之前线路上时，柔性直流系统应当具备故障穿越能力，通过控制算法耐受住暂态冲击，保持正常运行。

（1）负序控制。当柔性直流系统发生不对称故障时，交流电压中存在负序电压分量。负序电压控制的基本原理是使得 VSC 换流站交流侧的输出电压含有系统故障所引起的等量的负序电压，系统的负序电流就能够得到抑制，采用的方式是电压补偿原理。图 2-10 所示了负序控制的框图，其中负序电流分量的给定值为零。当网侧交流电压正常时，负序控制系统的补偿电压分量是零，当有不对称故障发生时，一般是单相接地或者相间短路，当不平衡度超过一定的范围，负序补偿控制启动，将过电流控制在允许的范围内。

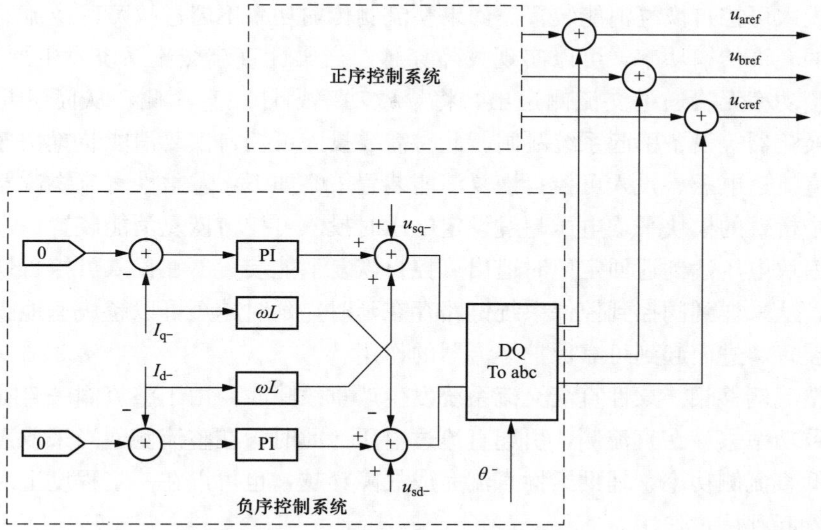

图 2-10 不对称故障控制

（2）交流低压限流。在交流系统故障时通过采用正负序独立控制，换流阀可实现故障穿越，在换流阀电流应力范围内输出三相对称电流。但在交流电压跌落较大时，换流阀提供的电流可能增大故障线路上交流断路器的故障电流，增加交流断路器的开断电流要求。在交流断路器遮断能力受限时，需要采取合适的策略减小柔性直流换流器对故障点提供的电流。另外，交流故障恢复时，交流系统电压阶跃可能会引起换流阀较大的电流扰动，从而可能损坏 IGBT 元件和其他设备。从减少故障电流及故障恢复时扰动出发，设计了交流低电压限流策略，根据交流电压的幅值限制换流器交流电压的大小。交流低压限流环节的电压和电流定值可以根据系统情况进行调整，以便控制限制电流时的速率以及返回时的速率。交流电压限流策略如图 2-11 所示。

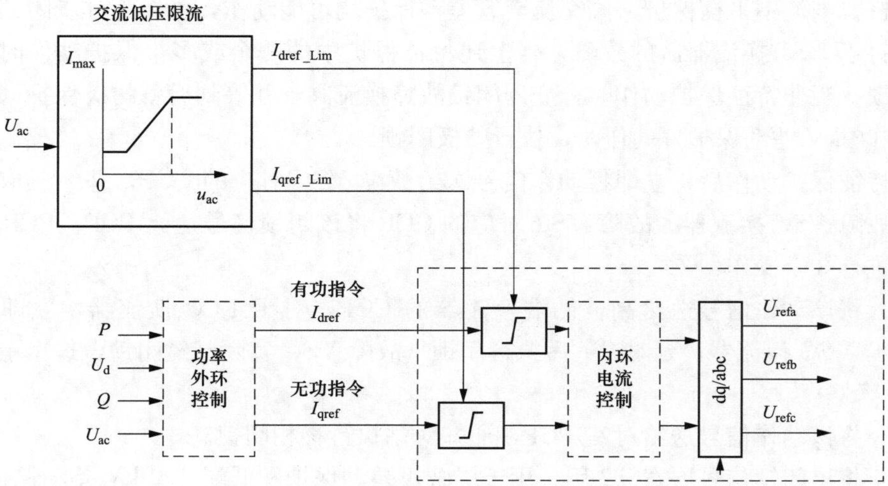

图 2-11 交流电压限流策略

（3）投入可控自恢复消能装置。如果整流侧传输功率不超过故障后换流器在最大传输电流下的允许传输功率，可以实现故障穿越。当柔性直流交流系统发生严重故障时，由于直流侧功率无法通过交流侧送出，将导致功率累计在直流侧，从而引起直流过电压，危害换流器等设备引起系统跳闸。此时需要投入可控自恢复消能装置快速消耗盈余功率防止直流过电压。投入可控自恢复消能装置策略如下：①柔性直流换流器 6 个桥臂中任意 1 个桥臂的模块平均电压超过设定电压时投入可控自恢复消能装置；②交流侧电压恢复且模块电压达到返回定值时退出可控自恢复消能装置。在投入可控自恢复消能装置过程中，从采样到阀控到控保系统链路存在延时，延时越短可以越快速地投入可控自恢复消能装置，进而起到可靠保护换流器的作用。

（4）整流侧移相。柔性直流交流系统发生严重故障时，由于整流侧一直在继续传输电流，导致功率累计在直流侧，引起直流过电压。此时，在整流侧适当采取短时移相策略能够降低直流侧功率，辅助柔性直流完成故障穿越，也可以在一定程度上对可控自恢复消能装置起到保护作用。

VSC 阀组主动配合，当一极有 2 个或 3 个 VSC 换流器运行时，如果 VSC 换流器未运行在最大功率工况，当一个 VSC 换流器交流系统发生故障时，其余 VSC 换流器可以在故障期间适当增加功率输出，降低故障期间的直流过电压。

2. 分步闭锁策略

VSC 发生换流变压器阀侧故障时，极差动保护和 VSC 换流器的 400 kV 差动保护动作会闭锁整极，而低端 3 个 VSC 换流器同时闭锁会导致能量过剩，虽然可控自恢复消能装置能够在一定程度上抑制直流侧过电压，但由于可消纳的能量有限，仍然会导致 VSC 子模块电容电压快速升高。在此基础上优化闭锁策略，当 VSC 换流器发生换流变压器阀侧故障时，采用分步闭锁策略，让非故障 VSC 能够继续输送一定功率，使得电压不至过快上升。

当 VSC 发生换流变压器阀侧故障时，视故障点和故障方式不同，阀侧连接线差动保护、桥臂电流不平衡保护、阀交流套管差动保护均可能动作，可作为分步闭锁的特征保护。对于 VSC 换流器区的故障，当上述特征保护中的一个或多个保护动作时，执行分步闭锁；当非特征保护动作时，立即闭锁故障换流阀，并等到后备的极保护（极差动保护、400 kV 差动保护）动作时，执行整极闭锁。

当特征保护动作后，立即将动作信号送给故障 VSC 对应的 CCP，并经三取二逻辑后闭锁故障 VSC 换流器。故障 VSC 对应的 CCP 将该闭锁信号送给 PCP，PCP 收到该信号后进行 3 个操作：

（1）将该动作信号送给高、低端换流器的 CCP，对于 LCC 换流器，立即执行闭锁；对于 VSC 换流器，延时 T1 后执行闭锁（故障 VSC 实际已经闭锁，这里主要针对非故障 VSC）。

（2）将该动作信号送给对站 PCP，通知对站执行移相闭锁。

（3）将该闭锁信号展宽 T2 后，用于屏蔽极差动保护和低端 400 kV 差动保护。

第三节　直流保护策略

一、保护分区与测点配置

1．LCC换流器保护

混合级联直流系统LCC换流器保护范围与常规直流相同，保护配置如图2-12所示。其中部分功能对应配置在控制系统中，包括换相失败预测、晶闸管结温监测、大角度监视、晶闸管元件异常监视、交流限压保护、阀丢失脉冲保护。

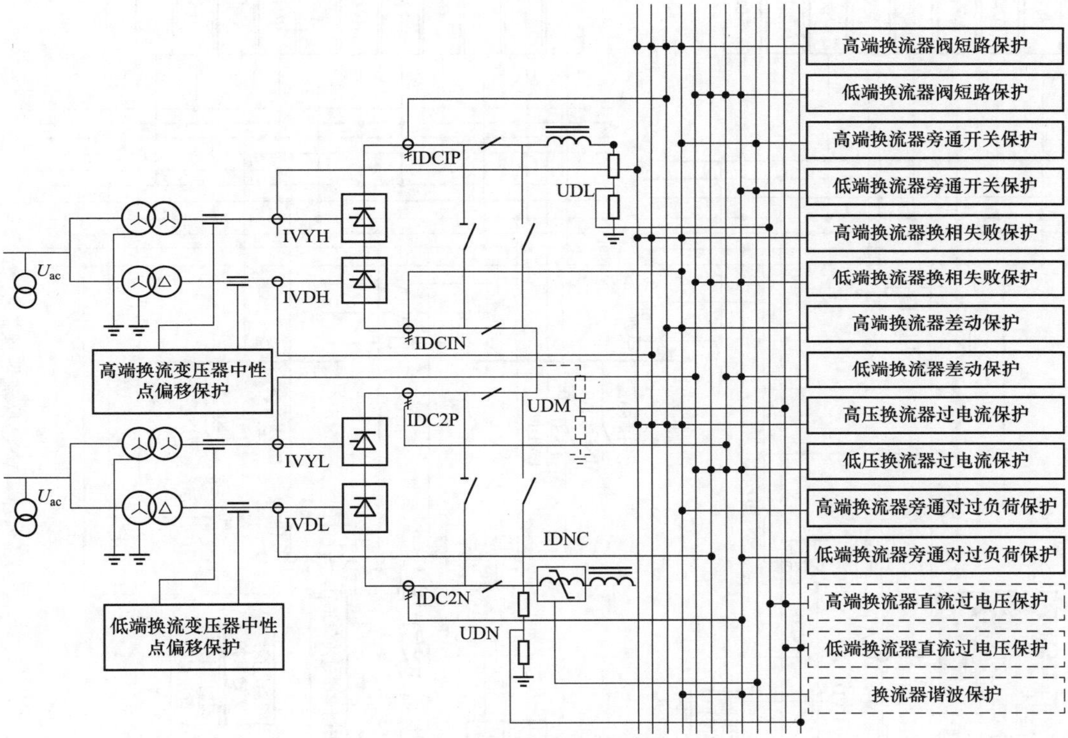

图2-12　LCC换流器保护配置

2．VSC换流器保护

混合级联直流系统VSC换流器保护配置如图2-13所示，保护区域按电气联系划分为换流变压器、阀侧连接、换流器、VSC连接线、VSC直流母线、直流场区域，保护功能分布在换流器保护、极保护、换流阀保护中。

二、混合级联保护特殊性

1．保护配置

保护配置方面，混合级联系统的区别如下：

（1）在极保护中增加VSC公共连接区的保护，适用于多个VSC阀组并联的方式，判断VSC直流汇流母线、直流汇流中性母线发生接地故障时的保护；

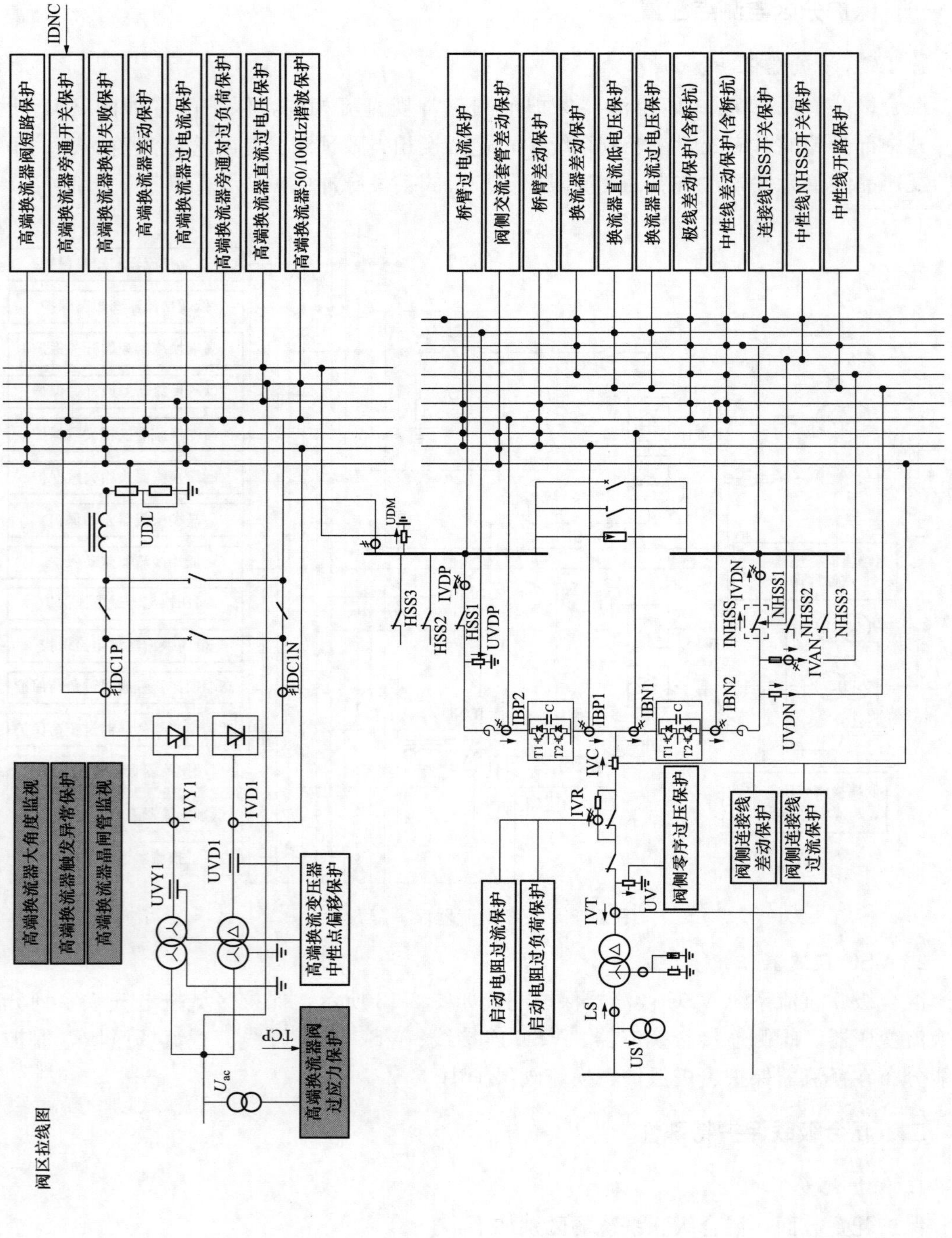

图 2-13　VSC 换流器保护配置

（2）增加低压过电流保护，动作于 VSC 充电时发生接地故障；

（3）增加可控消能装置差动保护，动作同可控消能接地；

（4）增加特征保护动作情况下的分步闭锁功能；

（5）极差动保护配合关系调整，在原换流器差动保护、极母差保护、极中性线差动保护配合基础上，增加与 VSC 差动保护、400 kV 差动保护配合，应慢于上述保护动作。

VSC 阀组保护区域调整如图 2-14 所示。

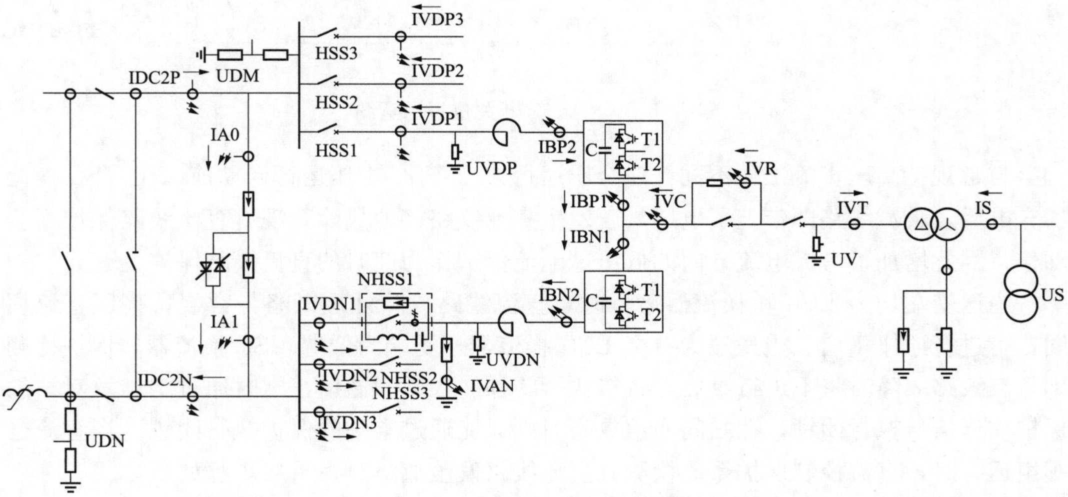

图 2-14　VSC 阀组保护区域调整

高低端全阀组运行时，对于低端 IDC2P、IDC2N 测点看向 VSC 换流器以内区域的故障，能通过闭锁故障阀组隔离故障的，均采用闭锁故障阀组方式；只能闭锁整极隔离故障的，均采用闭锁整极隔离故障后再通过非故障阀组自动重启逻辑重启高端 LCC 换流器。

2. 动作出口

保护出口方面，当 VSC 换流器的换流变压器二次套管电流互感器（TA）或电压互感器（IVT）至桥臂阀顶变压器的三相电流（IBP2）和直流正极电流（IBN2）之间的区域发生单相接地故障，出口采用分相跳闸逻辑，以阀侧连接线差动保护、阀侧交流套管差动、桥臂差动保护为特征保护，若有且仅有一相差动保护动作且仅该相阀侧电压低于定值，则判定为单相接地故障；发生单相接地故障后，执行分相跳闸逻辑：发出阀侧交流断路器（Y 开关）和启动电阻并联断路器（Z 开关）非故障相的跳闸指令，延时 60 ms，阀侧非故障相电流小于 0.05（标幺值），发出网侧交流断路器（X 相开关）三相和高设定值瞬动短路保护（HSISC）的跳闸指令；判断故障相电流小于 0.05（标幺值）且 NHSS 开关分位，发出阀侧交流断路器和启动电阻并联断路器故障相的跳闸指令；X、Y、Z 开关位置如图 2-15 所示。

混合级联方式的直流滤波器，并联在高阀两端，双阀组运行时发生接地故障，由于 VSC 作用，尾端故障电流很大，只能通过闭锁极的方式隔离故障，而对于非接地故障，仍然可以根据首端电流有效值大小来决定动作后果；仅高端 LCC 运行时，可以参考常规工程，由首端电流有效值大小来确定动作后果。

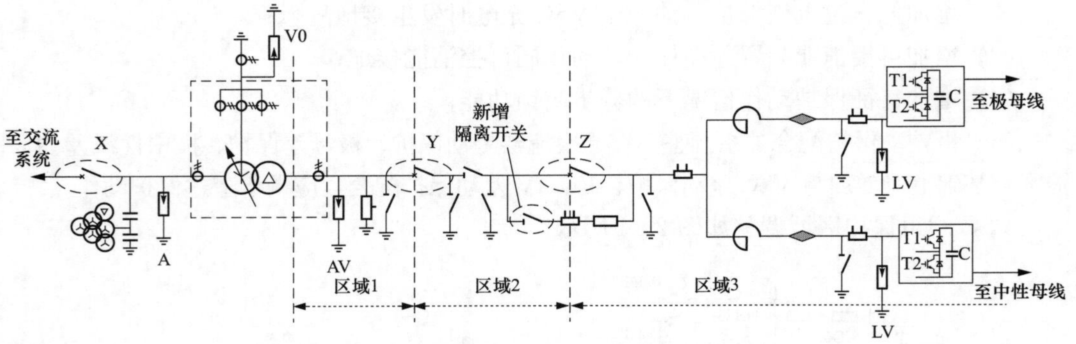

图 2-15　X、Y、Z 开关位置示意图

与常规特高压直流工程不同，在全压运行或带 VSC 半压运行启动前，在 VSC 换流器充电后，直流线路即带上了电压，若发生直流线路接地故障，现有直流线路保护不会动作，因此增加了考虑电流方向的低压过电流保护作为此时的直流线路保护。

当送受端均为 LCC 单换流器运行时，直流线路故障处理策略与常规特高压直流相同，可进行原压重启。当送端为单个 LCC 换流器，受端为低端 VSC 换流器，保护检测到直流线路故障时将不进行重启，直接执行闭锁。在站间通信正常时通过本站及对站的保护动作信号执行闭锁。在站间通信故障时则只能通过本站的保护执行闭锁。当直流全阀组运行时，直流控制保护系统检测到直流线路发生故障时，重启步骤如下：

（1）整流站 LCC 换流器立即移相进行灭弧；

（2）在去游离时间结束后尝试全压重启，如全压重启成功则恢复直流功率，如全压重启失败则再次尝试全压重启，直到达到所设置的全压重启次数为止，若仍然重启失败则闭锁直流。

第四节　设备检修与维护

一、定期检修

定期检查项目见表 2-1，定期维护项目见表 2-2，检修项目见表 2-3。

表 2-1　　定期检查项目

序号	项目	要求
1	报警事件检查	对网络交互服务（EWS）和信息交互服务（OWS）的事件进行检查，确保没有主机发出轻微、严重、紧急等不正常状态信号
2	装置外观检查	确保装置报警灯以及插件的告警灯处于熄灭状态。确保运行指示灯以及当前主机状态的指示灯处于常亮状态。装置可靠接地
3	服务器外观检查	确保服务器的运行指示灯正常
4	风扇检查	检查服务器、插件的风扇有无异常声响
5	GPS 时钟检查	通过事件的时间有无“*”号确定 GPS 是否正常，并检查对时线的回路，以及 GPS 装置的状态

表 2-2 定期维护项目

序号	项目	要求
1	装置清理工作	对装置的表面以及插件进行灰尘的清理工作
2	服务器、工作站清理工作	对服务器、工作站的表面以及插件进行灰尘的清理工作
3	装置的负载率检查	对装置的负载率进行检查，确保其负载率不超过 50%
4	电缆、光纤紧固检查	确保装置的电缆、光纤紧固
5	保护定值检查	将每个保护主机的定值上装，并与调度下发的定值单进行对比检查
6	PAM 矩阵检查	将每个保护主机的 PAM 出口矩阵上装，并与调度下发的 PAM 定值对比检查
7	主机切换检查	手动切换一台主机的状态，看另一台主机是否能够自动切换

表 2-3 定期检修项目

序号	项目	要求
1	开关量输入回路校验	通过在一次设备模拟信号，检查控制保护设备的接收情况
2	开关量输出校验	通过在控制保护设备模拟信号开出，检查一次设备的执行情况
3	模拟量校验	通过注流试验或者继电保护测试仪试验，检查控制保护设备模拟量的接收情况并校验精度
4	控制和联锁功能校验	通过的直流场和交流场断路器、隔离开关、接地开关的遥控，校验控制和联锁功能
5	顺控功能校验	在 OWS 上顺控画面操作，检查设备的执行情况
6	程序更新	通过 VSS（可视源程序安全）将库里的程序文件下载（check out）出来后再进行更改工作，更改完编译下载确认程序无误后，再将修改完的程序上传（check in）
7	主机切换检查	手动切换一台主机的状态，看另一台主机是否能够自动切换

二、故障检修

故障检修项目见表 2-4。

表 2-4 故障检修项目

序号	项目	要求
1	主机插件更换	（1）做好安全措施。检查另一个系统在主用状态正常，目标系统为备用状态。 （2）从备品备件库取出备件，经测试系统测试功能是否正常。 （3）更换板卡。将主机电源关掉，拆除板卡上面的接线，取下对应的板卡，将新的板卡装入机箱，先恢复接线。 （4）程序编译下载。 （5）重启主机。 （6）检查无告警、无保护出口，将其打至工作状态
2	IO 插件更换	（1）做好安全措施。检查另一个系统在主用状态正常，目标系统为备用状态。 （2）从备品备件库取出备件，经测试系统测试功能是否正常。 （3）更换板卡。将主机电源关掉，拆除板卡上面的接线，取下对应的板卡，将新的板卡装入机箱，先恢复接线。 （4）重启装置。 （5）检查无告警、无保护出口，将其打至工作状态

续表

序号	项目	要求
3	SCADA 服务器更换	（1）可更换为当时的主流服务器。 （2）将实际运行的监控系统软件和相关数据移植到新服务器上，并按实际工程配置计算机名称、IP 地址等。 （3）直接替换运行的服务器。 （4）上电检查程序运行是否正常

第五节 典型问题分析——极2 VSC1-Cotrnl-LAN 总线故障试验跳闸故障

一、故障概况

2022 年 10 月 10 日，进行极 2 低功率试验（正送）送高受低 VSC1-Cotrnl-LAN 总线故障试验，现场对 CCP221 A 系统与 PCP 2A 系统间 CTRL LAN 进行插拔，PCP 发出极隔离命令。21 时 16 分 49 秒 158 毫秒 CCP 22A 至 PCP 2A 系统间 CTRL LAN A 网中断；21 时 16 分 49 秒 985 毫秒 CCP 22A 至 PCP 2A 系统间 CTRL LAN B 网中断；21 时 16 分 49 秒 987 毫秒 PCP 2A 报“PCP PAM 极隔离命令”，导致极 2 低端 VSC1 跳闸。故障概况见表 2-5。

表 2-5　故障概况

时间	主机	系统	事件等级	事件列表
21：16：49.158	S2P2PCP1	B	报警	第 2 号插件检测到 CCP22A 主机 A 网异常出现
21：16：49.159	S2P2PCP1	A	报警	第 2 号插件检测到 CCP22A 主机 A 网异常出现
21：16：49.159	S2P2CCP2	A	报警	第 2 号插件检测到 PCPB 主机 A 网异常出现
21：16：49.160	S2P2CCP2	A	报警	第 2 号插件检测到 PCPA 主机 A 网异常出现
21：16：49.161	S2P2CCP2	A	轻微	轻微故障出现
21：16：49.985	S2P2PCP1	B	报警	第 3 号插件检测到 CCP22A 主机 B 网异常出现
21：16：49.985	S2P2CCP2	A	报警	第 3 号插件检测到 PCPB 主机 B 网异常出现
21：16：49.985	S2P2PCP1	A	报警	第 3 号插件检测到 CCP22A 主机 B 网异常出现
21：16：49.987	S2P2PCP1	A	报警	所有在运 VSC 阀层控制 LAN 故障引起退出低端换流器出现
21：16：49.987	S2P2PCP1	A	紧急	PCP PAM 极隔离命令出现
21：16：49.988	S2P2PCP1	A	报警	VSC 阀组非正常停运出现
21：16：49.988	S2P2CCP2	A	报警	检测到 PCP 非值班主机异常出现
21：16：49.988	S2P2PCP1	A	紧急	VSC 故障引起闭锁低端 VSC 换流器出现
21：16：49.988	S2P2PCP1	A	紧急	PCP 发出跳 VSC1 交流断路器命令出现
21：16：49.988	S2P2PCP1	A	紧急	PCP 发出跳 VSC2 交流断路器命令出现
21：16：49.988	S2P2PCP1	A	紧急	PCP 发出跳 VSC3 交流断路器命令出现
21：16：49.989	S2P2CCP2	A	报警	两套 PCP 主机异常出现
21：16：49.989	S2P2CCP2	A	紧急	保护出口闭锁换流阀出现
21：16：49.989	S2P2CCP2	A	紧急	保护 VSC 换流器隔离命令出现

续表

时间	主机	系统	事件等级	事件列表
21：16：49.989	S2P2CCP2	A	报警	严重故障出现
21：16：49.989	S2P2CCP2	A	紧急	接收到极控系统换流器跳闸不启动失灵信号出现
21：16：49.990	S2P2CCP2	A	正常	退出运行
21：16：49.990	S2P2CCP2	A	紧急	控制类保护引起备用系统退出备用信号出现
21：16：49.990	S2P2CCP2	A/B	紧急	CCP 发出不启动失灵交流进线开关出现
21：16：49.990	S2P2CCP2	A/B	紧急	CCP 发出跳阀侧交流开关 A 相命令出现
21：16：49.990	S2P2CCP2	A/B	紧急	CCP 发出跳阀侧交流开关 B 相命令出现
21：16：49.990	S2P2CCP2	A/B	紧急	CCP 发出跳阀侧交流开关 C 相命令出现
21：16：49.990	S2P2CCP2	A/B	紧急	CCP 发出跳启动电阻旁路开关 A 相命令出现
21：16：49.990	S2P2CCP2	A/B	紧急	CCP 发出跳启动电阻旁路开关 B 相命令出现
21：16：49.990	S2P2CCP2	A/B	紧急	CCP 发出跳启动电阻旁路开关 C 相命令出现
21：16：49.990	S2P2CCP2	A	紧急	保护跳闸发出隔离指令出现
21：16：49.990	S2P2CCP2	A	紧急	保护自动隔离指令出现
21：16：49.990	S2P2CCP2	A	轻微	退出备用
21：16：49.990	S2P2CCP2	B	正常	运行
21：16：50.013	S2P2PCP1	A	轻微	轻微故障出现
21：16：50.013	S2P2PCP1	B	轻微	轻微故障出现

二、故障分析

1. 跳闸条件

21 时 16 分 49 秒 987 毫秒 S2P2PCP1 A 报“所有在运 VSC 阀层控制 LAN 故障引起退出低端换流器”出现，该逻辑导致 PCP 发出跳闸命令，逻辑程序框如图 2-16 所示。

故障时，极 2 VSC1 处于运行状态，则 OPN_VSC1 为 1，检修钥匙处于未投入状态，则 CV2_MAINT_KEY_OFF 为 1，故引起该保护动作信号为 VSC1_BOTH_VLAN_FLT，即 PCP A 与 CCP 控制 LAN 中断。

2. 逻辑分析

PCP 监视与 CCP 之间的控制光纤信，若通信中断延时 4ms（程序逻辑见图 2-17）则判为信故障，执行周期为 100μs。

CCP_VSC 中与 PCP 中判断 CCP 与 PCP 系统间控制 LAN 机理一致，若通信中断延时 4 ms（程序逻辑见图 2-18）则判为通信故障，执行周期为 100μs。

进行本试验时，断开 CCP22A 与 PCP2A 系统的 CTRL LAN 的 A 网后，立即断开 B 网。当断开 A 网时，此时 CCP22A 报轻微故障，经过 5s（程序逻辑见图 2-19）延时后切换系统，由于试验时立即断开 B 网，导致 CCP221A 变为严重故障，PCP2A/B 系统与 CCP22A 系统间的控制 LAN 全部中断当 CCP22A 系统与 PCP2A 系统的 CTRL LAN 的 A/B 网均断开时，CCP22A 判断与 PCP 的 CTRL LAN 通信故障延时为 4ms，PCP 判断与 CCP _ VSC 通信故障执行周期为 100μs，自 CCP22A 判断与 PCP 的 CTRL LAN 通信故障到 CCP22A 报严重故障时间约为 2ms，CCP22A 报严重故障后切换系统，

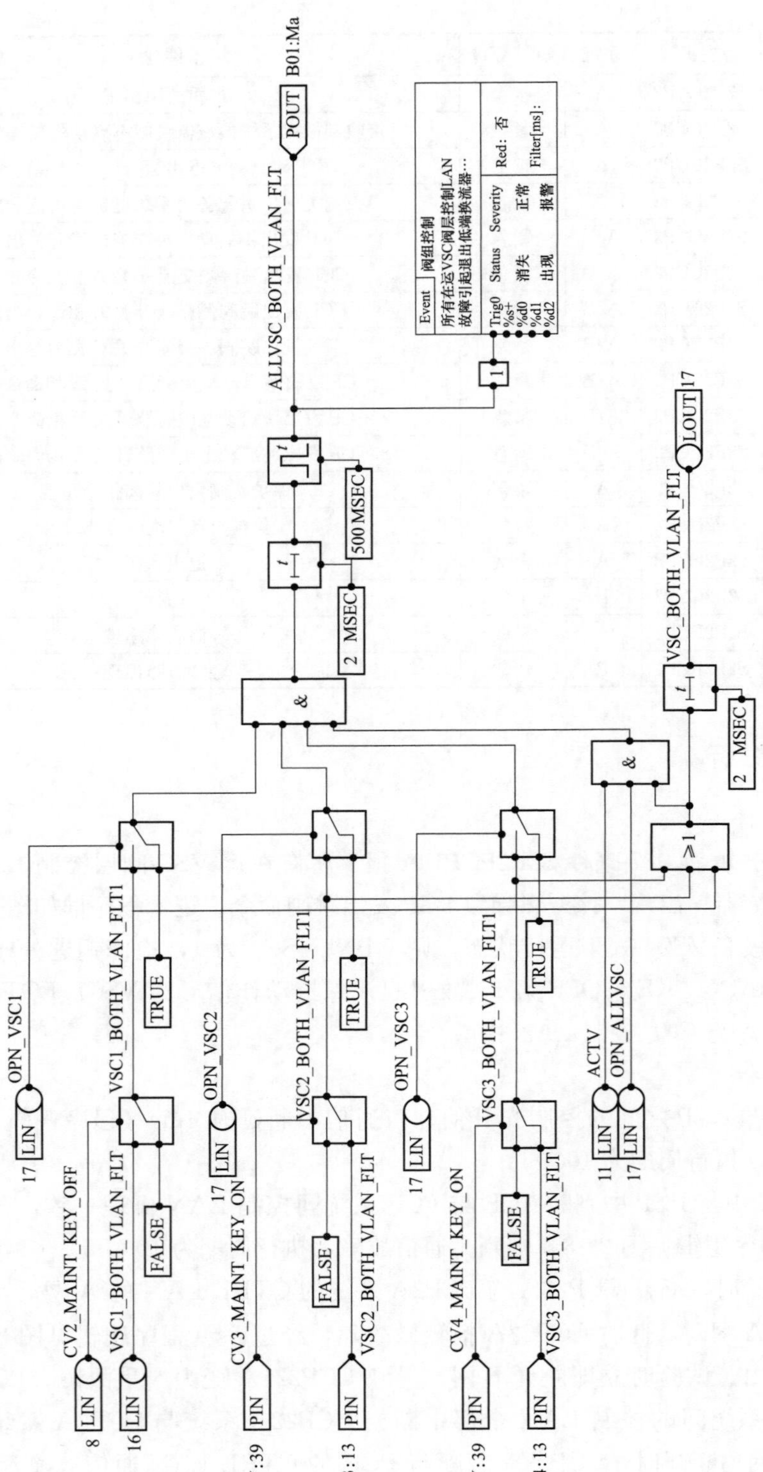

图 2-16 控制 LAN 故障退低端换流器逻辑图

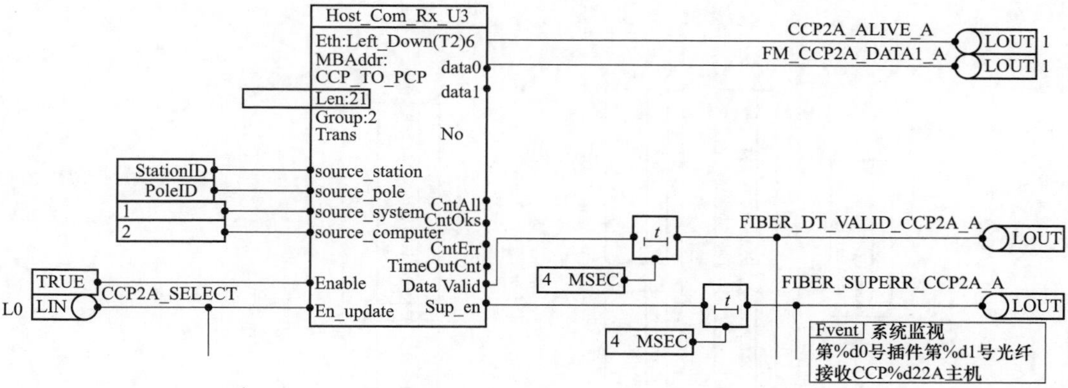

图 2-17　PCP 与 CCP 控制 LAN 通信 PCP 故障判断

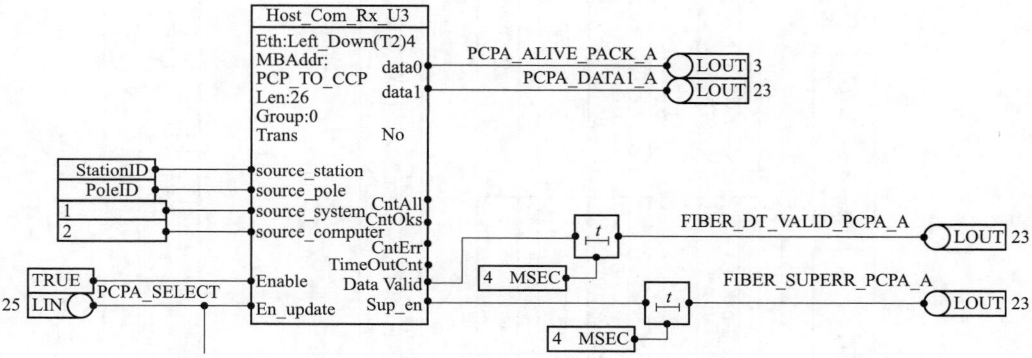

图 2-18　PCP 与 CCP 控制 LAN 通信 CCP 故障判断

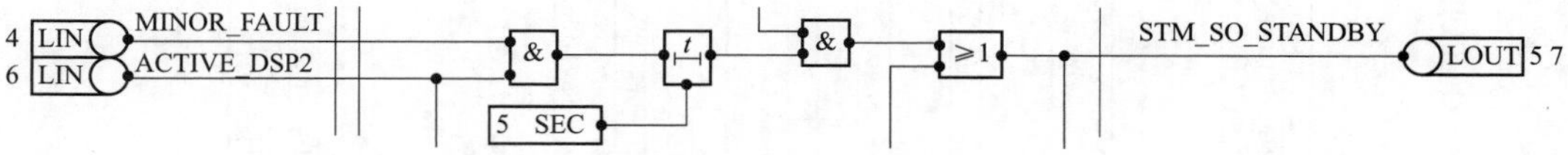

图 2-19　轻微故障退运行

切换时间 1ms 内，故 CCP22A 与 PCP2A 系统的 CTRL LAN 的 A/B 网均断开至切换到 CCP22B 为值班系统（完成切换）需要时间约为 7.1ms（4ms+100μs+2ms+1ms）。

CCP22A 程序时序如图 2-20 所示。

PCP 判断与 CCP22A 通信故障防抖延时为 4ms，PCP 判断与 CCP _ VSC 通信故障执行周期为 100μs，值班主机双网均中断时，延时 2ms 跳闸，故 PCP2A 与 CCP22A 系统的 CTRL LAN 的 A/B 网均断开到跳闸逻辑出口时间为 6.1ms（4ms+100μs+2ms），故 CCP22A 系统未切换至 CCP22B 系统为值班系统时，PCP2A 与 CCP22A/B 间 CTRL LAN 中断跳闸出口。PCP2A 程序时序如图 2-21 所示。

CCP22B 切换至值班状态与 PCP2A 跳闸出口时序如图 2-22 所示。

由图 2-22 可知，CCP22B 还未切换至值班状态时，PCP2A 跳闸命令已出口。

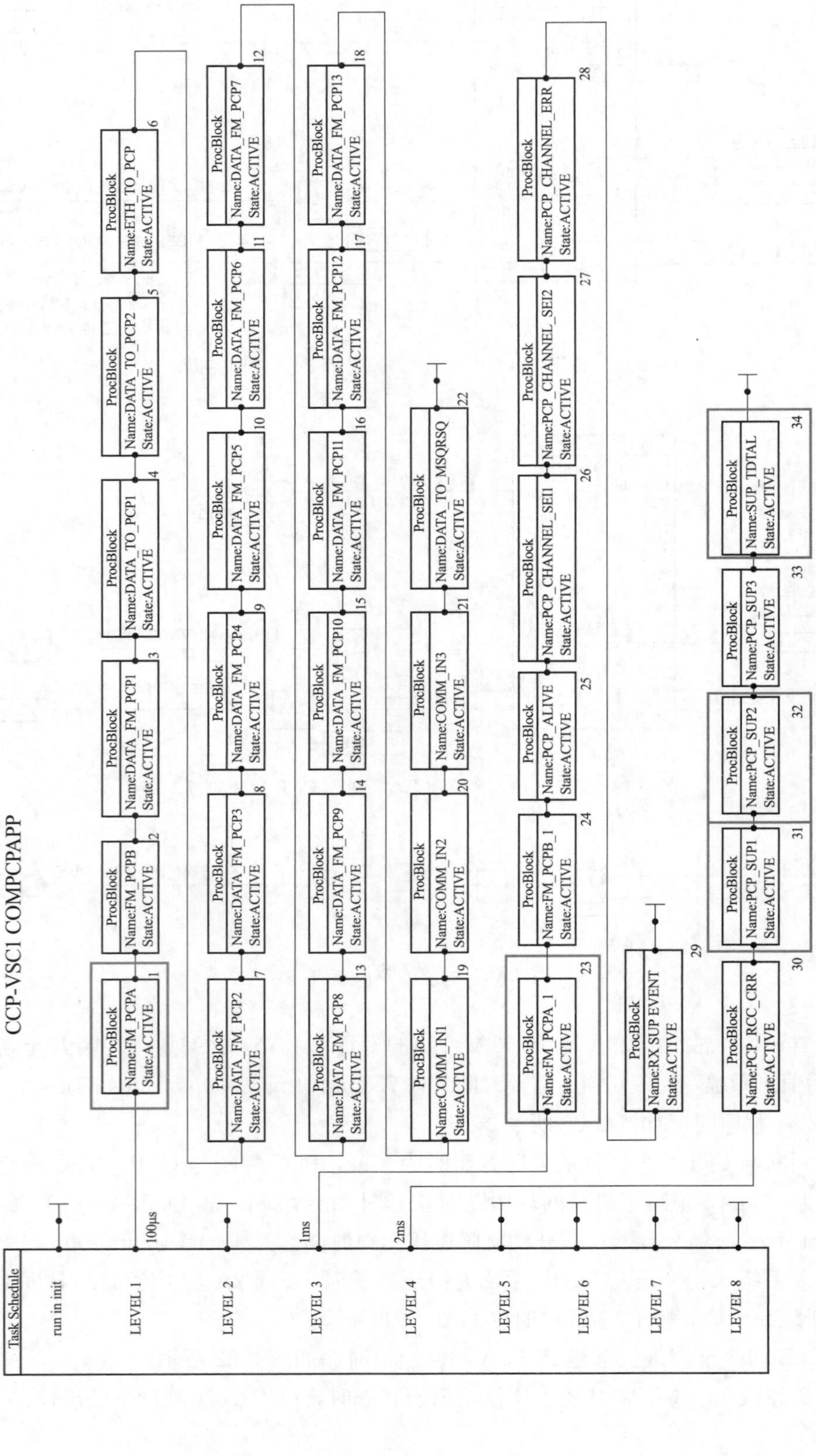

图 2-20 CCP22A 程序时序图

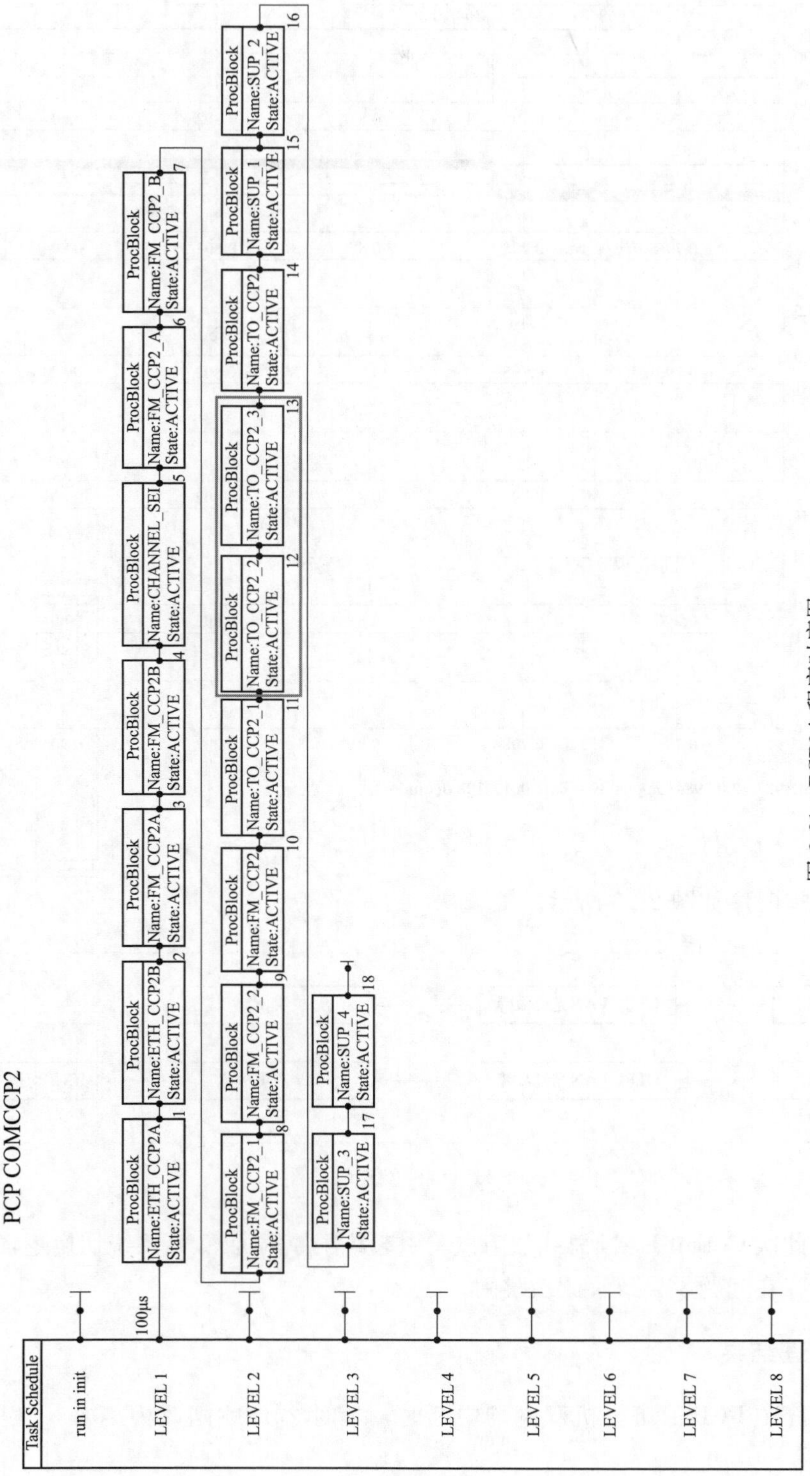

图 2-21 PCP2A 程序时序图

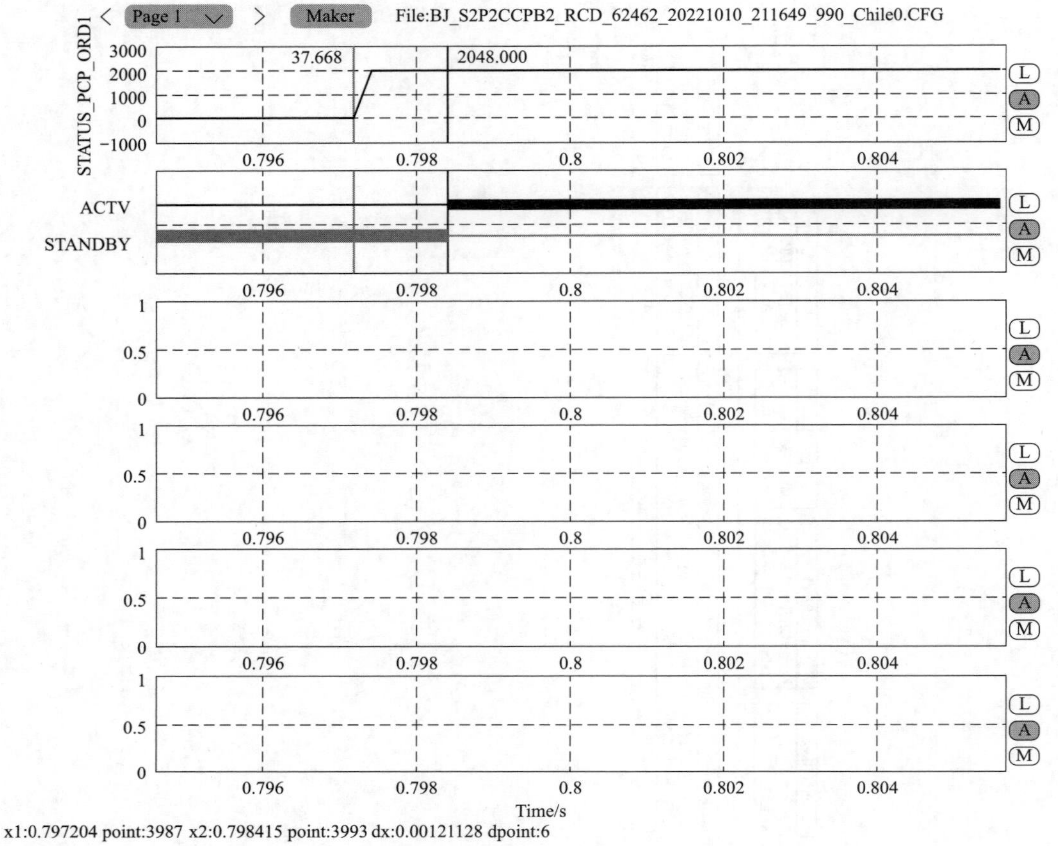

图 2-22 时序图

事件发展时序如图 2-23 所示。

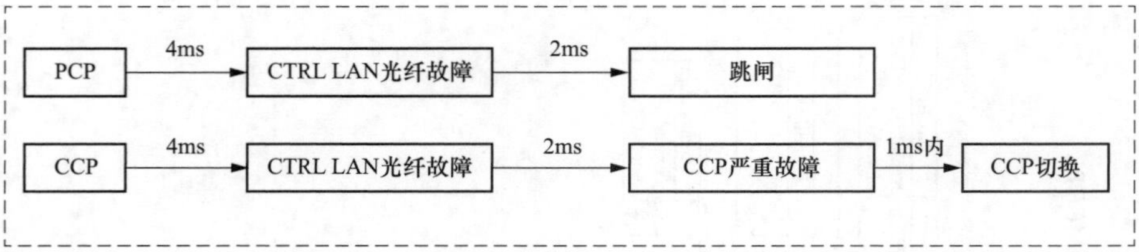

图 2-23 事件发展时序图

综上，此次 Cotrnl-LAN 总线故障试验引起跳闸原因为 CCP 系统切换逻辑与保护之间时间配合存在问题，导致了此次跳闸。

三、处理结果

修改程序中 PCP 值班主机双网均中断时，延时 2ms 跳闸改为 10ms，程序逻辑如图 2-24 所示。

程序修改后，针对该问题重新进行试验，未发生前述问题，一切正常。

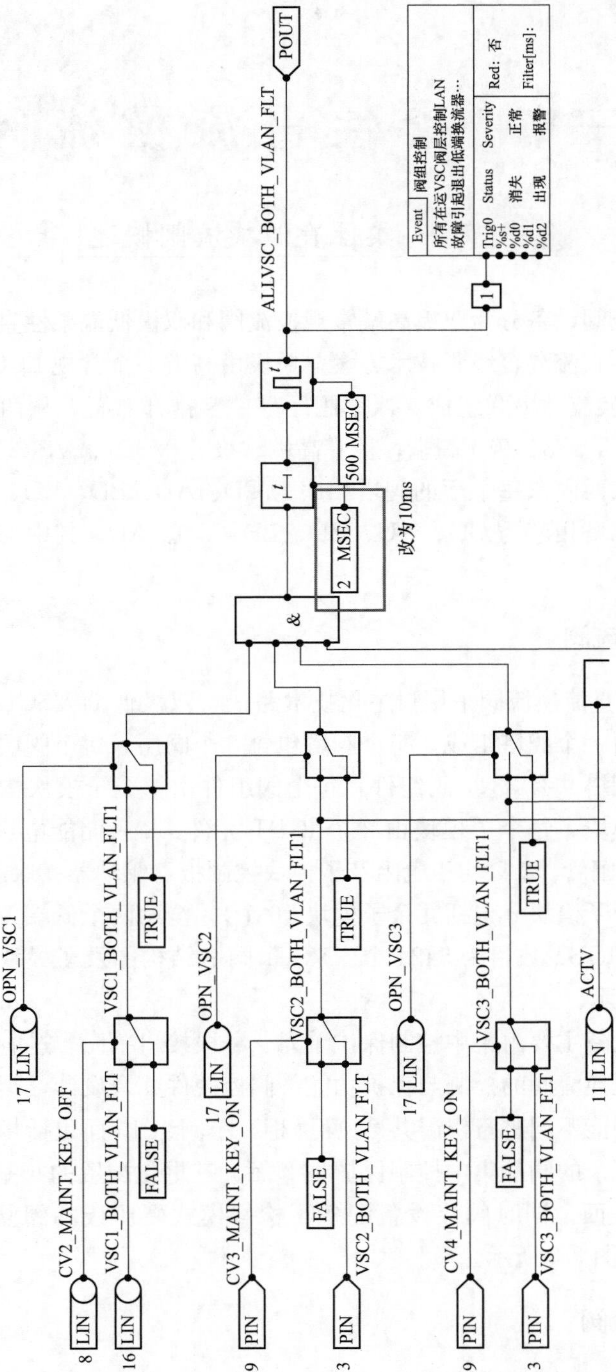

图 2-24　PCP 程序修改

第三章　柔性直流换流阀

第一节　柔性直流换流阀概述

姑苏换流站换流阀设备分为双极高端常规换流阀和双极低端柔性直流换流阀，首次采用常规直流与柔性直流混合级联技术方案，单极由高端一个常规 LCC 换流器与低端 3 个并联的柔性 VSC 换流器串联组成。八个阀厅呈一字排开布置，从西向东阀厅依次为极Ⅰ VSC1、VSC2、VSC3、极Ⅰ高端；极Ⅱ高端、极Ⅱ VSC1、VSC2、VSC3。对于柔性直流阀厅，极Ⅰ从西向东每个厅的阀塔相序为 CD、AD、BD、BU、CU、AU，极Ⅱ从西向东每个厅的阀塔相序为 CU、AU、BU、BD、CD、AD，其中 U 表示上桥臂，D 表示下桥臂。

一、 VSC1 换流阀

VSC1 阀厅柔性直流换流阀采用自主化技术路线，双极低端 VSC1 阀厅分别立有六个阀塔，每个桥臂由一个阀塔组成，每个阀塔包含 5 个阀层，每个阀层有 8 个阀组件且有部分缺失，每个阀塔共有 38 个阀组件，每个阀组件由 6 个子模块构成，但有一个阀组件只装了 4 个子模块。每个子模块由 2 个 IGBT 元件、2 只储能电容器、1 只高速旁路开关、1 只旁路晶闸管、2 只均压电阻及子模块控制板、驱动器、取能电源组合而成。每个阀塔共有 226 个子模块（包括冗余子模块 16 个），全站两个低端 VSC1 阀厅总计子模块 2712 个，总计 IGBT 数目为 5424 个。VSC1 阀塔结构图及子模块结构如图 3-1 所示，实物如图 3-2 所示。

单阀组的阀控设备主要由集中控制保护单元、分段接口单元、过电流检测单元、三取二单元组成，实现换流阀的控制与保护功能。阀控硬件冗余设计，阀控板卡能实现在线更换。机箱依据功能不同进行组屏共 20 面屏柜，单阀组 10 面包括相同配置的阀基分段接口柜 6 面、双冗余的阀基集中控制保护柜 2 面、三重化配置的阀基过电流检测柜 1 面、阀基服务器柜 1 面，同时阀控设备配备了检修模式硬压板和阀监视系统（VM）。VSC1 阀控系统图如图 3-3 所示。

二、VSC2 换流阀

VSC2 阀厅柔性直流换流阀采用自主化技术路线，双极低端 VSC2 阀厅分别立有十二个阀塔，每个桥臂由两个阀塔组成，每个阀塔包含 4 个阀层，每个阀层有 4 个阀组件，每个阀塔共有 16 个阀组件，每个阀组件由 7 个子模块构成；每个子模块由 2 个 IGBT 元

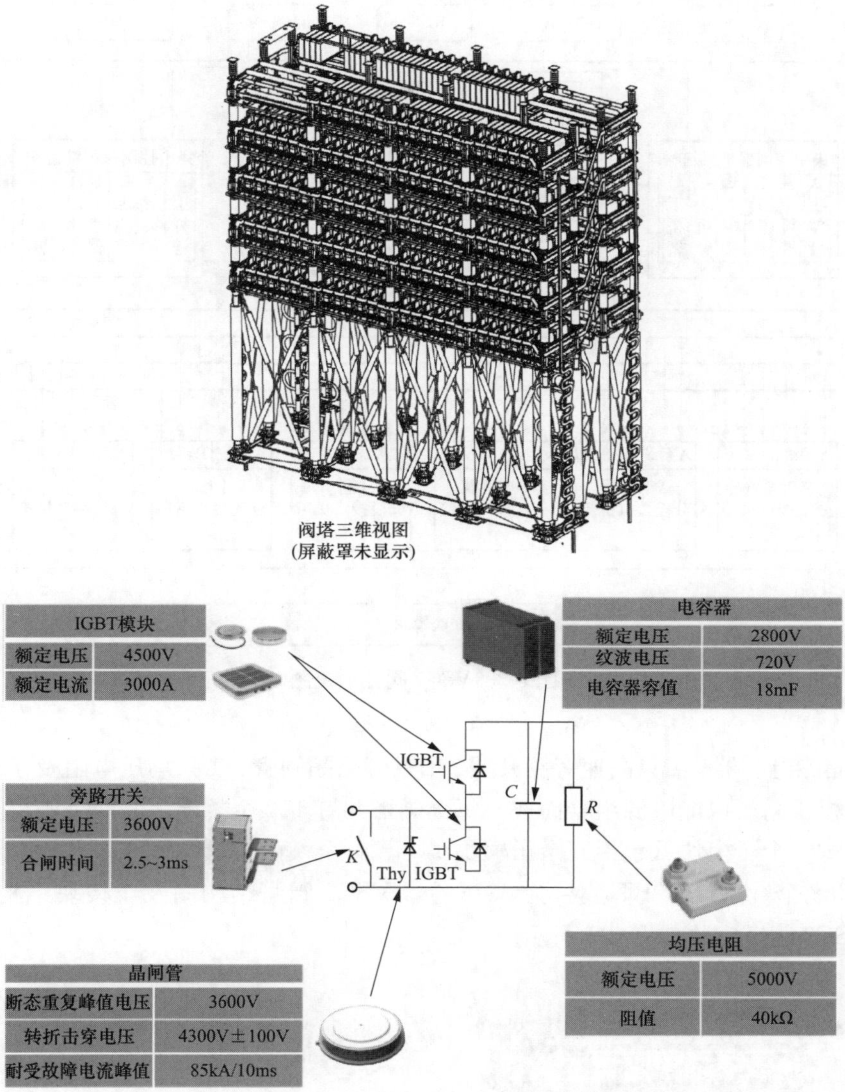

图 3-1　VSC1 阀塔结构图及子模块结构图

图 3-2　VSC1 阀塔实物图

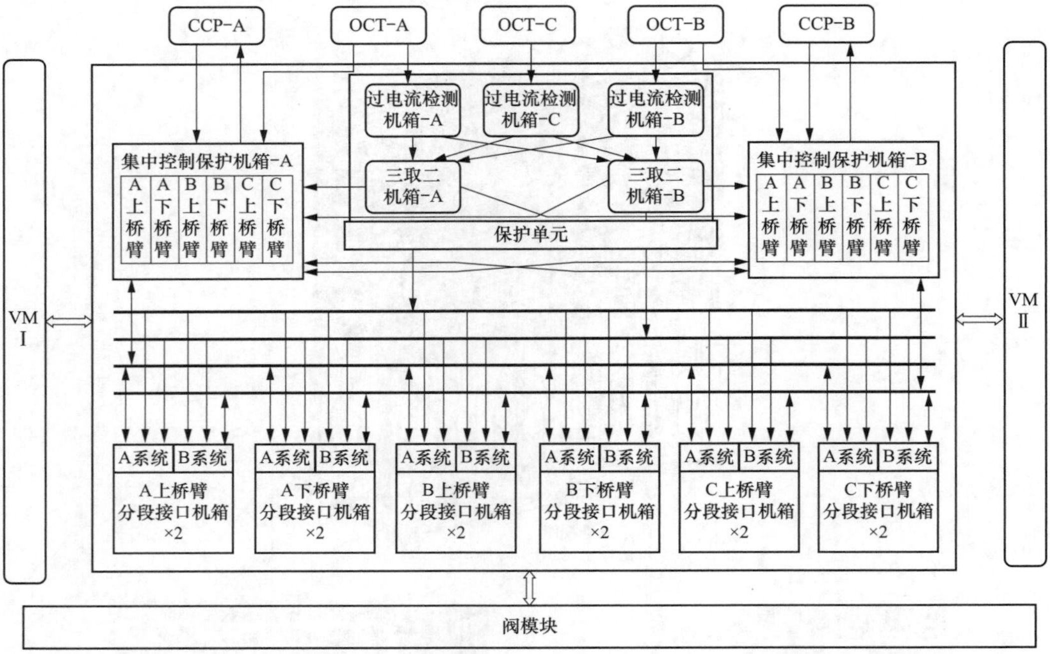

图 3-3　VSC1 阀控系统图

件、2 只储能电容器、1 只高速旁路开关、1 只旁路晶闸管、1 只均压电阻及子模块控制板、驱动板、高压取能电源组合而成。每个阀塔共有 112 个子模块，两个阀塔构成一个桥臂共有 224 个子模块（包括冗余子模块 14 个），全站两个低端 VSC2 阀厅总计子模块数目为 2688 个，总计 IGBT 数目为 5376 个。VSC2 阀塔结构图及子模块结构如图 3-4 所示，VSC2 阀塔实物如图 3-5 所示。

图 3-4　VSC2 阀塔结构图及子模块结构图（一）

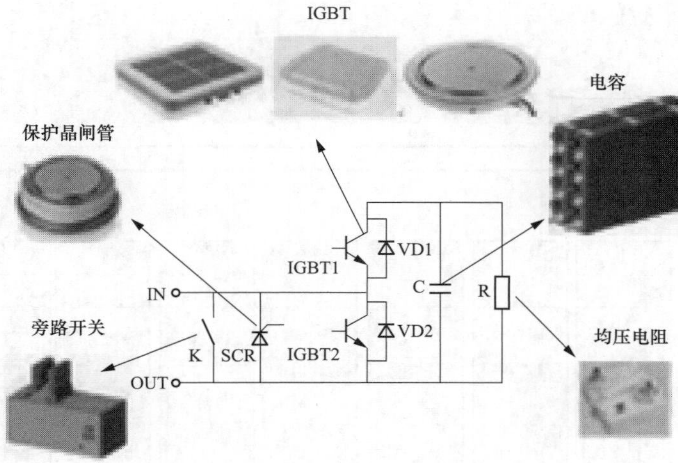

图 3-4　VSC2 阀塔结构图及子模块结构图（二）

图 3-5　VSC2 阀塔实物图

单阀组的阀控设备设置阀中控装置 VCP、桥臂控制装置 BCP、阀基接口装置 VBI，VCP、BCP 的冗余双重化系统为独立的装置，VBI 的冗余双重化系统同装置配置。阀保护配置独立的三重化保护装置 VPR 和双重化三取二决策装置 V2F。机箱依据功能不同进行组屏共 20 面屏柜，单阀组 10 面包括 3 面 VCP 屏柜、AB 系统（双重化的阀控、三重化的保护），6 面 VBI 屏柜对应 6 个桥臂，一台阀控工作站、监视器。VSC2 阀控系统屏柜布置如图 3-6 所示。

三、 VSC3 换流阀

VSC3 阀厅柔性直流换流阀采用自主化技术路线，双极低端 VSC3 阀厅分别立有十二个阀塔，每个桥臂由两个阀塔组成，每个阀塔包含 4 个阀层，每个阀层有 6 个阀组件（分别为 4 个阀组件 1，2 个阀组件 2），每个阀塔共有 24 个阀组件，阀组件 1 由 6 个子模块构成，阀组件 2 由 4 个子模块构成；中车子模块由 2 个 IGBT 元件、2 只储能电容器、1 只高速旁路开关、1 只旁路晶闸管、2 只均压电阻及晶闸管触发板、旁路触发板、

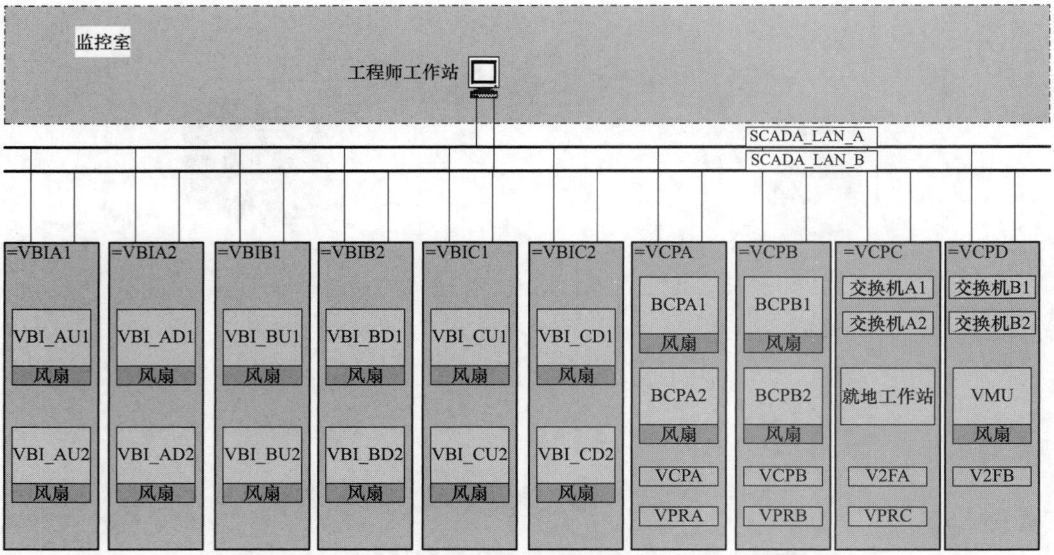

图 3-6　VSC2 阀控系统屏柜布置图

驱动板、取能电源组合而成；东芝和英飞凌子模块由 2 个 IGBT 元件、2 个 IGBT 并联二极管、2 只储能电容器、1 只高速旁路开关、1 只旁路晶闸管、2 只均压电阻及散热器温度检测、旁路触发板、驱动板、取能电源组合而成。交流侧阀塔 112 个子模块，直流侧阀塔 114 个子模块，缺失个数分别为 16 个和 14 个。一个交流侧阀塔和一个直流侧阀塔构成一个桥臂共有 226 个子模块（包括冗余子模块 16 个），全站两个低端 VSC2 阀厅总计子模块数目为 2712 个，总计 IGBT 数目为 5424 个。VSC3 阀塔结构图及子模块结构如图 3-7 所示，VSC3 阀塔实物如图 3-8 所示。

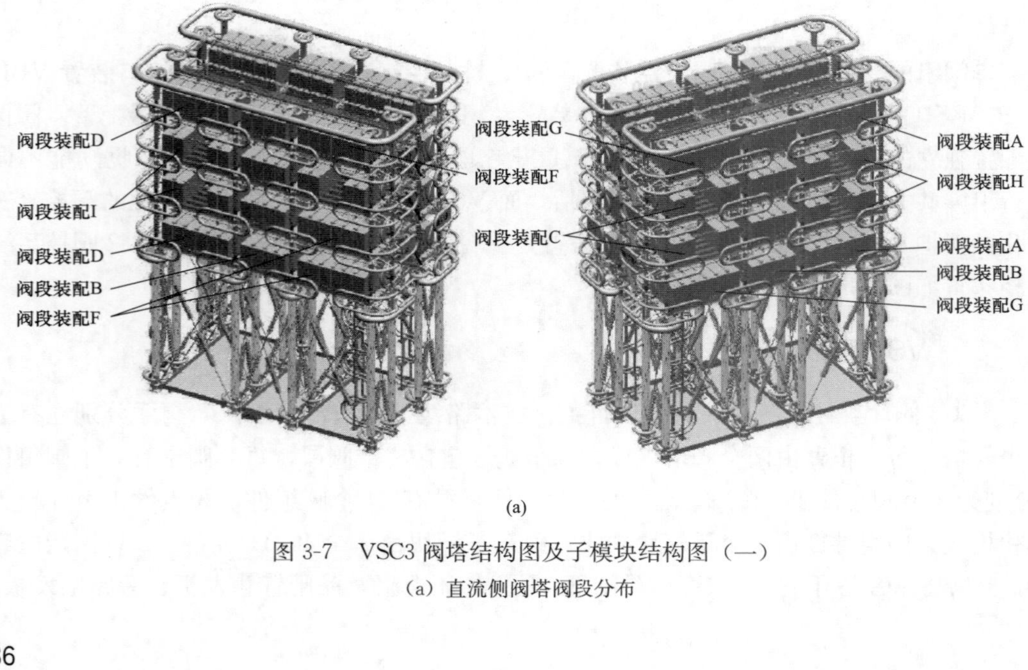

(a)

图 3-7　VSC3 阀塔结构图及子模块结构图（一）

（a）直流侧阀塔阀段分布

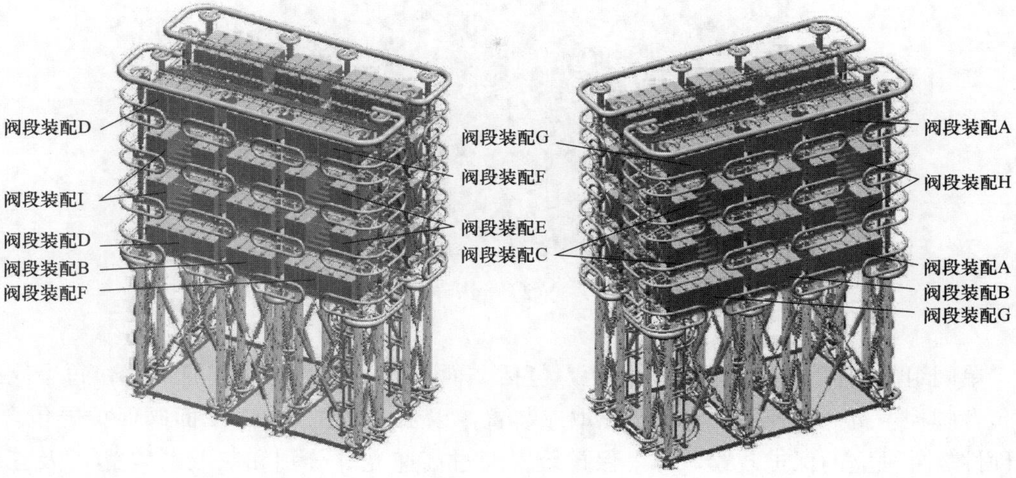

(b)

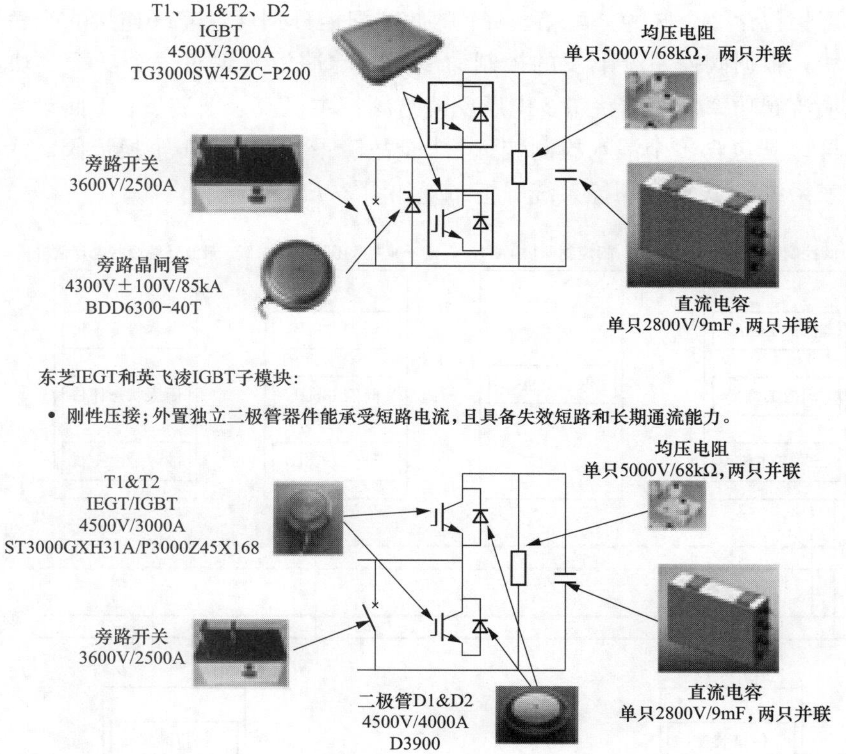

(c)

图 3-7　VSC3 阀塔结构图及子模块结构图（二）

（b）交流侧阀塔阀段分布；（c）中车 IGBT 子模块结构

注：柔性弹簧压接；内置二极管，配置旁路晶闸管。

图 3-8 VSC3 阀塔实物图

单阀组的阀控设备共有 10 面屏柜，包括 2 面互为冗余的阀控制屏 A/B，每个阀控柜包含阀控主机（主控箱）和保护三取二装置，以及上位机系统。1 面阀保护屏包含 3 个硬件软件独立的保护装置，每个保护装置通过高速光纤分别和三取二装置 A 及三取二装置 B 连接，接收电流互感器测量装置发送的 6 路桥臂电流信号，进行桥臂过电流保护、电流上升率保护、电流不平衡保护，保护结果发送给三取二装置；6 面脉冲分配屏，每个屏柜包含 2 个脉冲分配箱，6 个脉冲分配柜分别通过光纤连接 6 个桥臂换流阀阀塔子模块，根据阀控系统下发的控制命令，由脉冲板实现对每个功率模块的交叉控制，并把换流阀功率模块的状态及电压反馈给阀控主机及录波装置；1 面录波及换流阀状态评估屏，其包含 1 个漏水检测装置、1 个故障录波装置、1 个换流阀健康状态评估装置（专家系统）。VSC3 阀控系统屏柜布置如图 3-9 所示。

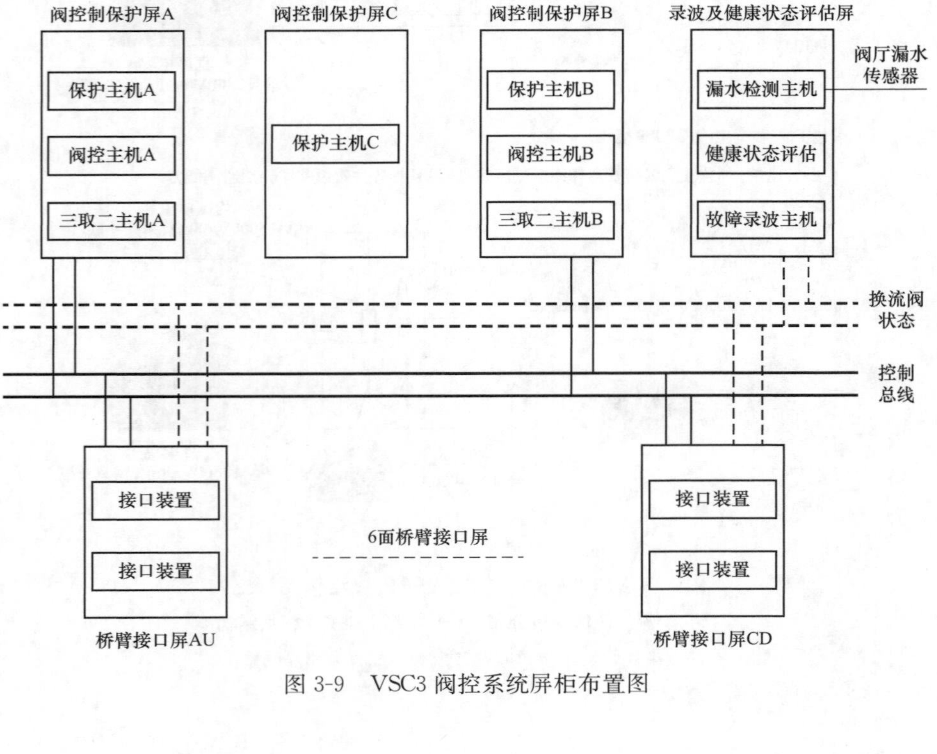

图 3-9 VSC3 阀控系统屏柜布置图

第二节　柔性直流换流阀设计

柔性直流换流阀在以往工程基础上，进行了相关设计更新，具有如下先进性：

（1）解决了“单一功率块故障引起系统跳闸或闭锁”的技术问题。采用转折晶闸管替代功率模块普通旁路晶闸管的设计方案，解决了“单一功率模块故障引起系统跳闸或者闭锁”的问题。当功率模块出现旁路开关拒动、黑模块等不能确保可靠旁路的故障时，通过击穿转折晶闸管，确保功率模块可靠短路，可保证直流系统长期稳定运行。

（2）大幅提升旁路开关可靠性，基本杜绝旁路开关拒动故障。提升旁路开关可靠性设计包括增加储能电容备份供电电路、相邻功率模块旁路开关交叉触发监测、储能电容采用多个薄膜电容并联、旁路开关永磁机构优化等措施。

（3）提升功率模块通信可靠性，降低黑模块发生概率，实现了包括阀控所有阀基控制设备（VBC）板卡在线更换功能。针对黑模块等通信故障问题，采取了相邻功率模块交叉冗余通信设计，通过该设计可大幅降低功率模块通信故障的概率，将功率模块通信故障由原来的 $N-1$ 变为 $N-2$ 故障，同时实现了阀控全部板卡在线更换，不影响系统稳定运行。

（4）进一步缩短换流阀控制链路延时，提升控制能力和故障响应速度。通过优化VBC 通信方案，设计独立的快速闭锁通道，提升阀控的处理速度，优化功率模块通信数据处理机制，将换流阀总控制链路延时控制在 44μs，将保护链路延时控制在 50μs 以内。

（5）采用换流阀智能监视系统。换流阀智能监视系统兼顾现场分系统调试、换流阀检修、正常运行维护等不同场景进行设计，具备实时监控功能、实时报文上送功能、历史报文查看、录波查看、数据转发和数据下发等功能。

（6）功率模块快速更换设计。子模块设计时将其设计成若干个结构相对独立的功能单元，包括电容器单元、IGBT/散热器单元、晶闸管/旁路开关单元和控制保护单元，除电容器单元外所有组件可以单独拆除更换。

一、阀塔设计

（一）阀塔结构设计

1. VSC1 阀塔结构设计

采用空气绝缘、水冷却、支撑式阀塔结构，每座阀塔为双列式布置。阀塔共 5 层，包含 40 个阀模块。每个阀模块包含 6 个子模块，每个阀塔可安装 240 个子模块，每桥臂 1 座阀塔，安装 226 个子模块。双列式阀塔外形尺寸为 12.7m×5.85m×13.8m（长×宽×高），质量为 150t，其尺寸如图 3-10 所示。

2. VSC2 阀塔结构设计

采用空气绝缘、水冷却、支撑式阀塔结构，每座阀塔为双列式布置。阀塔共 4 层，每个阀层有 4 个阀段，每个阀塔共 16 个阀段，每个阀段由 7 个子模块构成。每桥臂 2 座阀塔，安装 224 个子模块。双列式阀塔外形尺寸为 9.2m×5.85m×13.726m（长×宽×高，含转接法兰），质量约为 79.3t，其尺寸如图 3-11 所示。

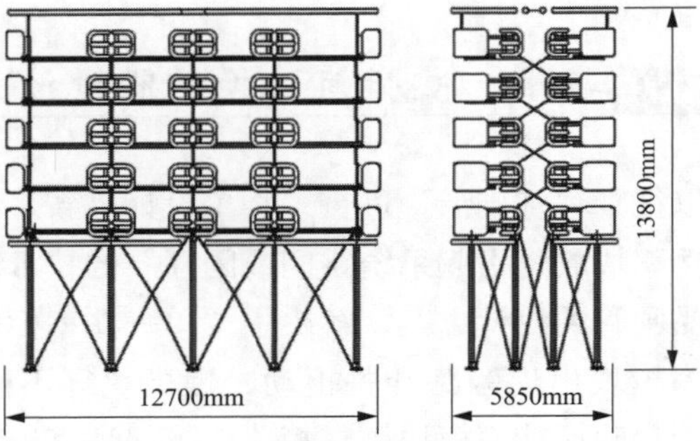

图 3-10　VSC1 阀塔尺寸图

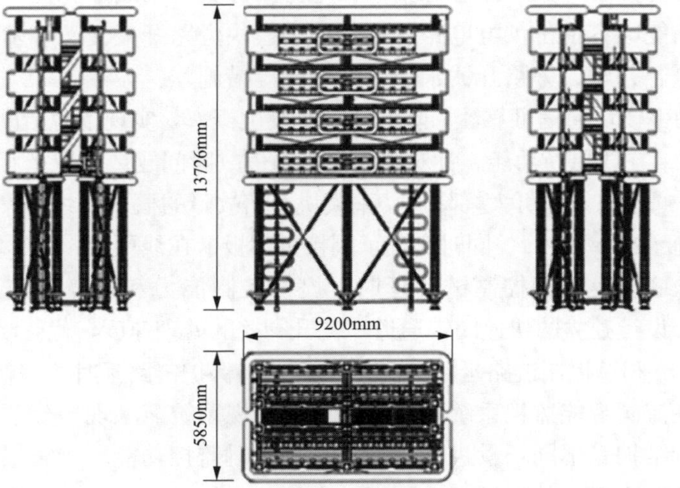

图 3-11　VSC2 阀塔尺寸图

3. VSC3 阀塔结构设计

采用空气绝缘、水冷却、支撑式阀塔结构，每座阀塔为双列式布置。阀塔共 4 层，每个阀层有 6 个阀段，每个阀塔共有 24 个阀段，一共有 9 种不同类型的阀段。每桥臂 2 座阀塔，安装 226 个子模块。双列式阀塔外形尺寸为 10.75m×6.2m×13.2m（长×宽×高），质量约为 92t，其尺寸如图 3-12 所示。

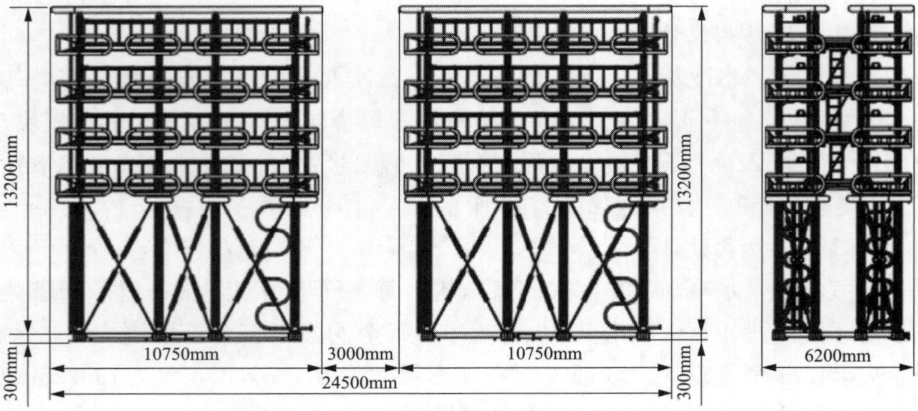

图 3-12　VSC3 阀塔尺寸图

（二）阀塔光纤布局设计

1. VSC1 光纤布局设计

阀塔光纤从阀塔底部进入，然后分散至各个阀模块及子模块，阀塔光纤在地面以上为成缆结构。阀塔底部两端设计了S形光纤槽，并将其固定在上述的水管、光纤槽固定支架上。阀塔光纤槽进行了多槽道设计，不同的槽道对应不同的阀层，便于光纤的配置与后期维护。光纤槽末端延伸至阀厅地面，并配有专用接口，可与阀厅主光纤槽道无缝衔接。

2. VSC2 光纤布局设计

光缆槽由主光缆槽和层间光缆槽组成，选用 SMC 材质，S 形主光缆槽引至竖直光缆槽至各层间光缆槽，S 形光缆槽入口与框架等电位，出口与地等电位。光缆槽的爬距大于 25mm/kV。

3. VSC3 光纤布局设计

光纤在阀塔上铺设的路径为阀塔两侧曲形光纤槽—竖直光纤槽—阀段光纤槽，曲形光纤槽的爬电距离可达 12m，竖直光纤槽在层间爬电距离可达 1.5m，满足层间的爬电距离。

（三）阀塔水路布局设计

IGBT 阀冷却介质采用高纯水。阀塔冷却系统管路采用 S 管向上连接的结构。冷却液从位于每列阀模块下面的 PVDF 三通主管流入和流出，不锈钢主管安装在阀厅底部，与 PVDF 进出水总管在阀塔的底部连接。每三个桥臂配备 1 套独立的闭式循环水冷却系统。

子模块中 IGBT 散热器通过较小口径的水管连接起来。水管的接头上配有采用三元乙丙橡胶材料（ethylene-propylene-diene monomer，EPDM）的 O 形密封圈，管接头与散热器间采用螺栓连接。

水路材料选择上，所有与冷却介质接触的材料都已考虑到保持冷却介质高纯度和低电导率的要求。阀组件中与水路接触的材料选择包括不锈钢 316L、铝合金（低含铜量）、聚偏二氟乙烯（PVDF）管、铂电极/不锈钢电极。

抗腐蚀措施上，冷却水流过不同位置和不同电位的金属件，而不同电位金属件之间的水路中会产生微弱的漏电流，因此这些金属件可能受到电解腐蚀。由于冷却系统中的冷却液电导率被控制在较低的水平，水管中压差产生的漏电流密度控制在 $10^{-6}A/cm^2$ 数量级，然而即使是如此低的电流密度，如不采取保护措施，仍可能发生铝制散热器的电解腐蚀。为解决此问题，本系统在每个散热器的进出口安装了防腐电极，可避免铝散热器铝管与冷却剂接触表面的电解腐蚀，可满足换流阀至少 40 年使用寿命的技术要求。

1. VSC1 阀塔水路布局设计

阀塔水管布局和光纤布局类似，底部进出 S 主水管固定在水管、光纤槽固定支架上，各层阀模块通过层间水管和三通水管进行连接。各个子模块的进出水管汇至阀模块进出主水管，然后流入和流出三通主管。VSC1 阀塔水路布局如图 3-13 所示。

2. VSC2 阀塔水路布局设计

冷却水主管道在环抱式阀塔两列中间，充分利用阀塔空间，采用均压措施，满足绝缘要求，同时兼顾其对换流阀抗震性能的影响。每列阀塔各有一根 PVDF 进水主管道和一根 PVDF 出水主管道，主管道由下向上引至阀塔各层，再由阀塔各层的层间 PVDF 水管引至各功率单元上方。功率单元的散热器与层间水管间通过 FEP 水管连接，各散热器并联接入冷却系统。水管通过 S 弯管从底部上到各阀层，对地绝缘爬距大于 25mm/kV。VSC2 阀塔水路布局如图 3-14 所示。

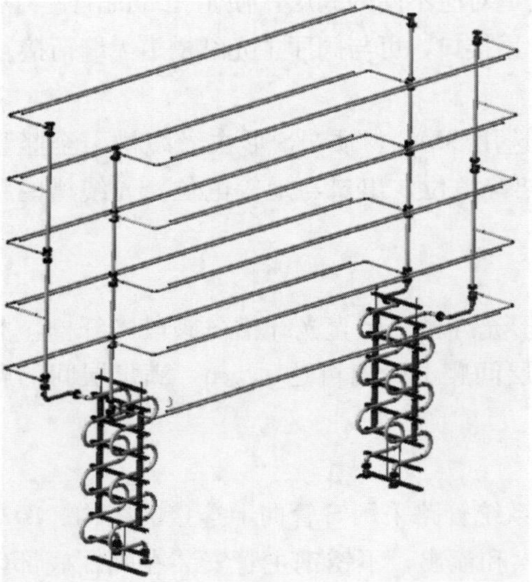

图 3-13　VSC1 阀塔水路布局图

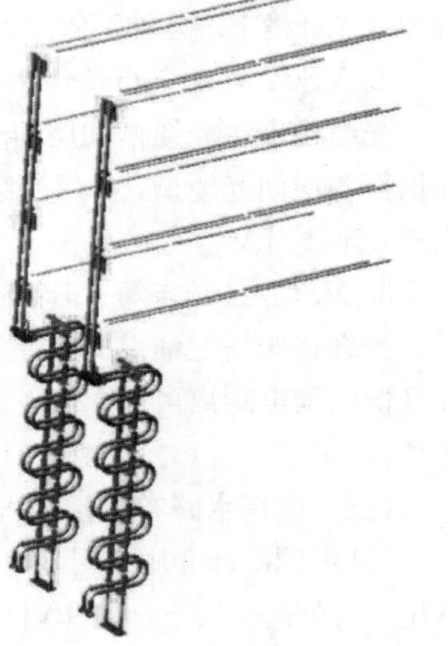

图 3-14　VSC2 阀塔水路布局图

3. VSC3 阀塔水路布局设计

每个阀塔包含 2 组进/出水管路，前、后半塔各 1 组，并联关系。主水管在对地支撑绝缘子部分为曲形水管，在阀段部分为竖水管，前、后半塔各层阀段对应 1 组进、出水分水管，横向布置在阀段上方，与主水管连接。各组分水管之间为并联关系，每个子模块的进/出水管与所在阀段的分水管连接，换流阀中所有子模块水路之间均为并联关系，以降低各模块进水温度不均衡。水管材质为 PVDF 及 FEP，耐压及绝缘性能优越。VSC3 阀塔水路布局如图 3-15 所示。

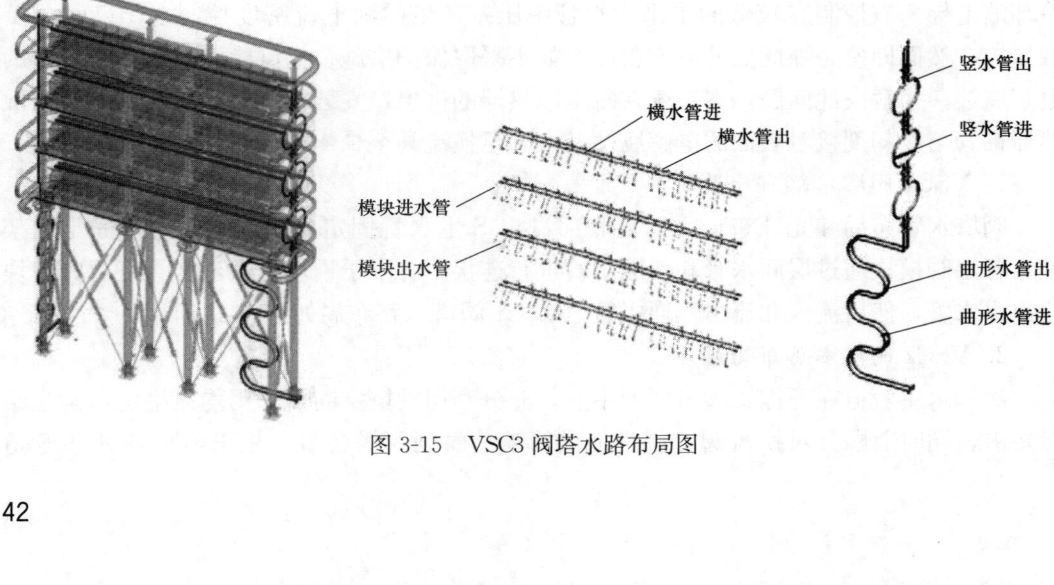

图 3-15　VSC3 阀塔水路布局图

（四）阀塔漏水检测设计

1. VSC1 阀塔漏水检测设计

在阀塔第一层阀模块底部设置有两套接水盘，每套接水盘对应一列半塔，接水盘呈对角高低分布，最低的一角设置有泄漏报警器。当阀塔分支水路有冷却水渗漏时，接水盘会将渗漏的水汇集至装有泄漏报警器的一角，实时监控并反馈冷却液泄漏状况。

换流阀阀塔底屏蔽设置漏水检测装置包括集漏装置和检漏装置（漏水探测仪和漏水监测逻辑电路）。当阀内发生渗漏时，渗漏的水流入底屏蔽罩内，在集漏装置倾斜的底屏蔽金属板引导下流入漏水探测仪的翻斗，当翻斗储水槽容积达到预定值后，由于重力作用克服平衡肿块的力矩，使翻斗翻倒，同时带动翻转轴旋转。漏斗每翻 1 次，翻转轴的通光孔与光通道错位，光通道被阻挡，发生漏水计数信息。当检测到冷却液泄漏率超过 10L/h，漏水监测逻辑电路发一级报警信号；当检测到冷却液泄漏超过 15L/h，漏水监测逻辑电路发二级报警信号。每个阀塔有 2 个独立的漏水检测信号传输系统，任何一个阀塔发生泄漏均可被及时发现。VSC1 漏水检测原理如图 3-16 所示。

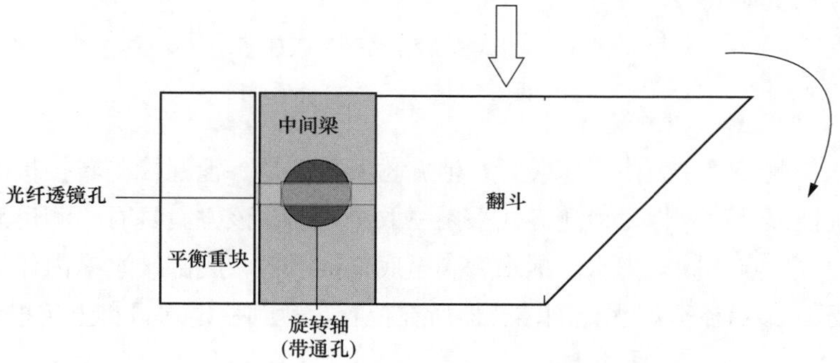

图 3-16　VSC1 漏水检测原理图

2. VSC2 阀塔漏水检测设计

阀模块水路全部位于模块前方，远离功率器件及二次板卡仓，模块在进出口均有引流结构，散热器下沿有引流沿，同时模块底板前方设置有斜面引流盘，将模块上方的漏水收集后向下引流，离开模块，向下汇入换流阀底部的接水盘，最终流至检测器，触发报警。

阀段水管在每个模块的进出水口下方均设有引流结构，如层间阀段水管发生漏水，水会沿引流结构流向模块前方，避开阀段模块，向下汇入换流阀底部的接水盘，最终流至检测器，触发报警。

由两个光模块分别承担轻微和严重两级信号的检测。两个光模块的检测头安装在容器的不同高度上。容器底部开有出水孔，当水流量较小时，水从出水孔流出。当水流量逐渐增大时，流入和流出的流量逐渐接近，最终容器内水将稳定在不同的液位高度达到平衡状态。当液位上升到达一级报警高度时，触发较低的光模块切断光路，当液位上升到达二级报警高度时，触发较高的模块切断光路，从而可实现不同流量的检测。

在每组阀塔每段正下方底部安装汇流盘，该汇流盘将漏水汇流至漏水检测容器中。每个漏水检测容器内安装光纤探头检测漏水液位，光纤接至控制室，光信号通过光纤传送给控制装置。VSC2 漏水检测原理如图 3-17 所示。

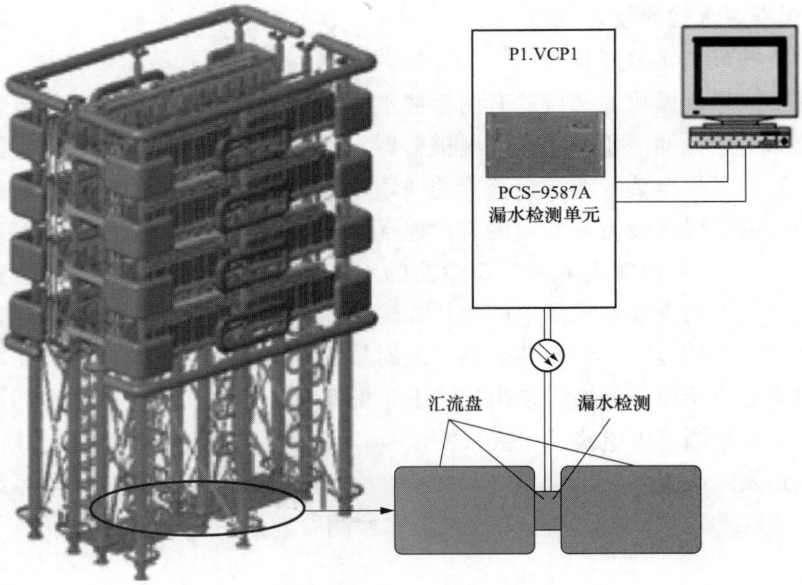

图 3-17　VSC2 漏水检测原理图

3. VSC3 阀塔漏水检测设计

阀塔漏水检测装置主要由集水装置、泄漏检测传感器、泄漏检测转接板等组成。为保障检测的准确性以及可靠性，检测方式采用三取二原则。该方案具有检测可靠、寿命周期长、应用方便等优点。阀塔内水管漏水后滴至底部接水槽，底部接水槽内任意位置水流均如图 3-18 所示，最后流至漏水检测传感器所在位置，达到一定水量将上传报警信号。

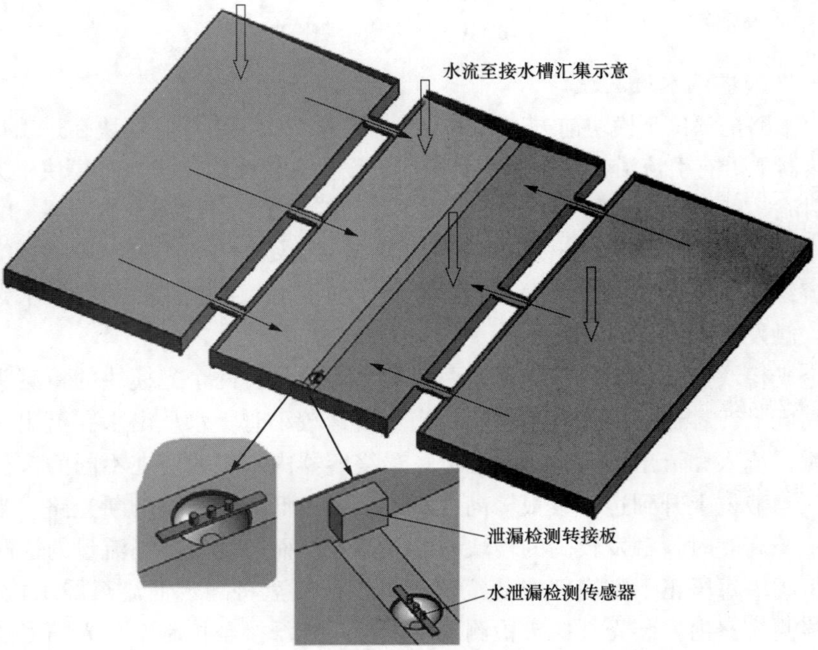

图 3-18　VSC3 漏水检测原理图

VSC3 水泄漏检测传感器原理如图 3-19 所示，泄漏检测传感器的作用是配合检测水路是否泄漏，采用特殊结构设计，具有检测准确、抗扰能力强等优点。与泄漏检测转接板配合工作，从而实现水冷泄漏检测故障报警。

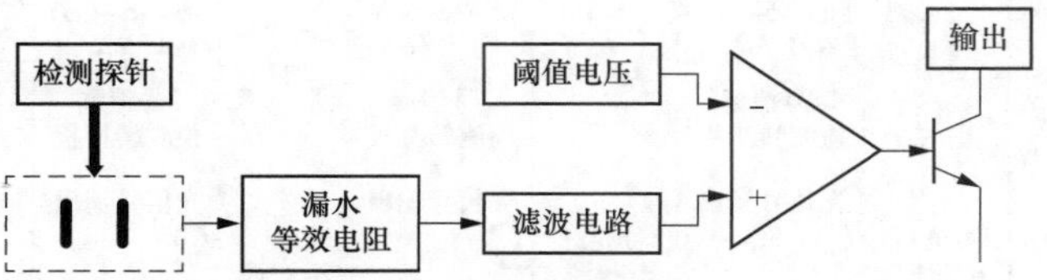

(a) 传感器原理图

(b) 传感器外观图

图 3-19　VSC3 水泄漏检测传感器原理图

泄漏检测转接板配合水泄漏检测传感器使用，从录波及换流阀状态评估屏取电，负责为水泄漏检测传感器进行供电，同时将水泄漏检测传感器的电信号转换为光信号发送至阀控系统。该转接板采用冗余供电方式，可确保水泄漏检测传感器的供电可靠性。电信号和光信号分别由 2 根电缆和 1 根光缆进行传输。

阀塔漏水采用整体检测方式，漏水检测装置放置在阀塔底部，接水槽由 3 个带一定倾斜角度的相互连接的接水盒组成，分别布置在阀塔底部的支柱绝缘子中间，如图 3-20 所示。三个接水槽之间设置等电位连接线并可靠接地。当水从阀塔流到接水槽任何一个位置时，都会向中间接水槽汇集，进入漏水传感器的检测位置。

在阀塔的集水槽上方最低点处平行安装 3 个水泄漏检测传感器，传感器探针距离槽盒底部约 5mm，可调整；如果阀塔上水系统管路发生漏水后，水最终会在集水槽中汇集，当总水量达到 5L 左右，会触发漏水传感器产生电报警信号，通过泄漏检测转接板将电信号转换成光信号发送至阀控系统，由阀控进行三取二处理，即当阀控系统检测到 2 个或 3 个传感器均发出报警信号后才认为有漏水现象发生，这时才能发出漏水报警信号。

（五）阀塔绝缘设计

IGBT 阀绝缘件（塑料件）选用具有抗电晕放电特性的材料。IGBT 阀结构设计核算了各结构件的电压分布，合理布置了结构件位置，结合均压环、均压罩，避免 IGBT 阀在运行过程中发生电晕放电，降低绝缘材料因电晕放电发生老化的风险，同时阀设计中合理进行绝缘配合设计，严格控制阀运行中各种过电压情况下材料的局部放电量，保

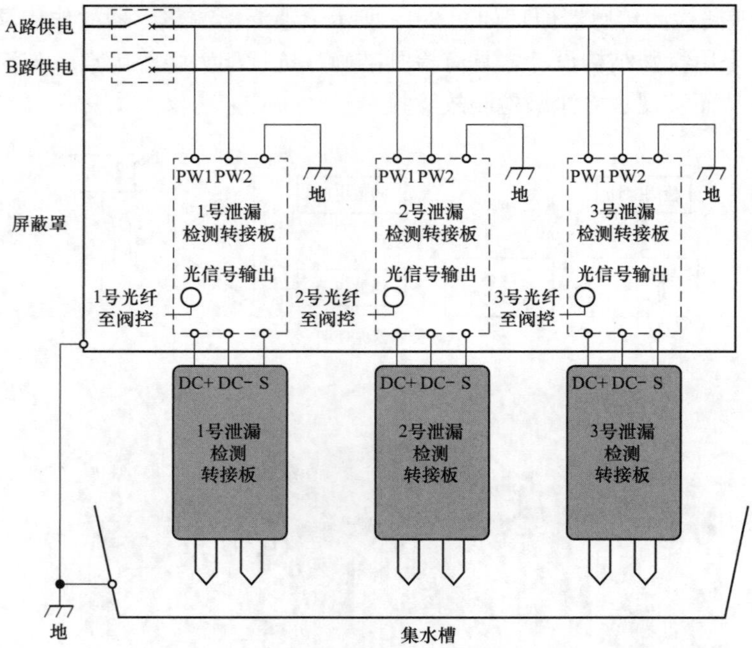

图 3-20　VSC3 阀塔漏水检测方案框图

证材料的使用寿命。

绝缘材料在长期电压作用下，可能会产生电痕化，使材料性能衰变、表面发生蚀损，严重时会在材料表面产生导电通道。考虑到绝缘材料的电痕特性，选用相比漏电起痕指数（CTI）不小于 500V 的绝缘材料。

IGBT 换流阀有空气绝缘（自恢复型绝缘）和固体绝缘（非自恢复型绝缘）两种绝缘形式，这些绝缘形式在直流应用中已考虑直流、交流和冲击（包括正负极性）电压作用下的绝缘特性。IGBT 换流阀绝缘配合设计综合考虑了阀运行过程中各种电压应力的影响，设计了合理的空气净距并留有充分的绝缘裕度，这种设计确保 IGBT 换流阀在运行过程中不会发生绝缘击穿，也不会因为绝缘材料老化或者污秽而产生绝缘材料沿面放电。

（六）阀塔检修通道设计

1. VSC1 阀塔检修通道设计

未设计检修通道，日常检修时采用升降平台车。

2. VSC2 阀塔检修通道设计

换流阀在两列阀塔之间设置有检修通道，通道上每一层都设置检修平台，地面的检修维护人员通过爬梯可方便地进入第一层检修通道，同时层与层之间均设置有爬梯，检修维护人员可方便地对整个换流阀进行检修维护，全程无须使用登高车等辅助设备。VSC2 阀塔检修通道如图 3-21 所示。

3. VSC3 阀塔检修通道设计

阀塔面对面之间设置检修通道，面对面 2 个阀段对应一组检修通道，24 个阀段共

图 3-21 VSC2 阀塔检修通道

12 组检修通道，检修通道宽度约为 1.1m，额定载质量为 800kg，可以同时承载 3 名检修人员、检修工具的总体质量，具有一定的安全裕度。

每层检修通道设有层间爬梯，爬梯设计的具体位置在中间阀段的两端。检修人员可以在阀塔内侧使用爬梯，大大提高了检修人员的操作安全性。

阀塔检修通道爬梯采用上下层错开、左右交替布置的设计方式，在每层爬梯通行口处装有一块盖板，检修人员从爬梯到上一层检修通道时，需要先将盖板移走，再通过爬梯通行口到上一层检修通道，如图 3-22 所示。

（七）阀塔防火设计

对组成元器件的非金属部分的材料有严格的要求，材料不仅要满足机械及电气性能，同时要具有良好的阻燃和自熄性能，阻燃性不低于 UL94V-0。为防止发生火灾，选用无油化干式电容器，同时其接线端子为具有高阻燃性的复合树脂。IGBT 及晶闸管外部绝缘材料也分别为阻燃性塑料和陶瓷，在保证其承受过电压、过电流能力的情况下内部也不可能出现可燃的可能性；直流均压电阻采用间接水冷模式的厚膜电阻，其主要结构为电阻片贴在铜板并通过铜板散热，外部主要绝缘材料为聚酰胺；旁路开关顶部绝缘件为环氧树脂材料，其阻燃性也为 UL94V-0。

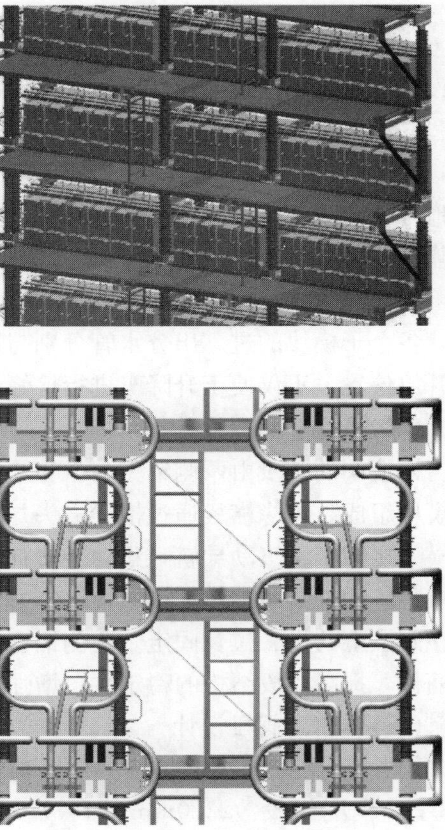

图 3-22 VSC3 阀塔检修通道

光纤放置在光纤槽内，光纤槽采用的是阻燃材料，光纤及光纤槽远离热源，且与其他的非金属材料隔离，这些措施可以保证光纤的安全使用。在需要使用非金属螺纹连接件的部分，大量采用了阻燃螺栓标准件，以上材料的选择既能满足强度要求，又可避免火情隐患。

二、阀段设计

（一）VSC1 阀段设计

阀段设计基于模块化、标准化的设计理念，将其设计为一个标准化的单元，出厂时已组装完毕，并已在厂内完成所有的例行试验，降低了现场安装难度，缩短了现场的安装及试验工期。阀段主要由主体支撑框架、子模块、光纤、水管、导线连接及其他固定结构件组成，整体结构如图 3-23 所示。

图 3-23 VSC1 阀段结构图

主体支撑框架主要包括端部的钢梁和中间主绝缘槽梁。钢梁和主绝缘槽梁通过紧固件连接成一个刚度较高的框架。主绝缘槽梁是无卤素环氧玻璃钢材料，采取专门设计、成熟工艺加工而成，结构强度高、刚性大、绝缘性好。

光纤布置在阀段的光纤槽内，光纤槽同时配备了光纤槽盖板，既可以可靠布置光纤，又可以避免外界灰尘进入造成污秽。考虑到光纤折弯半径的限制，在光纤需要弯曲的地方采取了专门的固定设计，在光纤穿线的地方安装了护线套，避免了安装和运行中可能造成的机械损伤。

阀段有进水、出水两路主水管，通过卡块可靠地固定在子模块前端的主水管支架上，各个子模块的进、出分水管分别与进、出主水管连接，由于连接位置位于阀塔的外侧开放位置，不仅便于升降车进行检修及拆卸，还确保了拆卸及漏水不会对阀的损害。

（二）VSC2 阀段设计

换流阀的阀段由两侧铝型材框架、绝缘横梁、滚动导轨、水管组件、光缆槽组件、子模块组成。绝缘横梁通过横梁夹头与两侧焊接的铝型材框架可靠连接，形成框架。绝缘横梁之间布置滚动导轨，滚动导轨将阀块底板与横梁的滑动摩擦变位滚动摩擦，方便模块整体的安装与整体更换。模块上方就近布置光缆槽和水管，模块通过滚动导轨可实现在阀段上的推、拉及固定。两侧铝型材框架的结构形式为矩形框架，中间辅助焊接加强筋板，提高阀段结构的稳定性，增强了阀塔的局部刚度，提升了阀塔的抗震性能。

（三）VSC3 阀段设计

阀段结构设计外形尺寸：6 模块阀段：3250mm×1977.5mm×1370mm，质量 3.8t；4 模块阀段：2320mm×1977.5mm×1370mm，质量 2.6t。VSC3 阀段外形如图 3-24 所示。

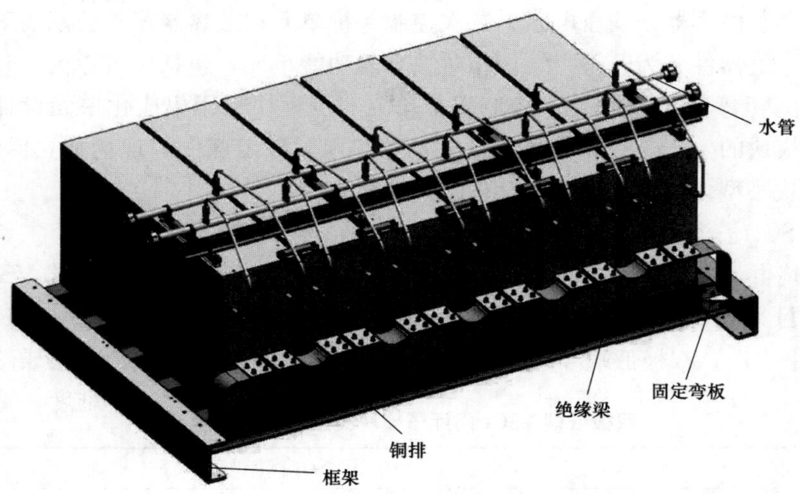

图 3-24 VSC3 阀段外形图

一个阀段空间可以容纳 6 个子模块，子模块被放置和固定在底部绝缘梁上，绝缘梁通过固定弯板被固定在两侧铝合金框架上，进出水管布置在阀段上部，如图 3-25 所示。

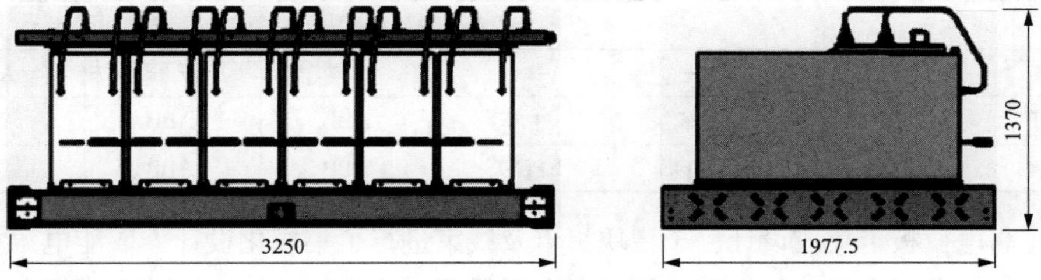

图 3-25 VSC3 阀段结构图（单位：mm）

子模块通过铜排串联，子模块之间距离满足绝缘要求。考虑到子模块的质量，底部绝缘梁采用工字型、高强度材料，材质为 UPGM203-TM，此材料具有无卤、阻燃、自熄灭、力学性能优越等特点，燃烧特性 V-0。

两侧铝框架为一体成型槽型铝材，此材料具有力学性能优、导电性能好、防腐能力强的特点。阀段进/出水管设计时考虑使用寿命、机械强度、工艺性能等综合因素，材质 PVDF，此材料具有熔接一致性好（设备操作）、抗老化能力强、耐压耐温性能优、绝缘性能强等特点。

阀段光纤槽设计在阀段上部的前段，依据光纤转弯角度及转弯直径的参数、光纤进入子模块口的位置来决定，阀段光纤槽材质为 SMC，此材料具有无卤、阻燃、自熄灭、力学性能优等特点，燃烧特性 V-0，阀段光纤槽设计时要严格考虑保护光纤不受损伤，任何毛刺、棱角必须打磨处理达到光滑圆润。

三、子模块设计

子模块是 IGBT 阀最基本的功能单元，包含 IGBT、真空旁路开关、转折晶闸管

（保护晶闸管）、电容器、均压电阻、二次控制保护单元和散热器等。子模块采用集成化设计，将各电气器件分为若干个结构相对独立的功能单元，包括电容单元、IGBT/散热器单元、晶闸管/旁路开关单元和控制保护单元。子模块采用集成化单元设计，既有效地提高了子模块的生产效率和安装质量，基本实现了各组部件的现场独立拆装与更换，体现了子模块小型化与紧凑化的设计理念。

（一）VSC1 子模块设计

每个阀塔共有 226 个子模块（包括冗余子模块 16 个），全站两个低端 VSC1 阀厅总计子模块数目为 2712 个。中车＋EPCOS 公司子模块 1808 个，占 2/3；ABB 公司子模块 904 个，占 1/3。双极低端 VSC1 阀厅子模块类型分布见表 3-1 和表 3-2。

表 3-1　双极低端 VSC1 阀厅子模块类型分布（极Ⅰ）

阀厅	极Ⅰ低 VSC1 阀厅					
桥臂	C−	A−	B−	B+	C+	A+
IGBT	中车	中车	中车	中车	中车	ABB
电容	EPCOS	EPCOS	EPCOS	EPCOS	EPCOS	ABB

表 3-2　双极低端 VSC1 阀厅子模块类型分布（极Ⅱ）

阀厅	极Ⅱ低 VSC1 阀厅					
桥臂	C+	A+	B+	B−	C−	A−
IGBT	中车	中车	中车	ABB	ABB	ABB
电容	EPCOS	EPCOS	EPCOS	ABB	ABB	ABB

（1）高电位板卡集成设计。子模块板卡及线束进行了集成化设计。取能电源板卡与中控板卡集成在一个整体的金属机箱中，金属机箱采用滑轨悬挂式设计，可简便地实现机箱的安装和更换。机箱内导线和光纤与机箱集成为一体，与机箱整体更换或检修。机箱外的控制线束汇集到一个集成端子，与控制板卡实现快速连接，安全可靠。控制线束与取能线束在同一路径上统一布置，简洁有序。

（2）子模块承重结构设计。子模块承载结构为子模块框架，子模块框架固定于阀模块横梁上，承载子模块全部重量。

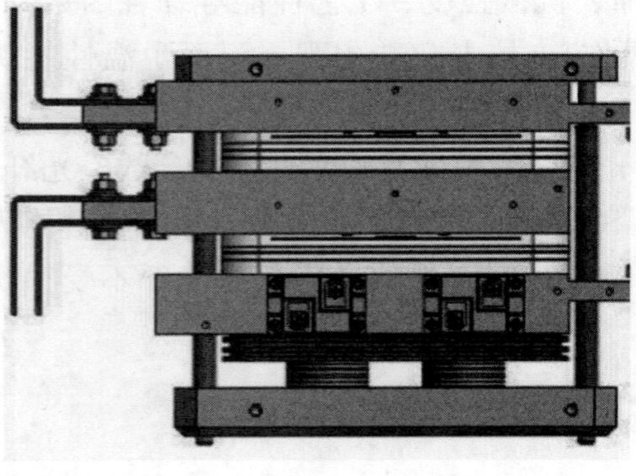

图 3-26　VSC1 紧凑化设计结构图

（3）子模块紧凑化设计。子模块的紧凑化设计从通流母排、IGBT 压接单元两方面进行。

子模块的母排设计，综合计算电流有效值、环境温度、母排温升等参数后，采用了双层母排的设计方案。双层母排的截面积满足通流能力，其搭接面积是单层母排的两倍，在满足通流能力、搭接面情况下，可以降低搭接段长度，节省母排安装空间。中电普瑞紧凑化设计结构如图 3-26

所示。

碟簧直接提供 IGBT 压接单元的压接力。通过设计优化，提出了小碟簧组合使用的方案，经过真机试验，其压装力和压装精度完全满足 IGBT 器件需求，而其组合使用的厚度只有大碟簧的四分之一，降低 IGBT 压接单元的尺寸。中电普瑞 IGBT 压接分解如图 3-27 所示。

(4) 子模块外观设计。子模块的外观采用工业设计理念，综合考虑了空气净距及爬电距离的绝缘要求，同时兼顾了机械强度、安装维护等需求，其外观效果如图 3-28 所示。

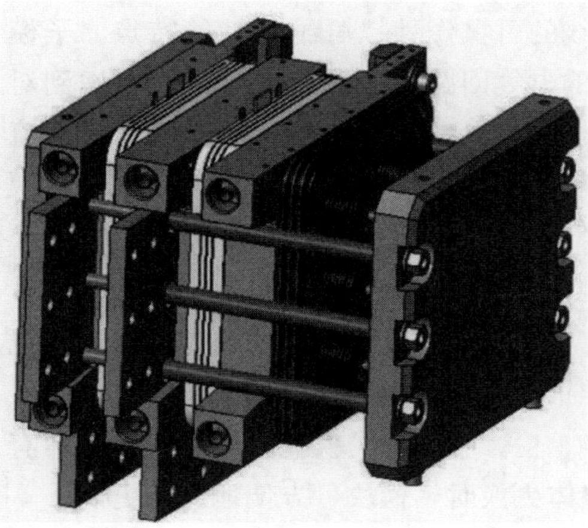

图 3-27　VSC1 IGBT 压接分解图

图 3-28　VSC1 子模块外观效果图

(二) VSC2 子模块设计

两个阀塔构成一个桥臂共有 224 个子模块（包括冗余子模块 14 个），全站两个低端 VSC2 阀厅总计子模块数目为 2688 个，中车＋VISHAY 子模块 1344 个，占 1/2；ABB＋ABB 子模块 896 个，占 1/3；中车＋ABB 子模块 448 个，占 1/6。双极低端 VSC2 阀厅子模块类型分布见表 3-3 和表 3-4。

表 3-3　双极低端 VSC2 阀厅子模块类型分布（极 Ⅰ）

阀厅	极Ⅰ低 VSC2 阀厅					
桥臂	C−	A−	B−	B+	C+	A+
IGBT	中车	中车	中车	中车	中车	中车
电容	VISHAY	VISHAY	VISHAY	VISHAY	VISHAY	VISHAY

表 3-4　双极低端 VSC2 阀厅子模块类型分布（极 Ⅱ）

阀厅	极Ⅱ低 VSC2 阀厅					
桥臂	C+	A+	B+	B−	C−	A−
IGBT	ABB	中车	ABB	ABB	ABB	中车
电容	ABB	ABB	ABB	ABB	ABB	ABB

子模块长 1540mm，宽 430mm，高 860mm，质量 520kg，一次侧安装 IGBT 单元压紧机构、母线（Busbar），二次侧安装控制盒组件，控制盒组件可整体安装、拆卸，控制板卡和电源板卡位于控制盒内，可实现分别单独安装、拆卸。此结构具有通用性好、维护方便、结构紧凑等特点，同时满足电力设备的耐受高压、耐受大电流、耐受强电磁干扰、良好的散热性能，电气接线的可操作性、可维护性等特点。子模块的电气回路经过优化设计，既考虑到对称性，又考虑了寄生参数的影响，对换流阀的性能提供可靠的保证。南瑞继保子模块外观效果如图 3-29 所示。

图 3-29　VSC2 子模块外观效果图

1. 模块检修方案设计

换流阀采用模块头朝里，两列塔之间设置有检修通道的设计。模块的二次板卡、光纤、水路、真空开关等均可在检修平台上进行维护而无须更换整体模块。

同时，子模块采用可抽拔式设计，方便安装、检修和维护。换流阀塔支架上安装有并列布置的滚动导轨，当模块发生较大故障需整体更换时，模块可方便地进行更换。

2. 分区屏蔽设计

子模块实现了一次元器件和二次组件的分区布置：上述控制盒组件位于压紧机构的右侧，与一次元件隔离开，一次元器件和二次组件的分区布置有效屏蔽了一次侧功率器件动作时对二次侧产生的干扰。同时，子模块实现了二次组件的整体安装、拆卸以及各板卡的单独拆卸、维护。

3. 防爆设计

在防爆设计上，从以下方面对子模块进行了设计（见图 3-30）：

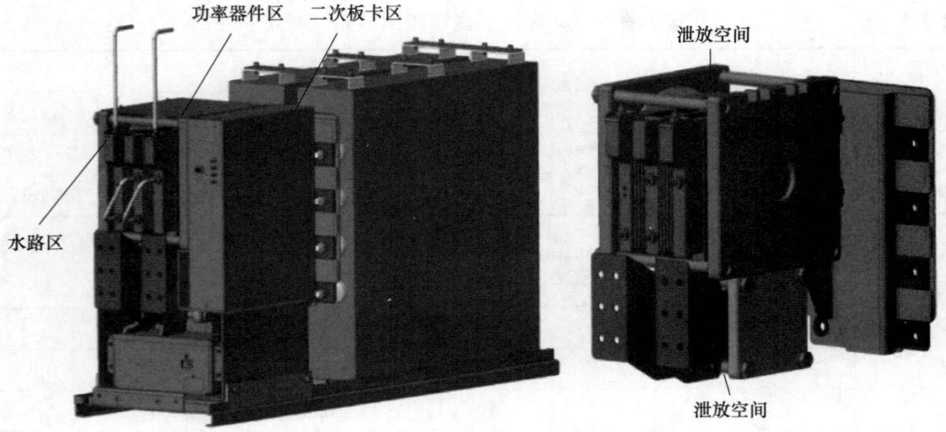

图 3-30　VSC2 子模块防爆设计示意图

（1）子模块采用压接式 IGBT 器件，与焊接式 IGBT 相比，压接式 IGBT 器件具有双面散热特性、短路失效模式等优良的特性，内部为合金熔化模式，不会发生爆炸风险；

（2）子模块整体结构采用分区及防爆设计，子模块的主功率器件区域、二次板卡区、水路区分开隔离布置，进出分支水管位于模块前端，远离功率器件；

（3）功率器件上下区域均设置缓冲型空腔，即使 IGBT 或晶闸管发生爆炸，也能在预留空间内泄放，不会影响该子模块的相邻部件或相邻子模块；

（4）直流母排进行了针对性加强固定，防止过大的电动力造成母排变形带来其他损坏。

4. 元器件设计

（1）IGBT 及压紧机构设计。该工程采用压接式 IGBT，额定电流 3000A、额定电压 4500V。南瑞继保子模块 IGBT 外形如图 3-31 所示。

图 3-31　VSC2 子模块 IGBT 外形图

压接式 IGBT 需要设计专门的压紧机构来保证器件持续、稳定、可靠工作，设计时选用 10t 的压紧力进行压接。碟簧将预先施加的机械能储存起来，在温度或压力的波动或机械振动下，可产生较高的补偿力。通过压紧机构的压接力测试，测得 IGBT 的 C 极和 E 极表面的压力均大于 2.5MPa，分布均匀，压紧机构满足器件长期使用要求。南瑞继保 IGBT 压紧机构示意如图 3-32 所示。

（2）IGBT 散热器。子模块 IGBT 功率元件直接压接在水冷散热板上，系统运行时，冷却水通过冷却水管进入换流阀子模块，循环流过和 IGBT 直接接触的散热器，吸收并带走半导体元件上所散发的热量。VSC2 子模块散热器结构如图 3-33 所示。

图 3-32　VSC2 IGBT 压紧机构示意图

图 3-33　VSC2 子模块散热器结构图

（3）IGBT 散热器。子模块 IGBT 功率元件直接压接在水冷散热板上，系统运行时，冷却水通过冷却水管进入换流阀子模块，循环流过和 IGBT 直接接触的散热器，吸收并带走半导体元件上所散发的热量。

（4）直流电容。电容选用干式金属膜电容，具有良好特性。模块外形结构如图 3-34 所示。多个并联的电容芯组统一封装在不锈钢外壳内。每个子模块采用两个 9mF 的电容器并联，底部通过 3 排 12 个 M8 的螺钉与子模块底板固定，形成可靠整体。

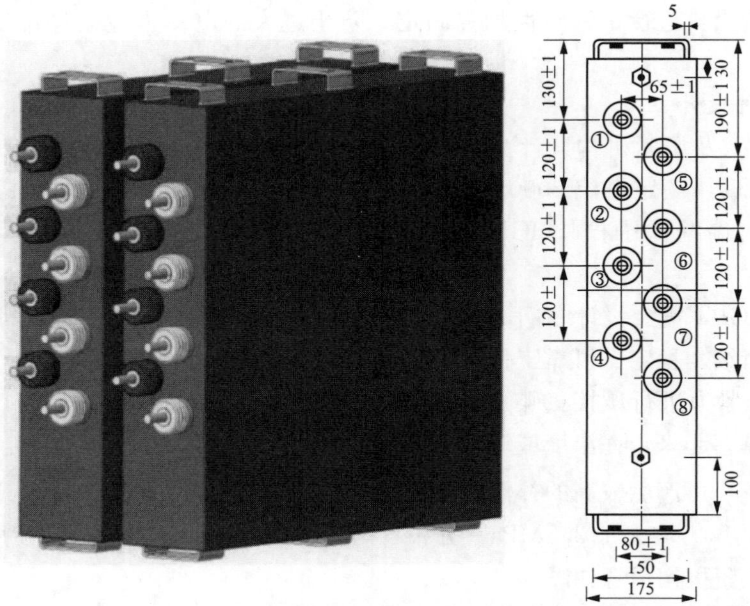

图 3-34　VSC2 子模块直流电容结构示意图（单位：mm）

图 3-35　VSC2 子模块旁路开关结构示意图

（5）真空开关。子模块中旁路开关用于实现冗余子模块和故障子模块的快速投切。真空开关外形如图 3-35 所示，每个子模块配置一台真空接触器。真空接触器具有机械保持能力，接触器合闸后需要手动分闸。

（三）VSC3 子模块设计方案

两个阀塔构成一个桥臂共有 226 个子模块（包括冗余子模块 16 个），全站两个低端 VSC3 阀厅总计子模块数目为 2712 个：中车＋EPCOS 公司子模块 1356 个，占 1/2；东芝＋EPCOS 子模块 678 个，占 1/4；英飞凌＋EPCOS 子模块 678 个，占 1/4。双极低端 VSC3 阀厅子模块类型分布见表 3-5 和表 3-6。

表 3-5 双极低端 VSC3 阀厅子模块类型分布（极Ⅰ）

阀厅	极Ⅰ低 VSC3 阀厅					
桥臂	C−	A−	B−	B+	C+	A+
IGBT	中车	中车	中车	中车	中车	中车
电容	EPCOS	EPCOS	EPCOS	EPCOS	EPCOS	EPCOS

表 3-6 双极低端 VSC3 阀厅子模块类型分布（极Ⅱ）

阀厅	极Ⅱ低 VSC3 阀厅					
桥臂	C+	A+	B+	B−	C−	A−
IGBT	东芝	东芝	东芝	英飞凌	英飞凌	英飞凌
电容	EPCOS	EPCOS	EPCOS	EPCOS	EPCOS	EPCOS

采用半桥型模块化多电平换流器拓扑结构，为便于子模块的维护，进口器件子模块、国产器件子模块在外形尺寸、结构接口、安装固定方式上完全兼容。此外，从操作接口、防水、防爆和电磁兼容全面详细地考虑了子模块的结构设计。

国产器件子模块和进口器件子模块尺寸兼容，外形尺寸为 $L \times W \times H = 1560\text{mm} \times 435\text{mm} \times 850\text{mm}$，国产器件子模块重 510kg，进口器件子模块重 500kg。VSC3 子模块外形尺寸如图 3-36 所示。

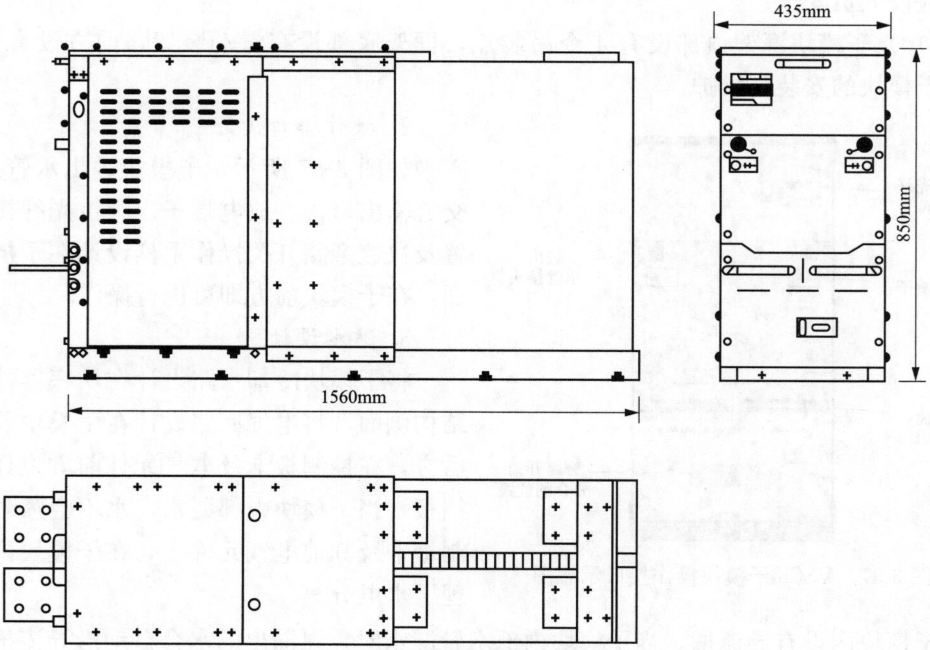

图 3-36 VSC3 子模块外形尺寸图

1. 结构设计

子模块在整体结构上分为电容单元和功率器件组件单元，直流电容器单独固定在子模块框架上，功率器件组件单元各组件为模块化设计，分为功率器件组件模块、控制模块、旁路模块等，各部分可以单独拆装，便于安装和维护。

（1）确保所有带电体电气间隙、爬电距离满足《可调速电力驱动系统 第5-1部分：安全要求 电气、热力和能源》（IEC 61800-5-1）的相关要求；

（2）子模块功率器件组件结构采用多芯片并联压装器件单轴线高压力精确控制技术，使功率器件压紧力精确、受力均匀；

（3）电容器与功率器件通过铜包覆母排连接，根据电气设计需求合理优化换流回路杂散电感；

（4）子模块水路的进、出水管接头设计在子模块正面，便于操作维护，与阀塔水路之间采用软管连接，接头采用便于拆卸的端面密封接头；

（5）交流输出母排设计在子模块正面，便于连接和拆卸，快速旁路开关采用自动合闸、手动分闸的方式，分闸手柄设计在子模块正面下方，操作简便；

（6）子模块整体采用防水设计，子模块内部实现了水电分离，当子模块漏水时，可确保水不会喷溅或渗透到相邻或下方的子模块内部；

（7）子模块内部及外部采用防爆设计，可实现多重防爆保护；

（8）根据电磁场仿真结果合理布置控制板卡，控制板卡外部安装金属屏蔽板，最大限度屏蔽电磁干扰；

（9）电容器放电端子设计在子模块正面，便于测量电容器电压和进行电容器放电，确保检修人员安全；

（10）子模块框架顶部设有4个吊装点，框架底部设有滑动装置，前方设有拉手，便于子模块的安装与维护。

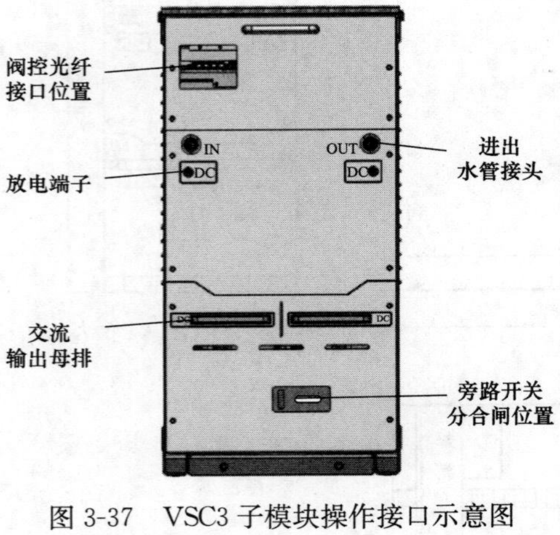

图3-37　VSC3子模块操作接口示意图

2. 操作接口设计

如图3-37所示，子模块进出水管接头、交流输出母排、放电端子、阀控光纤接口位置及快速旁路开关操作手柄设计在子模块正面，在子模块前方即可进行操作。

3. 防水设计

将子模块冷却水路设计在功率器件组件结构侧面，将电气回路设计在子模块前方和后方，在控制板卡及电气元件前方设计防水挡板，当子模块内部漏水，水不会喷溅到控制板卡及其他电气元件上，在子模块内部实现了水电分离。

子模块内设有导流槽，当子模块内部水管漏水时，泄漏出的水会自动沿导流槽从固定位置流出，离开带电部件，不会造成任何元器件的损坏，而后汇集到阀塔底部的接水槽内，并通过底部接水槽上的漏水检测传感器发出指令将漏水故障上传到集控室，提醒维护人员处理漏水故障。

4. 防爆设计

在子模块内部的功率器件压接组件侧面安装绝缘防爆挡板，防止极端工况下功率器件破裂的碎片割伤水管、控制板卡等相邻元器件。

在子模块的侧面、顶面以及底面安装金属侧板、顶板以及底板，防止极端工况下故障子模块损伤相邻子模块，在子模块防爆设计上实现了双重防护。

四、电气设计

（一）电气拓扑概述

白鹤滩工程双极低端换流器采用模块化多电平电路拓扑（modular multilevel converter，MMC）。各换流器交流侧连接三相交流母线，直流侧两端分别连接直流母线和中性母线。每个换流器由六个桥臂组成，其中三个桥臂与极直流母线连接，另外三个桥臂与中性母线连接，而换流器的每个桥臂上分别串联一个桥臂电抗器。换流器主接线如图 3-38 所示。

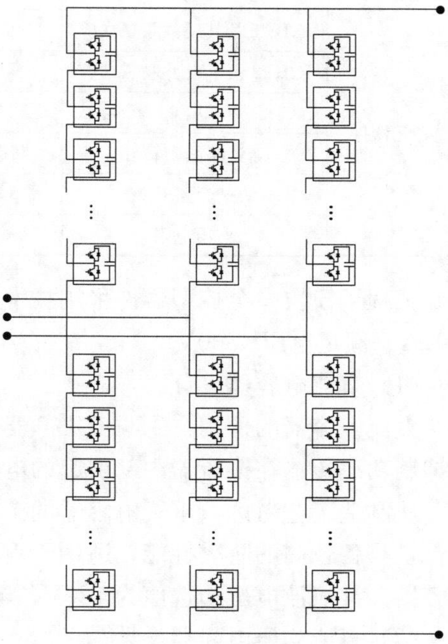

图 3-38　换流器主接线

子模块作为换流阀基本功能单元，其电气设计是换流阀电气设计的基础。模块化多电平换流器子模块拓扑主要包含半桥电路和全桥电路两种常用的形式。该工程子模块全部采用半桥电路拓扑，其电气接线如图 3-39 所示。子模块主要部件有 IGBT/Diode、直流电容器、均压电阻、门极驱动单元、散热器、转折击穿晶闸管、旁路开关和子模块控制器等。

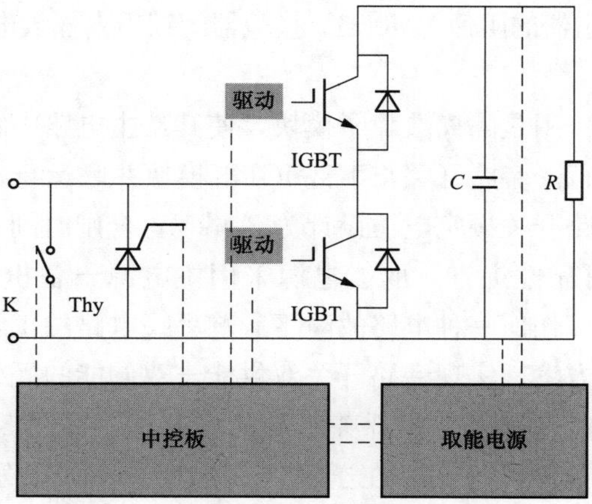

图 3-39　子模块电气接线

（二）子模块电气参数

柔性直流换流阀子模块由 IGBT1、IGBT2、直流电容、晶闸管、旁路开关和就地控制系统组成。

1. VSC1 子模块电气参数

VSC1 子模块的主要电气部件及参数见表 3-7。

表 3-7　　VSC1 子模块主要电气部件及参数

名称		主要参数	数量
主要元器件	IGBT1 及其反并联二次管	4500V/3000A	1 套
	IGBT2 及其反并联二次管	4500V/3000A	1 套
	电容	2800V/9mF/0～5%	2 只
	旁路晶闸管	断态重复峰值电压 3600V/转折击穿电压 4300V±100V	1 只
	快速旁路开关	额定电压 3600V/合闸时间 2.5～3ms	1 只
	均压电阻	额定电压 5000V/阻值 40kΩ	1 只

工程子模块中全控型器件采用技术成熟的高压大功率压接型 IGBT 模块，额定电流 3000A、额定电压 4500V。

（1）直流电容器设计。

直流电容器的作用：①与 IGBT 器件共同控制换流器交流侧和直流侧的交换功率；②抑制功率传输在换流器内部引起的电压波动。

从制造工艺考虑，干式电容器的工艺要求高，技术含量也高，但因为电容内部不含油，且具备较高的防火性能，适用于重要的输变电工程，因此换流站选择采用干式直流电容器。其纹波电压初选值为 720V。电容器热性能设计裕度为 45.7%。

（2）直流均压电阻器设计。

直流均压电阻的作用：①在 IGBT 换流阀闭锁的情况下，实现 IGBT 换流阀各子模块的静态均压；②在换流器停运的情况下，子模块直流电容器可通过该电阻进行放电。

该工程直流均压电阻器的阻值为 40kΩ。换流器闭锁后自然放电时间常数约为 720s。

（3）旁路开关设计。

旁路开关的最主要作用是隔离故障子模块，使其从主电路中完全隔离出去而不影响设备其余部分的正常运行。旁路开关与下部 IGBT 模块并联运行，其额定电压不小于子模块最大工作电压，旁路开关额定电压设计为 3.6kV，合闸时间为 3ms。

1）旁路开关动作可靠性提升。取能电源采用主电源＋备份电源的本地冗余方案，两路电源之间相互独立，任何一种电路故障不影响另一电路的正常输出，旁路开关储能电容采用金属薄膜并联方案，实现旁路开关双供能＋双储能的冗余能量供给，极大地降低了因为旁路开关触发能量原因旁路开关拒动的可能性，如图 3-40 所示。在子模块中采用软件触发＋硬件保护触发方案，在子模块间采用交叉光触发方案，实现了软件触发、硬件触发、相邻触发的三级触发机制，杜绝了因为触发信号导致的旁路开关拒动的可能性；在旁路开关机械结构设计方面，依靠永磁体和模具弹簧配合实现双稳态可靠保持，合分闸位置保持力均大于常规设计产品，且不存在中间位置状态，大幅提升了旁路开关本体动作的可靠性。

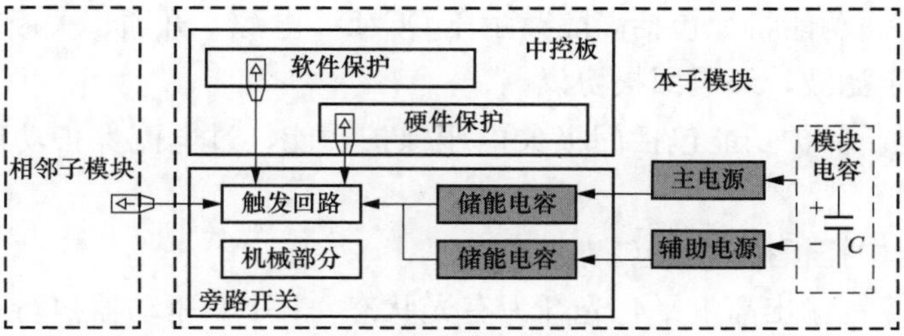

图 3-40　旁路开关原理框图

2）旁路开关拒动处理方案。采用转折击穿晶闸管方案，以应对在极端情况下旁路开关发生的拒动故障，以完全杜绝换流阀因为任一子模块故障而闭锁跳闸的可能性。

（4）转折击穿晶闸管设计。直流系统短路故障工况时如不采取恰当保护措施，续流二极管可能承受超过其电流耐受能力的故障电流而损坏。通过在承担短路电流的续流二极管两端并联保护晶闸管分担短路电流，可有效避免续流二极管的热击穿。

为了从根本上解决子模块故障导致换流阀跳闸的问题，采用转折击穿晶闸管方案，以实现旁路开关拒动后晶闸管精准电压击穿并长期短路通流的能力，以满足“任一子模块故障不应引起整个系统闭锁或停运”。

转折击穿晶闸管具备电压击穿能力，作为子模块最后一级保护，当子模块拒动后，当电容电压升高至一定值（4200～4400V）时，在无需任何外界触发或辅助下，转折击穿晶闸管被动击穿并表现为短路特性（晶闸管阻值小于 200$\mu\Omega$），且能够长期耐受 2500A 热电流。

（5）IGBT 驱动器设计。采用先进的数字驱动器，数字驱动的核心单元是可编程数字控制单元。其中软件部分囊括了所有的控制保护功能，包括数字滤波、控制时序，并且包括了对 IGBT 和反并联二极管保护功能的多种算法的实现。VSC1 IGBT 驱动器功能框图如图 3-41 所示。

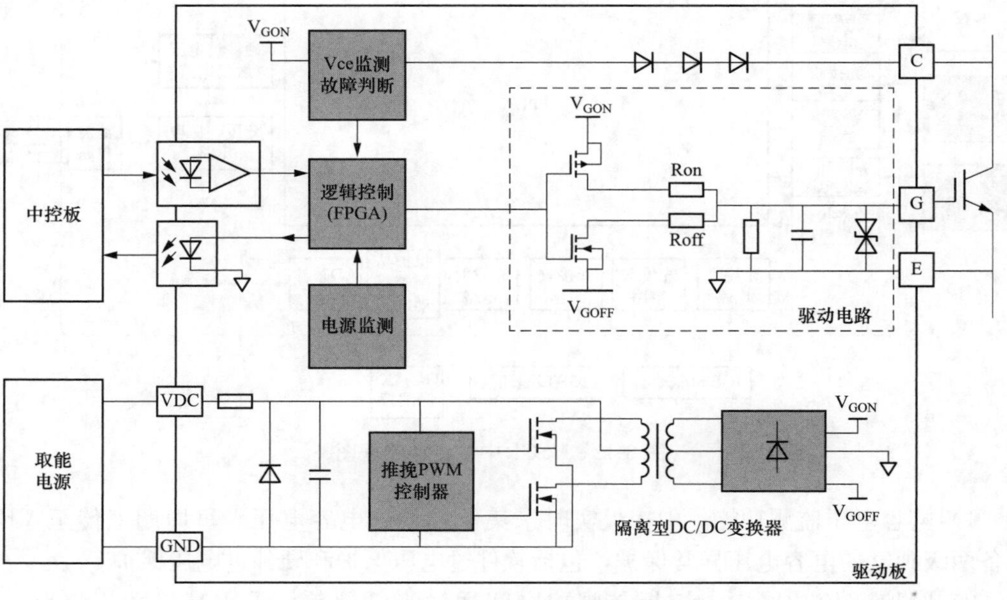

图 3-41　VSC1 IGBT 驱动器功能框图

1）功能特征。功能特征包括高隔离耐压 DC/DC 电源，开通、关断时序优化，多级软关断功能，数字滤波，编码回报协议。

2）保护功能。保护功能包括门极欠电压保护功能、过电流保护功能、触发脉冲异常保护功能。

3）驱动器与中控板接口规范。

触发要求：控制输出高电平，光纤为有光状态，IGBT 驱动器执行开通命令；控制输出低电平，光纤为无光状态，IGBT 驱动器执行关断命令。

编码回报：正常运行时，中控板接收 VBC 下达的命令帧，并将其解码后产生触发或闭锁命令发送给相应的驱动器。驱动器收到命令触发 IGBT，当 IGBT 正常触发后驱动器回传给中控板一个应答脉冲。正常关闭时，驱动器同样回传给中控板应答脉冲；当检测到 IGBT 出现门极欠电压、过电流、触发脉冲异常等故障时，驱动器将故障信息以编码的形式传给中控板，同时闭锁 IGBT。

（6）中控板设计。中控板（SMC）作为子模块的大脑，连接子模块的各个部件，实现子模块的控制保护逻辑，以及与 VBC 之间的通信、与相邻子模块之间的交叉通信，同时可交叉触发相邻子模块的旁路开关并监测其合闸状态后上传至 VBC，避免“黑模块”的出现，保证故障状态下可靠旁路。中电普瑞中控板功能框图如图 3-42 所示。

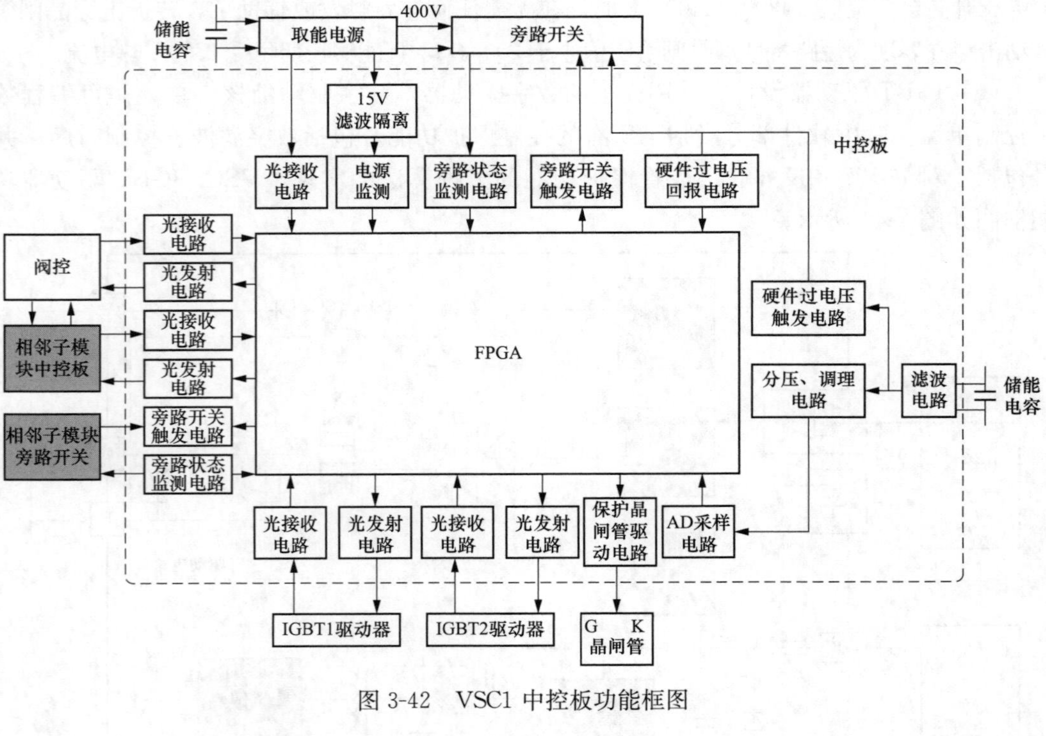

图 3-42　VSC1 中控板功能框图

1）电容电压监测功能。中控板实时采集子模块的电容电压，每周期上传至 VBC，具备两级独立的电容电压异常保护，包括软件过电压保护和硬件过电压保护。

2）阀控通信功能。中控板与阀控之间通过光纤通信，采用高级数据链路控制

(high-level data link control，HDLC）编码实现信息传输，采用数字化变电站采样值传输标准通信协议《互感器 第8部分：电子式电流互感器》（IEC 60044-8)，且为保护控制指令与状态信息的快速交互。子模块状态包括上下管IGBT的开关状态、子模块故障状态和电容电压值。

3）相邻子模块间交叉通信功能。中控板除了可以与阀控进行直接通信，也可以实现与相邻子模块中控板的交叉组网通信，如图3-43所示。

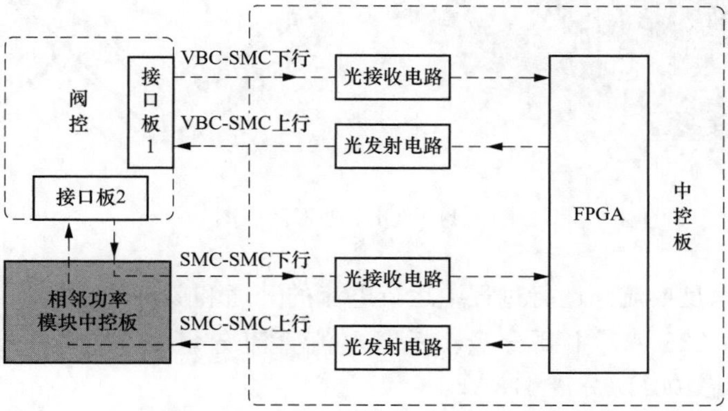

图3-43 VSC1相邻子模块间交叉通信功能

只要两路通信路径任一路正常，即可保证子模块正常工作，极大地提高了子模块运行的可靠性。同时，将相邻子模块分别连接到不同的接口板上，满足在线更换阀控接口板的需求。

中控板还实现取能电源监测功能、旁路开关触发和监测功能、相邻子模块旁路开关触发和监测功能、保护晶闸管触发功能、IGBT触发和监测功能、中控板本体电源监测功能。

2. VSC2子模块电气参数

VSC2子模块的主要电气部件及参数见表3-8。

表3-8　　VSC2子模块的主要电气部件及参数

名称		主要参数	数量
主要元器件	IGBT1及其反并联二次管	4500V/3000A	1套
	IGBT2及其反并联二次管	4500V/3000A	1套
	电容	2800V/9mF/0～5%	2只
	旁路晶闸管	击穿电压4300～4500V	1只
	快速旁路开关	3.6kV（交流电压）/2500A	1只
	均压电阻	40kΩ/600W	1只
电子电路部件	子模块控制板卡	—	1只
	子模块驱动板卡	15V	1只
	子模块电源板卡	DC 15V（输出） DC 350～4500V（输入）	1只

（1）IGBT 选型设计。IGBT 是柔性直流输电系统的最为核心的部件。该工程 IGBT 器件采用压接式 IGBT，额定电流 3000A、额定电压 4500V，IGBT 的外形示意如图 3-44 所示，采用工业标准封装。

图 3-44　IGBT 外形示意图

IGBT 器件满足换流阀运行过程中运行电流的开通和关断，换流最大运行工况条件桥臂电流有效值 2250A，主要分量：桥臂电流直流分量 1100A，桥臂电流工频分量 1910A，桥臂电流 100Hz 分量 478A。

基于不同 IGBT 器件的子模块在整体机械接口、通信接口、阀冷接口等方面可实现兼容互换，运维时两种模块可以直接更换。

（2）子模块电容设计。子模块电容器采用干式金属膜电容器，杂散电感低、耐腐蚀，且具有自愈能力、寿命周期长。子模块电容电压波动越小，则要求的电容越大。综合考虑：选取子模块电容 18mF，电容电压波动小于 9%；电容偏差选取 0～5%，电容采用正偏差利于减小电容电压波动。

子模块纹波电压按 720V 设计，换流阀具有足够的设计裕量。

（3）旁路晶闸管设计。旁路晶闸管一个主要功能是保护子模块 IGBT 器件的续流二极管，直流侧短路故障发生后，短路电流将通过子模块的二极管进行流通。因为二极管为不控器件，无法进行关断，需采取其他措施来降低热应力造成的影响。晶闸管的通态小于 IGBT 续流二极管的通态电阻。在系统发生直流侧短路故障后，触发导通旁路晶闸管可以对故障电流进行分流，从而保护二极管不致损坏。

子模块选取的旁路晶闸管具有很强的通态浪涌电流能力。该工程选取的晶闸管可以承受 80kA（10ms）的要求。

旁路晶闸管另一个主要功能是击穿旁路。晶闸管的电压参数参照子模块的工作电压选型，子模块的额定电压为 1905V，功率器件 IGBT 电压为 4500V。采用击穿电压可控的旁路晶闸管，击穿电压为 4300～4500V。

（4）快速旁路开关设计。该工程子模块选取的快速旁路开关为双驱动型旁路开关，旁路开关的内部设置主、辅助两套完全独立驱动系统，两路驱动均能独立完成旁路开关合闸。旁路开关内两套驱动电路所对应的两个储能电容由主电源板和冗余供电电路供电，如子模块发生故障，两路触发电路同时发出旁路开关合闸信号，即使旁路开关其中一路电磁系统驱动出现拒动，另外一路电磁系统也能产生电磁力，完成合闸动作，实现了旁路开关的高可靠性合闸，避免旁路开关单一驱动故障造成子模块无法合闸，降低单一子模块故障引起系统跳闸或者闭锁的现象。

（5）均压电阻设计。通过在子模块电容两端并联均压电阻，实现子模块电容静态均压功能，同时作为电容的放电电阻。均压电阻选取 40kΩ 无感设计的厚膜电阻，换流阀在充电过程中的均压主要由均压电阻实现。子模块均压电阻的连接图和结构图如图 3-45 所示。

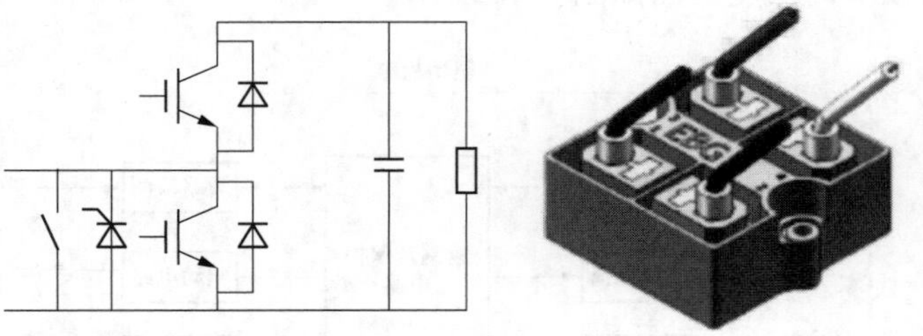

图 3-45 子模块均压电阻连接图和结构图

（6）子模块供电设计。子模块内部，高压电源板卡和冗余供电均从高压储能电容取电，经过转换后，给控制板卡（SMC）、驱动板卡以及旁路开关供电。子模块供电功能框图如图 3-46 所示。

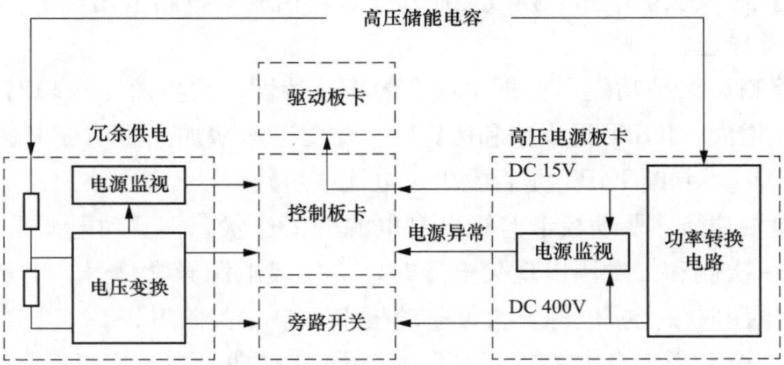

图 3-46 子模块供电功能框图

1）高压电源板卡。子模块电源板卡从高压储能电容取电，产生低压 DC 15V 直流电源及 DC 400V 直流电源。DC 15V 供控制板卡（SMC）和驱动板卡使用，DC 400V 供旁路开关使用。

2）冗余供电电路。冗余供电设计利用子模块的均压电阻分压作为冗余供电输入，一路输出 12V 供给控制板卡（SMC），一路输出给旁路开关储能电容。冗余供电电路从高压电容取电，与高压电源板之间完全独立。冗余供电输入与高压电源板卡输出之间相互使用阻断二极管隔断，避免同时供电，其中一个电源内部短路也不会影响另一个电源及旁路功能。冗余供电输出电压低于高压电源板输出电压，正常情况下由高压电源供电，冗余供电电路处于空载待机状态。高压电源板卡故障后，冗余供电接管供电，完成旁路等动作指令。

（7）子模块驱动板设计。

子模块驱动板卡的主要作用：接收控制板卡（SMC）下发的控制命令，控制门极生成高、低幅值电压，实现对 IGBT 的导通、关断控制；检测 IGBT 的短路和过电流故障，并执行保护；向控制板卡（SMC）发送 IGBT 的故障状态和驱动板卡的故障信号。

该工程使用的驱动板卡为多通道独立设计，半桥子模块的驱动板卡可控制两路 IGBT。IGBT 驱动板卡的功能框图如图 3-47 所示。

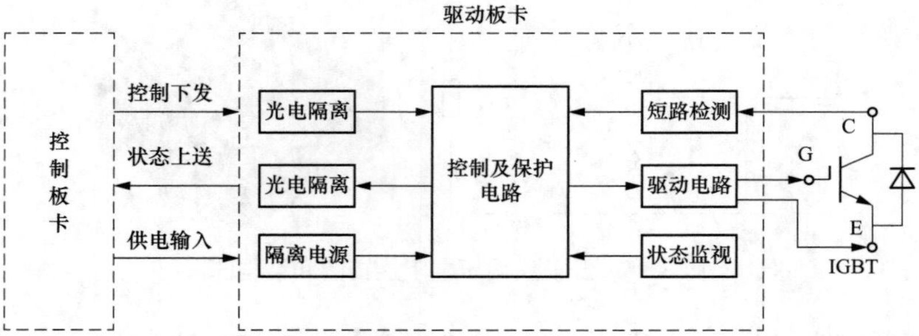

图 3-47　子模块 IGBT 驱动板卡功能框图

1）正常导通、关断功能。控制板卡（SMC）下发的控制信号经过驱动板卡的光电隔离后，通过控制及保护电路转换成控制命令，再由驱动电路输出至 IGBT 的门极，实现 IGBT 的正常导通、关断。

2）短路检测及保护功能。根据 IGBT 的 V-I 特性，发生短路故障时 IGBT 的集电极电流 I_C 迅速增大，IGBT 退出饱和区，U_{CE} 电压迅速增加。驱动板卡通过检测 IGBT 的集射极电压 U_{CE}，判断 IGBT 是否发生过电流或短路。

3）电源检测功能。驱动板卡监视自身电源的工作状态。驱动电源采用隔离电源方案。隔离电源一次侧和二次侧出现欠电压时，均生成电源异常信号，上送给控制板卡。一次侧电源欠电压时仅上报电源异常，驱动板卡不自主关断 IGBT；二次侧电源欠电压上报电源异常，驱动板卡自主关断 IGBT，直至二次侧驱动电流恢复正常。

IGBT 驱动过电流保护（短路保护）设计为硬件保护方案，动作时间短，一般 10μs 级。触发 IGBT 退饱和条件下的短路电流值较高，保护动作后上送保护动作信号至控制板卡（SMC），控制板卡综合子模块的状态进一步确定后续保护行为（如旁路子模块等）。对于系统短路故障的过电流，应依靠阀控过电流保护主动闭锁，实现对换流阀的保护时间为百微秒级。

（8）子模块控制板卡设计。子模块 IGBT 控制板卡（SMC）功能框图如图 3-48 所示。

子模块控制板卡（SMC）设计双路光通信通道，可实现光通信冗余或者环网设计。

控制板卡（SMC）可以通过光纤接收阀控装置（VBC）下发的命令，使用 FPGA 解析后给驱动板卡发出相应的 IGBT 驱动控制信号，并接收驱动板卡返回的故障状态信号。

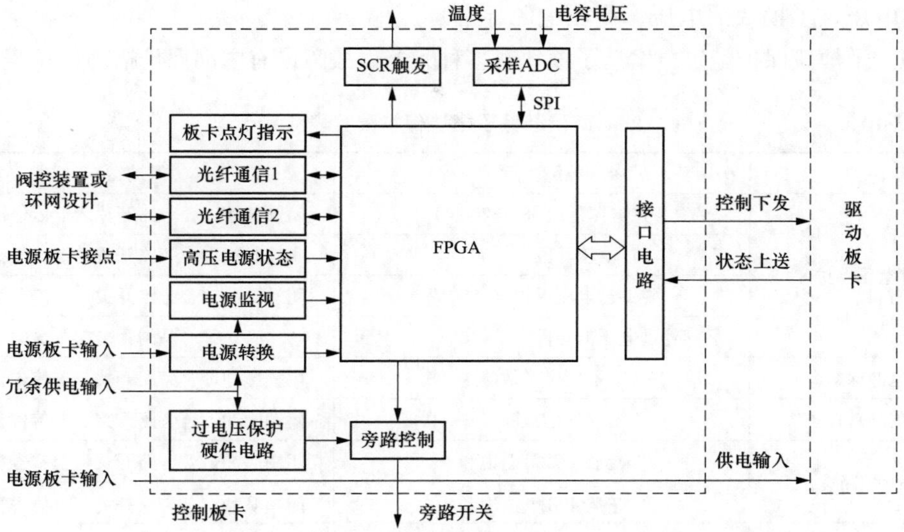

图 3-48 子模块 IGBT 控制板卡（SMC）功能框图

控制板卡（SMC）还可以采集子模块实时工况，编码后通过光纤上送阀控装置（VBC）。具体包括电容电压采样、温度检测、空接点状态检测、旁路开关动作等。

控制板卡对多种子模块级故障具有主动保护措施，并具有子模块过电压硬件保护功能。控制板卡（SMC）过电压保护同时具备软件和硬件两种保护。程序中具有过电压保护功能，硬件上也有硬件保护电路，且动作门槛更高。当程序正常时，过电压时会从程序进行保护；当程序异常时，过电压时会通过硬件进行保护。软件保护定值整定为4000V；硬件保护定值整定为4050V。如子模块电容电压进一步上升，则会达到旁路晶闸管击穿电压，为4300～4500V。

同时，控制板卡还具有旁路开关驱动及开关位置检测、高压电源状态和旁路开关位置检测、电源转换及电源监视、子模块故障检测及保护功能等。南瑞继保子模块故障主动保护措施见表 3-9。

表 3-9　　VSC2 子模块故障主动保护措施

故障名称	采集信号	控制板初步保护动作策略
通信故障	光通信内容	子模块闭锁+旁路
IGBT 故障	驱动板反馈的 IGBT 故障信号	子模块闭锁+旁路
电容电压过电压	电容电压采样值	轻微过电压报警、过电压永久闭锁、严重过电压旁路
电容电压欠电压	电容电压采样值	报警
高压电源异常	开入节点	报警
冗余供电电源异常	开入节点	报警

子模块控制板（SMC）与阀控装置（VBC）使用双向光纤通信。传输内容如下：

1）VBC 发给 SMC。传输内容包括 IGBT 控制命令、旁路开关控制命令。

2）SMC 发给 VBC。传输内容包括各种故障报警信息（通信故障、IGBT 故障、子模块过电压、子模块欠电压、高压电源异常）。

（9）子模块保护配置方案。子模块对多种元器件故障设有主动保护措施，见表 3-10。

表 3-10　南瑞继保子模块保护配置表

保护	故障类型	保护动作
过电压保护	过电压Ⅰ段（>3200V）	闭锁脉冲，合旁路开关，上传告警事件
	过电压Ⅱ段（4000V）	闭锁脉冲，合旁路开关，上传告警事件
	硬件过电压保护（4050V）	闭锁脉冲，合旁路开关，上传告警事件
	晶闸管过电压击穿保护（4300～4500V）	晶闸管击穿
电源保护	取能电源故障	闭锁脉冲，合旁路开关，上传告警事件
通信异常保护	通信故障	闭锁脉冲，合旁路开关，上传告警事件
IGBT 短路保护	上管 IGBT 退饱和	闭锁脉冲，合旁路开关，上传告警事件
	下管 IGBT 退饱和	闭锁脉冲，合旁路开关，上传告警事件
IGBT 驱动电源保护	上管 IGBT 驱动板欠电压	闭锁脉冲，合旁路开关，上传告警事件
	下管 IGBT 驱动板欠电压	闭锁脉冲，合旁路开关，上传告警事件
旁路开关保护	旁路开关拒动	闭锁脉冲，合旁路开关，上传告警事件
	旁路开关误动	闭锁脉冲，合旁路开关，上传告警事件
欠电压保护	电容电压过低	闭锁脉冲，合旁路开关，上传告警事件
晶闸管保护	晶闸管驱动故障	闭锁脉冲，合旁路开关，上传告警事件

设计主动旁路和无源旁路方案，解决单一子模块故障引起系统跳闸或者闭锁的问题。

1）核心部件冗余设计。子模块设有主动旁路方案，通信通道、供电回路、旁路开关和触发信号等旁路执行元件为冗余设计，子模块故障时主动下发触发信号合闸双驱动旁路开关，使故障子模块退出运行。

2）通信冗余。子模块采用通信冗余方案，VBC 与 SMC 之间采取相邻两个子模块一组的方式构成环网。正常情况下子模块 SMC 通过一对一光纤与 VBC 直连，子模块上下行通道任意一路通信通道出现故障，通过与相邻模块互联的通道进行上下行通信。

3）供电回路冗余。冗余供能回路，在电源板发生故障时，为控制板卡和旁路开关提供冗余供电回路，确保旁路开关储能电容供电正常，旁路开关能可靠合闸，同时故障子模块状态可上送至阀控。

4）双驱动旁路开关。子模块采用双驱动旁路开关，在不增加旁路开关体积的情况下，内部设置主、辅助两套完全独立驱动系统，设置两套驱动电路，两个储能电容分别由电源板和冗余供电电路供电。模块故障时，两路触发电路同时发送合闸触发信号，同时输出合闸电流，当一路电磁系统驱动出现拒动时，另外一路电磁系统产生电磁力完成旁路开关合闸动作，避免单一子模块故障引起系统跳闸或闭锁。

5）触发信号冗余。在子模块控制板卡出现故障或下行通道故障时，由于无法通信，阀基控制装置无法给故障子模块下发旁路命令，针对此情况，设计硬件过电压保护单元。

控制板控制单元和硬件过电压保护单元电路均能独立产生旁路开关触发信号，经由触发单元产生触发电流信号，驱动旁路开关合闸。针对双驱动旁路开关，设置两个独立的触发单元，双重化的触发单元与控制单元和过电压保护单元交叉互联。任一故障下，两个触发单元同时输出触发信号，驱动双驱动旁路开关可靠合闸。

6）无源旁路。无源旁路要求子模块不依赖任何有源电路，完成交流端口可靠旁路。转折晶闸管为唯一无源旁路元件，其动作原理为稳定的电压击穿特性，在子模块无源或机械旁路开关拒动时，反应于直流电容电压过电压引发短路，可靠旁路子模块。

3. VSC3 子模块电气参数

VSC3 子模块的技术参数及总体性能见表 3-11。

表 3-11　　VSC3 子模块的技术参数及总体性能

特性	参数	数值
电气参数	子模块额定直流电压	1905V
	单桥臂额定电流（考虑环流抑制）	直流分量：1000A。基频分量：1850A。二倍频分量：56A
	单桥臂最大持续运行电流	直流分量：1100A。基频分量：1910A。二倍频分量：478A
各部件参数	IGBT	4500V/3000A
	二极管	国产方案：与 IGBT 集成封装。进口方案：独立封装，4500V/4000A
	旁路晶闸管	国产方案：暂态电流峰值 85kA（10ms），转折电压 4200～4400V。进口方案：无
	直流电容器	18mF（2 只 2800V/9mF 电容并联）
	快速旁路开关	3600V/2500A
	均压电阻	34kΩ（单只阻值 68kΩ/500W，两只并联）

（1）进口器件子模块设计。采用模块化多电平换流器拓扑结构，级联子模块均采用半桥结构。VSC3 进口器件子模块的电气原理框图如图 3-49 所示，主要由 IGBT、二极管、直流电容器、快速旁路开关、均压电阻等一次元部件和中控板、取能电源、IGBT 驱动板、旁路开关触发板（含冗余备用取能电源电路）等二次板卡组成。

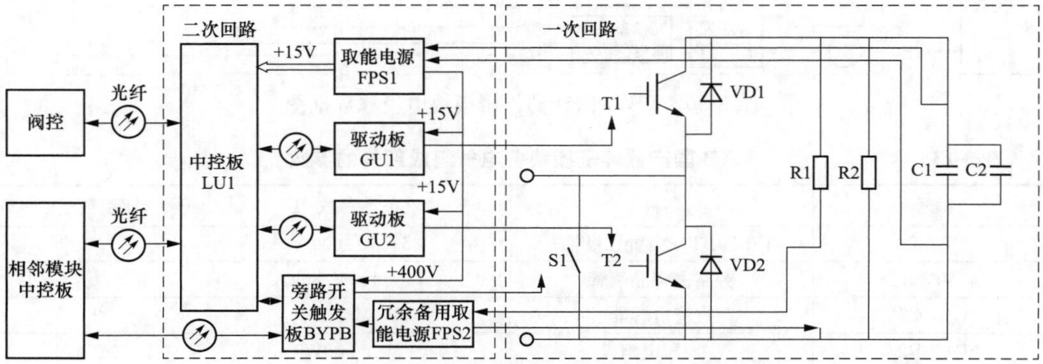

图 3-49　VSC3 进口器件子模块电气原理框图

每个子模块中包含两个 IGBT、两个外置二极管、两只电容器并联构成的直流储能电容器组。IGBT 阀每桥臂由多个子模块串联构成，IGBT 阀桥臂中的各子模块独立控制，运行期间故障子模块可以被高速旁路开关隔离。VSC3 进口器件子模块各电气组成部件的参数见表 3-12。

表 3-12　VSC3 进口器件子模块各电气组成部件的参数

编号	器件	关键参数	使用数量
T1、T2	PP-IGBT	4500V/3000A	2
D1、D2	压接二极管	4500V/4000A	2
C1、C2	直流电容器	2800V/9mF	2
R1、R2	均压电阻	68kΩ/500W	2
S1	快速旁路开关	3600V/2500A	1
GU1、GU2	驱动板	+15V/2.5W	2
LU1	中控板	+15V/5W	1
FPS1	取能电源	DC：250～4500V/40W	1
FPS2	冗余备用取能电源	DC：260～4500V/2W	1
BYPB	旁路开关触发板	400V/1W	1

（2）国产器件子模块设计。采用模块化多电平换流器拓扑结构，级联子模块均采用半桥结构。VSC3 国产器件子模块的电气原理框图如图 3-50 所示，主要由 IGBT、二极管、旁路击穿晶闸管、直流电容器、快速旁路开关、均压电阻等一次元部件和中控板、取能电源、IGBT 驱动板、晶闸管触发板、旁路开关触发板（含冗余备用取能电源电路）等二次板卡组成，国产器件子模块各电气组成部件的参数见表 3-13。

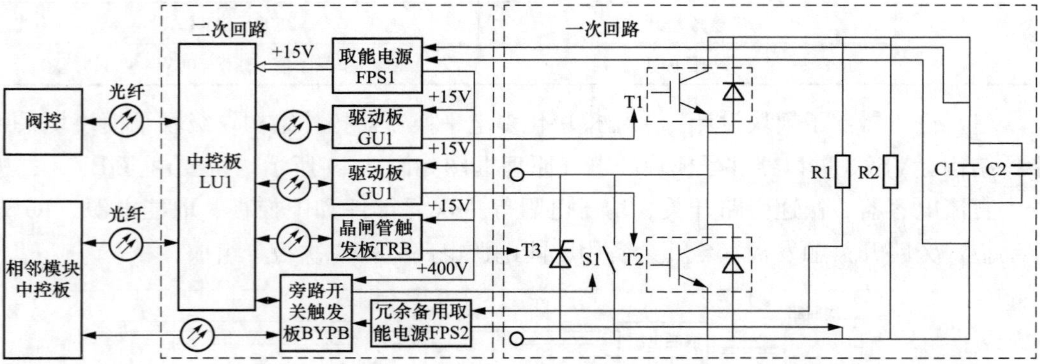

图 3-50　VSC3 国产器件子模块电气原理框图

表 3-13　VSC3 国产器件子模块各电气组成部件的参数

编号	器件	关键参数	使用数量
T1、T2	PP-IGBT（内置二极管）	4500V/3000A	2
T3	旁路击穿晶闸管	4300±100V/85kA	1
C1、C2	直流电容器	2800V/9mF	2
R1、R2	均压电阻	68kΩ/500W	2

续表

编号	器件	关键参数	使用数量
S1	快速旁路开关	3600V/2500A	1
GU1、GU2	驱动板	+15V/2.5W	2
LU1	中控板	+15V/5W	1
FPS1	取能电源	DC：250～4500V/40W	1
FPS2	冗余备用取能电源	DC：260～4500V/2W	1
BYPB	旁路开关触发板	400V/1W	1
TRB	晶闸管触发板	+15V/1W	1

每个子模块中包含两个IGBT（内置二极管）、两只电容器并联构成的直流储能电容器组。IGBT阀每桥臂由多个子模块串联构成，IGBT阀桥臂中的各子模块独立控制，运行期间故障子模块可以被高速旁路开关隔离。

（3）IGBT选型设计。IGBT和二极管等功率半导体器件是子模块的核心器件，其选型设计对系统的稳定运行尤为关键。

进口器件所用PP-IGBT为东芝公司生产的ST3000GXH31A（RX）、英飞凌公司生产的P3000Z45X168，实物如图3-51所示。

图3-51 进口器件PP-IGBT实物图

国产器件所用PP-IGBT所选型号为TG3000SW45ZC-P200，内置反并联二极管，株洲中车生产，实物如图3-52所示。

图3-52 国产器件PP-IGBT实物图

（4）二极管选型设计。配置反并联二极管所选型号D3900U45X172CRX，由英飞凌公司生产，均适配于东芝器件子模块和英飞凌器件子模块。压接二极管实物如图3-53所示。

图3-53 压接二极管实物图

（5）旁路击穿晶闸管设计。该设计在子模块中配置旁路击穿晶闸管，主要起两个作用：①与下管 PP-IGBT 内置的二极管并联分担换流阀故障时的短路电流，以保证 IGBT 内置续流二极管不发生损坏；②当系统发生极端故障无法触发快速旁路开关合闸时，晶闸管反向击穿，形成备用的通流路径。

（6）直流电容器设计。所选直流电容器均适配于进口器件子模块和国产器件子模块。电容不接受负偏差，且器件的 $U_{ces} \geqslant 4.5$kV 时，电容值不能小于 18mF，波动不低于 720V；考虑工程阀侧短路吸收能量的影响，取 18mF 电容作为设计容值。子模块直流电压为 1905V，所以电容的额定电压确定为 2800V，为了维护方便，采用单只 9mF 电容，两只并联方案。

所选电容为干式金属化薄膜电容，采用无油化设计，具有杂散电感低（小于 55nH）、耐腐蚀（不锈钢密封外壳，内部填充树脂）、自愈能力强等特点，电容器主要由元件、填充物、连接铜排、端子和外壳构成。元件通过连接铜排并联后与端子连接，安装固定到电容外壳体后，再浇注填充物。

（7）快速旁路开关设计。所选快速旁路开关均适配于进口器件子模块和国产器件子模块。子模块发生故障时，快速旁路开关合闸形成长期可靠稳定通路，将故障模块从系统中切出而不影响系统继续运行。该项目所选快速旁路开关为含永磁机构的真空磁保持开关，电驱动合闸后，可以由永磁力保持合闸。故障排除后，手动分闸之后可继续重复使用。所选快速旁路开关额定电流为 2500A，而实际工况通流为 2100A，具有足够的裕量应对各种故障引起的过电流应力。

（8）均压电阻设计。均压电阻主要起两个作用：①为直流电容器提供放电回路，因此有时也称之为放电电阻；②作为换流阀启动时的均压电阻。除了关注电阻的阻值及其精度，由于电阻工作时一直会发热，还需考虑其功率选型及散热设计。

该项目选择平面（厚膜、无感设计）大功率电阻，两只 68kΩ 并联，提供冗余放电回路，单只电阻功率为 500W。采用水冷散热对均压电阻进行散热。

（三）主动均压策略

MMC 解锁前，把子模块电容充电过程分为两个阶段：①首先是不控充电阶段，换流阀交流侧或直流侧电压逐步升高，给子模块充电。②在不控充电完成后，子模块电容电压无法达到额定电压；当交流充电电压或者直流充电电压升高至设置值后，进入主动均压阶段。自主均压包括交流侧充电下的自主均压、直流侧充电下的自主均压两种工况。

阀基控制设备主动均压策略步骤如下：

（1）换流器不控充电稳定后，以导通所有子模块的方式解锁换流器。

（2）每隔一定延时，各桥臂同时切出一定数目的子模块，保持各桥臂导通子模块个数恒定。

（3）直至各桥臂的导通子模块数量减少至目标值 N。N 的数值选取三家存在差别，即终点普瑞：交流及混充时，$N=146$；直流时，$N=115$。南瑞：交流及混充时，$N=143$；直流时，$N=158$。荣信：交流及混充时，$N=145$；直流时，$N=113$。

1. 交流侧可控充电策略

在交流充电方式中，以 A 相电压高于 B 相电压为例，线电压 U_{ab} 通过 IGBT 的反并联二极管同时为 B 相上桥臂和 A 相下桥臂的所有子模块电容充电。

在不控充电阶段，子模块可充电的电压低于额定值，需要通过减少闭锁的子模块数量来提升平均电压至额定值。达到稳态后，若某一桥臂子模块平均电压偏高，则需要增加该桥臂的闭锁子模块个数；反之，需要减少该桥臂的闭锁子模块个数，每个桥臂均可独立调节。

在交流侧不控充电阶段中，子模块开关器件全部关断，交流线电压将通过换流阀子模块反并联二极管形成充电回路，为单个桥臂子模块电容充电，使得正负极间直流电压稳定在阀侧交流电压峰值，不控充电阶段子模块电容电压终值为 $u_{sm1}=U_1/N$，$N=226$ 或 224 为包含冗余的单个桥臂子模块数目。若按照极控策略解锁换流器，投入的子模块数目为额定子模块数 $n=146$，则对应的子模块电容电压将由 u_{sm1} 上升至 $u_{sm2}=U_1/n$，二者存在电压差，将导致解锁时的电流冲击。

在交流侧可控充电中，通过减少串入充电回路中的子模块电容器数目。提高单个子模块电容电压。该策略将对桥臂内所有子模块按电压排序，切除电压最高的 k 个子模块，同时保持剩余子模块闭锁。

MMC 交流充电示意如图 3-54 所示。

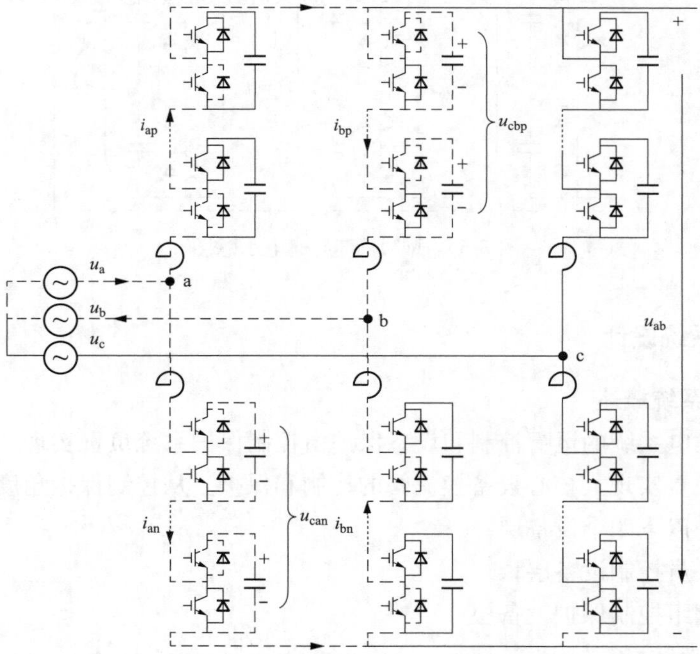

图 3-54　MMC 交流充电示意图

2. 直流侧可控充电策略

在直流充电方式中，正负极间直流电压同时为三相六个桥臂子模块电容充电，且每相单元中上下两个桥臂的充电电流大小相同。

在不控充电阶段，子模块电容电压低于 1/2 额定值，需要通过同时减少上下桥臂闭锁子模块的数量来提升平均电压。为保证上下桥臂子模块平均电压一致，闭锁的数量应一致。达到稳定后，若某一桥臂的子模块平均电压偏高，则需要减少该桥臂的闭锁子模块个数；反之，需要增加该桥臂的闭锁子模块个数；每个桥臂均不可独立调节。这与交流充电的调节办法正好相反。

MMC 直流充电示意如图 3-55 所示。

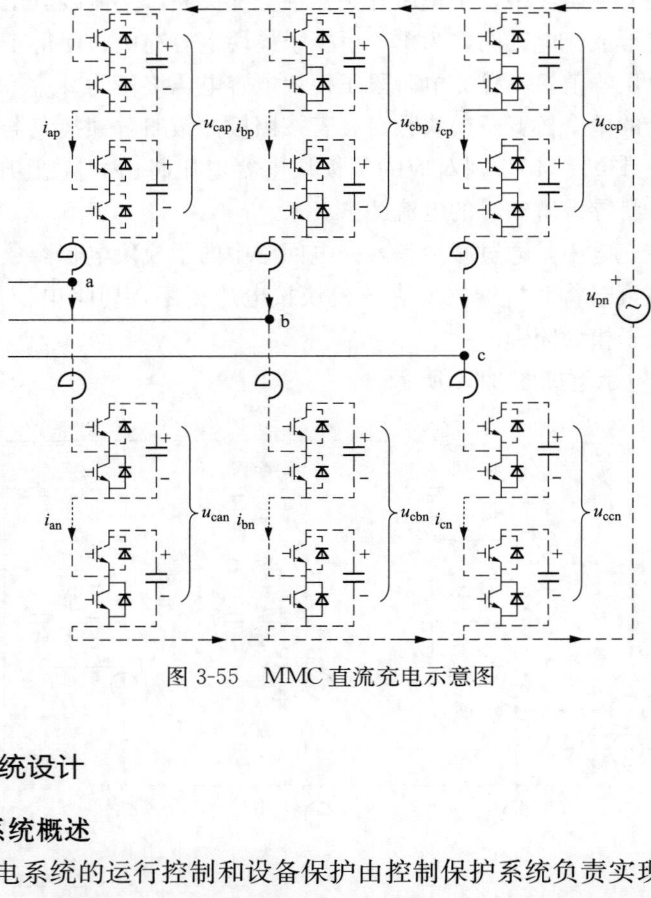

图 3-55　MMC 直流充电示意图

五、阀控系统设计

（一）阀控系统概述

柔性直流输电系统的运行控制和设备保护由控制保护系统负责实现，其中阀基控制设备（VBC）负责实现其核心设备换流阀的控制和保护。从控制保护角度划分，整个控制保护系统分为以下四个设备层：

（1）运行人员控制设备层；

（2）极、阀组控制保护设备层；

（3）阀基控制设备（VBC）层；

（4）换流阀设备层。

柔性直流输电系统架构如图 3-56 所示。其中 VBC 是柔性直流输电控制系统的中间环节，介于换流器控制保护和阀模块控制单元之间，完成对换流阀的控制、保护和监视。

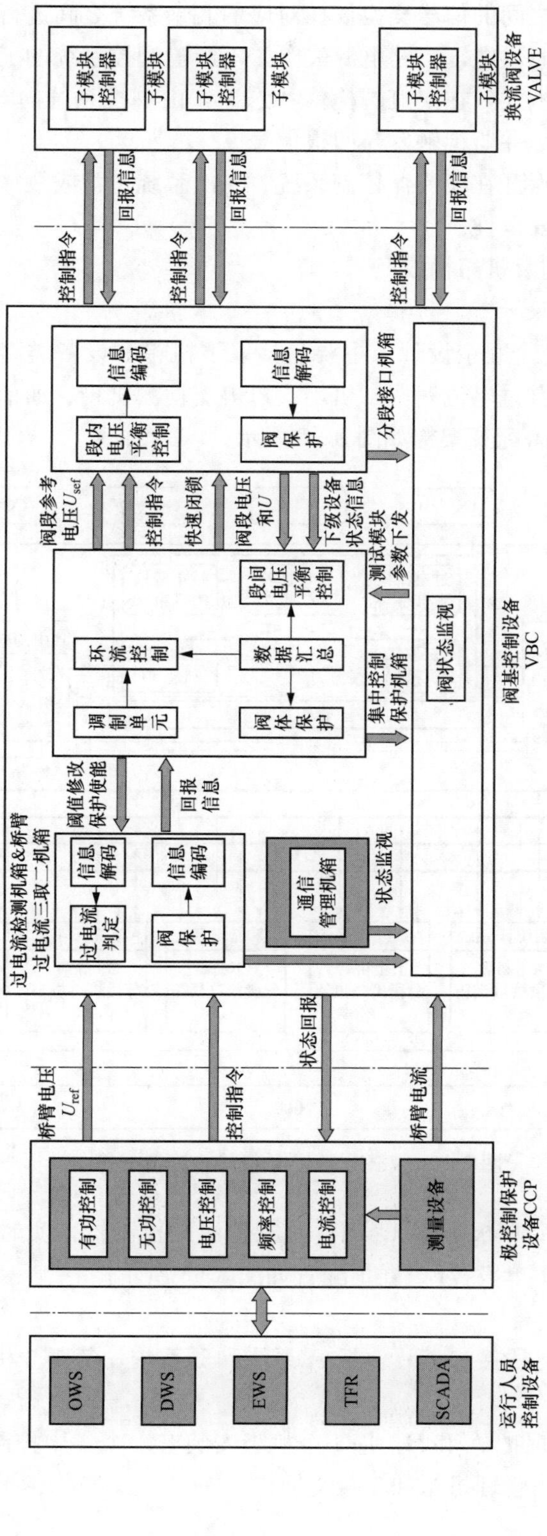

图 3-56 柔性直流输电系统架构图

阀控系统总体设计原则为冗余双重化配置，并应具有完善的自检及报警功能。阀控主机与换流器控制系统之间的信号交换仅在对应的冗余系统之间进行。每套阀控系统由两路完全独立的电源同时供电，一路电源失电，不影响阀控系统的工作。

阀控系统具备试验模式，在换流阀检修状态下，由阀控系统向 SMC 发出触发脉冲对子模块单元进行测试，并监视触发与回报信号。

阀控系统设计可以保证在换流器控制系统、一次系统正常或故障情况下均能正常工作，保证换流阀设备的安全性。

（二）阀控系统架构及机箱构成

1. VSC1 阀控系统设计

姑苏站 VBC 采用完全冗余设计，主要包括以下机箱和设备类型：集中控制保护机箱、分段接口机箱、桥臂过电流三取二机箱、过电流检测机箱、通信管理机箱、监视设备。VSC1 VBC 单极设备配置架构如图 3-57 所示。

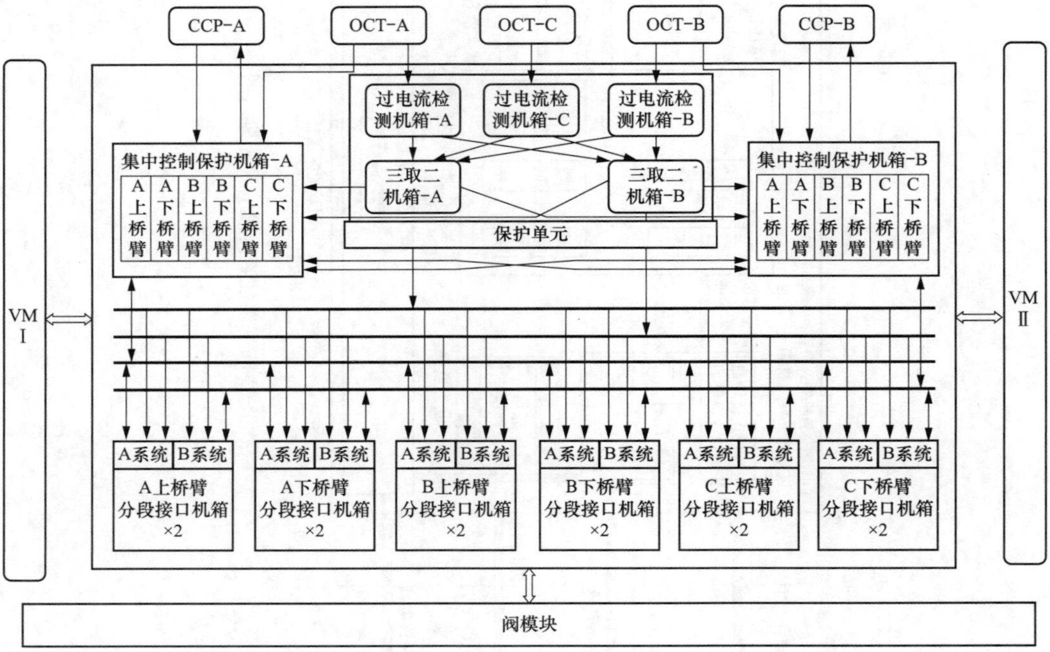

图 3-57　VSC1 VBC 单极设备配置架构

该工程阀基控制设备单极配置 11 面，并配置温度控制器，实时监视屏柜温度及控制屏柜风扇启停。VSC1 单极 VBC 屏柜配置如图 3-58 所示。

VBC 屏柜包括：

（1）6 个桥臂阀基分段接口柜，包括 A 系统和 B 系统，每 1 个机柜安装有 2 个分段接口机箱；

（2）阀基集中控制保护 A 和 B，每 1 个机柜安装有 1 个集中控制保护机箱、1 个过电流检测机箱、1 个通信管理机箱和 1 台交换机；

A相上桥臂阀基分段接口柜	A相下桥臂阀基分段接口柜	B相上桥臂阀基分段接口柜	B相下桥臂阀基分段接口柜	C相上桥臂阀基分段接口柜	C相下桥臂阀基分段接口柜	阀基集中控制保护柜A	阀基集中控制保护柜B	阀基集中控制保护柜C	阀基集中控制保护柜D	阀基服务器柜
分段接口机箱UA1	分段接口机箱DA1	分段接口机箱UB1	分段接口机箱DB1	分段接口机箱UC1	分段接口机箱DC1	集中控制保护机箱A	集中控制保护机箱B	桥臂过电流三取二机箱A	桥臂过电流三取二机箱B	交换机
						过电流检测机箱A	过电流检测机箱B	过电流检测机箱C	串口服务器	显示器
						交换机A	交换机B	就地工作站		
分段接口机箱UA2	分段接口机箱DA2	分段接口机箱UB2	分段接口机箱DB2	分段接口机箱UC2	分段接口机箱DC2	通信管理机箱A	通信管理机箱B			VM服务器

图 3-58　VSC1 单极 VBC 屏柜配置图

(3) 阀基集中控制保护柜 C，包括 1 个桥臂过电流三取二机箱，一个过电流检测机箱和一个就地工作站；

(4) 阀基集中控制保护柜 D，包括 1 个桥臂三取二机箱，一个串口服务器；

(5) 在站公用二次设备室内，配置 1 面阀基服务器柜，屏柜内放置一套阀基监视服务器、交换机、显示器，与两极的阀基监视中的交换机 A、B 相连，接收两极全部阀监视数据；

(6) 在主控制室内，两极 VBC 设计有 1 台阀监视工作站，方便运行人员在主控制室内实时监视换流阀及 VBC 运行状态。

2. VSC2 阀控系统设计

阀控系统整体呈三层架构，由第一层的阀中控装置（valve control protection，VCP）、第二层桥臂控制装置（bridge control protection，BCP）和第三层的阀基接口装置（valve base interface，VBI）组成，它们是换流站控制保护系统与换流阀阀体之间的桥梁。VSC2 VBC 单极设备配置架构如图 3-59 所示。

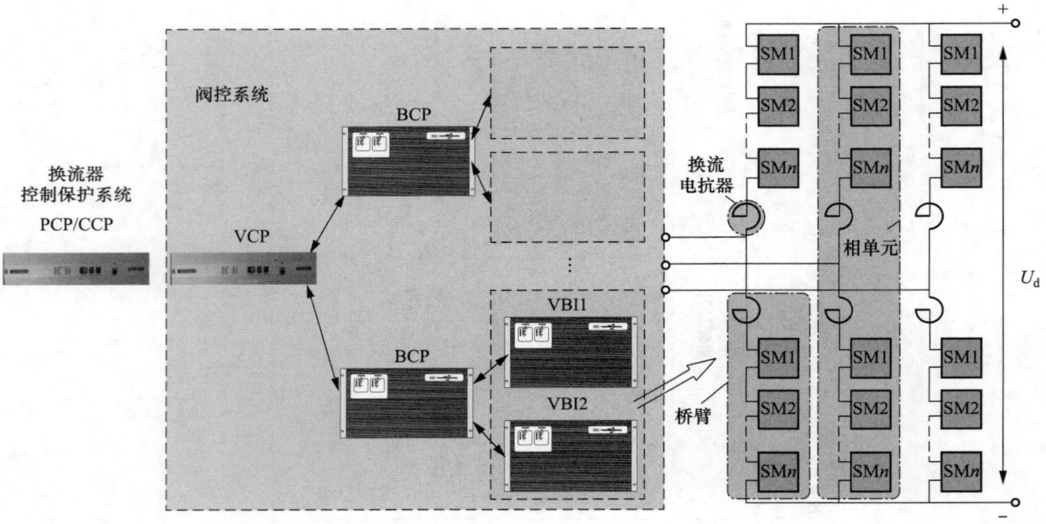

图 3-59　VSC2 VBC 单极设备配置架构

换流器控制保护系统（PCP）与阀控系统的连接示意如图 3-60 所示，VCP、BCP 和 VBI 都是双重化冗余配置，其中 VCP、BVP 和 PCP 之间的信号交换仅在对应的冗余系统之间进行，即 PCP A 与 VCP A 进行信号交换，PCP B 与 VCP B 进行信号交换。VCP、BCP 的冗余双重化系统为两台独立的装置，VBI 的冗余双重化系统相同装置配置。

换流阀保护系统按照标准三取二配置方案，采用三重化的阀保护单元（VPR）实现桥臂保护判断，采用阀保护三取二单元（V2F）实现保护三取二裁决判断和出口。

三重化的测量装置与三重化的 VPR 装置通过 IEC 60044-8 协议“点对点”连接；三重化的 VPR 单元与 V2F 单元之间通过 5M/50k 高频调制信号传输快速闭锁信号、

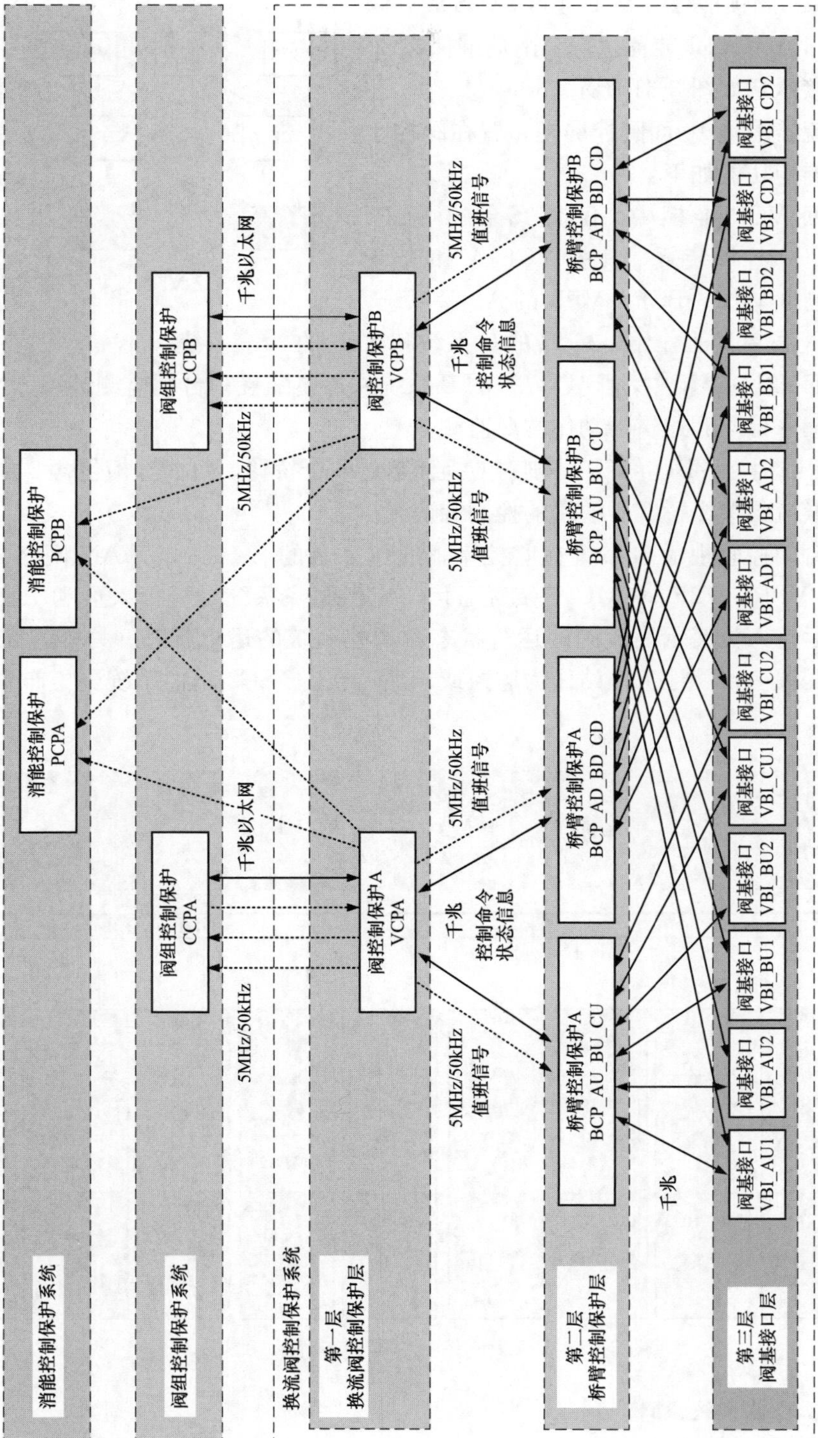

图 3-60 VSC2 VBC 控制系统连接示意图

通过 IEC 60044-8 协议传输慢速保护信号，最终的快速过电流保护闭锁信号由 V2F 通过 5M/50k 高频调制信号出口、由 VBI 装置执行。南瑞继保 VBC 保护系统连接示意如图 3-61 所示。

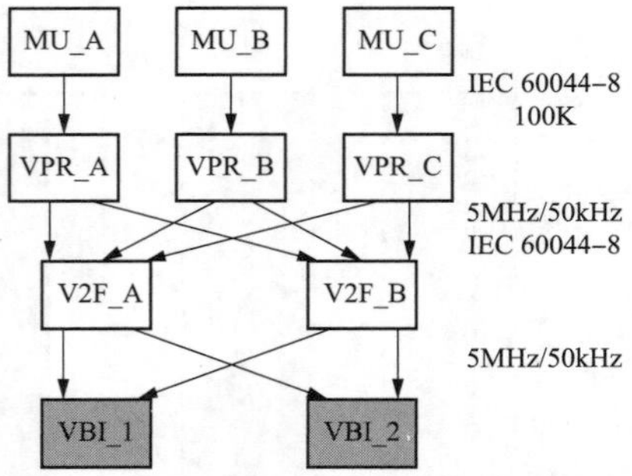

图 3-61　VSC2 VBC 保护系统连接示意图

每个换流器配置 10 面阀控屏柜布置在阀控小室中，具体屏柜功能如下：

（1）3 面 VCP 屏柜中，配置冗余的 VCP、BCP、VPR、V2F 等装置，其中 VCP A 和 VCP B 屏柜分别包含 VCP、BCP、VPR 的 A、B 系统。VCP C 屏柜配置就地工作站、VPR 的 C 系统和 V2F 的 A 套系统。

（2）1 面 V2F8 屏柜中，配置 V2F 的 B 系统外，还配置一台阀监测装置 VMU，实现换流阀的漏水检测和避雷器动作情况监测。

（3）6 面屏柜为 VBI 屏柜，分别对应换流器的 6 个桥臂，每面屏柜包含 2 台 VBI 装置，实现对换流阀单个桥臂子模块的控制和监视。

配置一台阀控监视后台布置在监控室，通过冗余的 SCADA _ LAN 网络与 VCP、BCP、VBI、VPR、V2F、VMU 等装置通信，充当阀控系统与运行人员和工程师的人机界面，向运行人员展示换流阀的运行状态和阀控系统的运行状态。另外，在 VBC C 屏柜中，还配置一台就地工作站作为监控或录波后台。VSC2 阀控系统屏柜布置示意如图 3-62 所示。

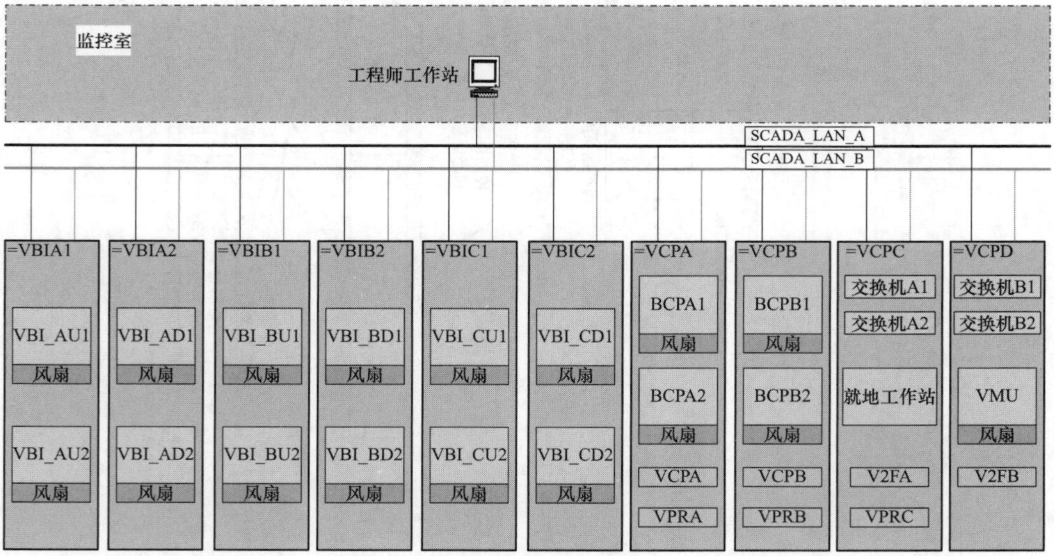

图 3-62　VSC2 阀控系统屏柜布置示意图

3. VSC3 阀控系统设计

阀控系统主要完成换流阀脉冲调制、脉冲分配及相关的控制保护功能。该装置接收上层换流器控制保护命令并转化为具体功率模块的控制命令经脉冲分配装置发送至每个功率模块控制板中，同时将所有功率模块的运行状态发送至阀控本地工作站、专家系统以及阀控录波系统，并把换流阀的部分状态信息上送给换流器控制保护系统及运行人员工作站。

阀控系统采用双系统热备用冗余工作方式，阀控制保护屏和换流器级控制保护装置A、B两套系统完全独立，同时接收换流站级控制保护装置命令，经过A、B两套系统发给桥臂接口屏，由桥臂接口屏选择有效控制保护命令执行下发。

阀控系统整体结构如图3-63所示，共有10面柜体，包括3面阀控制保护屏A/B/C、6面桥臂接口屏和1面录波及换流阀状态评估屏。

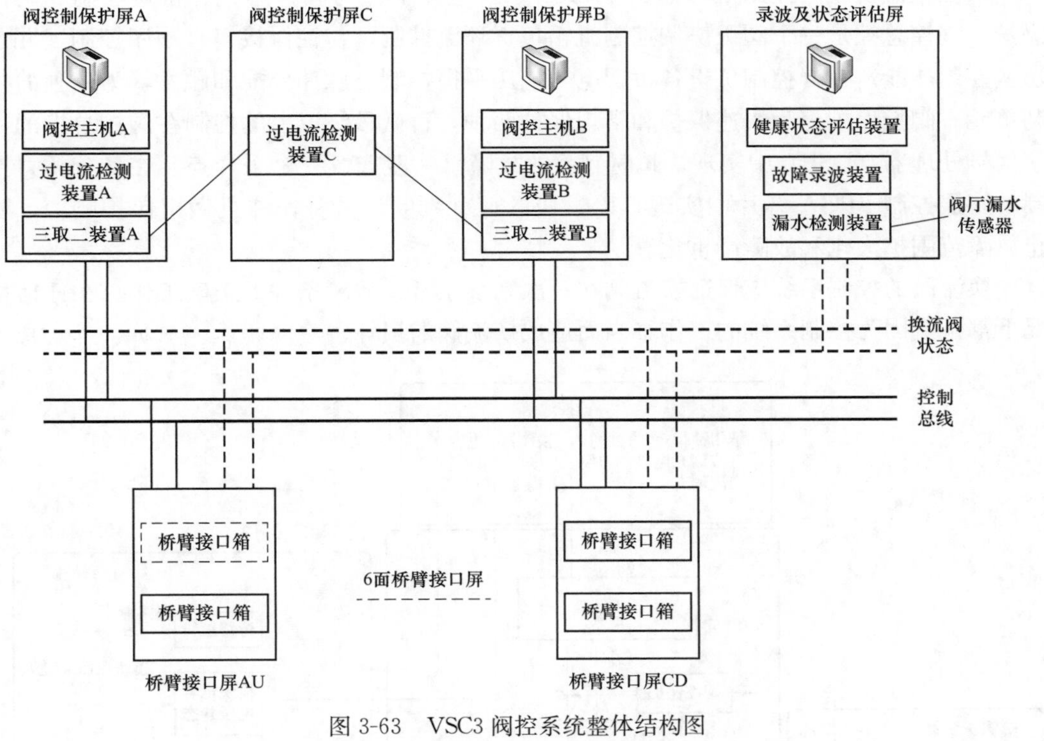

图3-63　VSC3阀控系统整体结构图

（1）3面阀控制保护屏A/B/C。其中，阀控制保护屏A和B中包含阀控主机、保护三取二主机、保护主机以及阀控监控系统；阀控制保护屏C中只包含一个保护主机。通过桥臂控制板与桥臂接口屏柜核心板进行交叉冗余连接实现对换流阀功率模块的排序及电压平衡控制；每个保护主机接收桥臂电流互感器测量装置发送的桥臂电流信号并通过高速光纤分别和三取二主机A及三取二主机B连接，保护板检测保护逻辑并把检测结果发送给三取二主机；三取二保护输出机箱通过高速光纤接收三个保护主机的动作信号，执行三取二输出结果后经高速光口发送给阀控主机。

（2）6面桥臂接口屏，每个屏柜包含2个接口装置，6个桥臂接口屏分别通过光纤连接6个桥臂换流阀阀塔，根据阀控系统下发的控制命令，由接口板实现对每个功率模块的交叉控制。

（3）1 面录波及换流阀状态评估屏，其包含一个漏水检测主机负责换流阀阀塔的漏水检测监控，包含一个故障录波主机负责对整个系统上出现的阀控系统故障和换流阀功率模块故障进行录波，并将数据传输给监控系统，此外还含有一个换流阀状态评估装置（专家系统），负责对每个功率模块的状态监视，通过功率模块电压波动、开关频率、器件温度变化、功率模块与阀控通信故障率等信息实现对功率模块健康状态进行在线评估。

（三）阀控系统控制功能设计

1. 功能逻辑框图

柔性直流换流阀控制框图如图 3-64 所示，整体上分为阀控总控、桥臂控制和阀控保护。阀控总控是一个阀级协调控制机箱负责环流抑制、与控保接口、顺序控制、冗余切换控制功能。桥臂控制负责各桥臂电容电压平衡控制、脉冲分配和触发，为单独的控制单元。阀控保护分为快速保护和常规保护两种，百微秒级以上的控制在阀控总控的数字信号处理器（DSP）中实现，瞬时判断的故障（一般连续三个采样点）在各分桥臂控制的底层控制 FPGA 芯片中实现，以最快的速度判断出故障，并且做出保护响应，防止故障范围扩大化和故障严重化。

换流阀的控制系统应保证换流阀在一次系统正常或故障条件下正确工作。在任何情况下都不能因为控制系统的工作不当而造成换流阀的损坏。

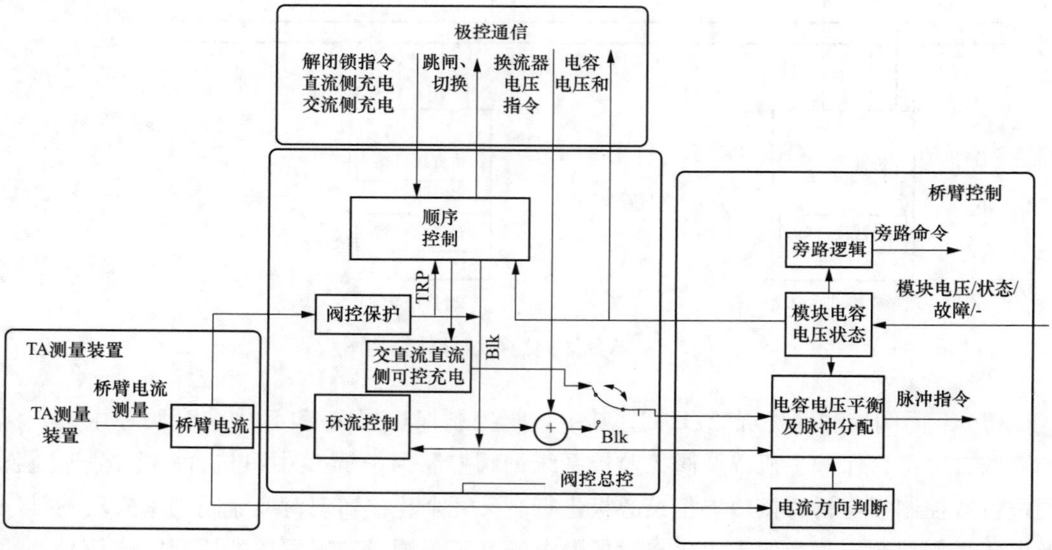

图 3-64　柔性直流换流阀控制框图

2. 优化的电平逼近调制算法

用 $u_s(t)$ 表示调制波的瞬时值，U_C 表示子模块电容电压的平均值。每个相功率模块中只有 n 个子模块被投入。如果这 n 个子模块由上、下桥臂平均分担，则该相功率模块输出电压为 0。随着调制波瞬时值从 0 开始升高，该相功率模块下桥臂处于投入状态的子模块需要逐渐增加，而上桥臂处于投入状态的子模块需要相应地减少，使该相功率模块的输出电压跟随调制波升高，最近电平逼近调制（NLM）将 MMC 输出的电压与调制波电压之差控制在$\pm U_C/2$以内。

最近电平逼近调制 NLM 在 MMC 中的实现方法如下，在每个时刻根据计算得到桥臂电压参考值，桥臂需要投入的子模块数可以分别表示为

$$N_{sm}=\mathrm{round}\left(\frac{u_s}{U_C}\right)$$

式中：round(x) 为取与 x 最接近的整数。

最近电平逼近调制通常采用子模块数取整和电容电压排序的方法来实现对调制电压的跟踪，并保证电容电压相对平衡。但此调制中存在两种固有的误差，即模块数取整产生的误差和各子模块电容电压与平均电容电压之间的误差。这两种误差会导致换流器桥臂输出电压与指令电压之间差别较大，最终引起输出谐波，甚至轻微振荡。另外，为了降低换流器损耗，希望尽可能地降低开关频率，需要进一步放宽各子模块电容电压间的差别，这更加剧了指令电压与实际输出电压之间的偏差。因此，为了减小模块化多电平换流器的谐波和损耗，需要基于上述两种误差对现有的最近电平逼近调制进行改进。

优化最近电平逼近调制框图如图 3-65 所示。换流器在稳态运行过程中，根据某桥臂所含子模块数目 n、当前控制周期下电流控制器为该桥臂产生的调制电压 U_{ref}、该桥臂内各子模块的电容电压及其投入切除状态，计算出子模块数取整导致的误差 Error1，再计算出各电容电压偏离平均电容电压导致的误差 Error2。然后，在下一个控制周期的最近电平逼近调制中，在该桥臂的指令投入子模块数上叠加误差 Error1 和 Error2，使得补偿后的投入子模块数尽可能地校正上一周期中的误差，使得该桥臂输出电压更好地跟踪其调制电压。

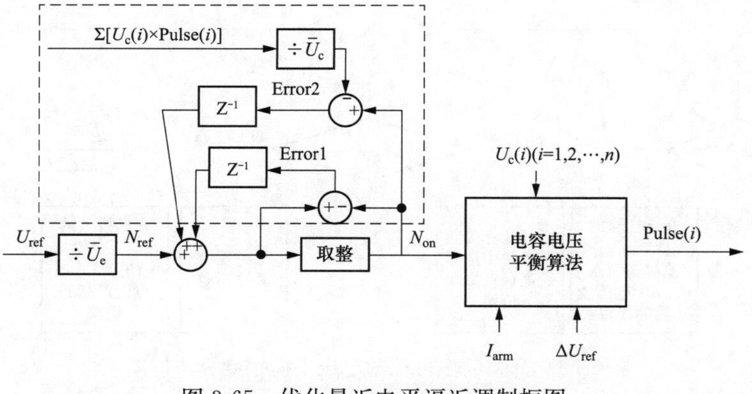

图 3-65　优化最近电平逼近调制框图

与常规调制方法相比，优化调制的有益效果如下：

（1）可以有效降低换流器交流侧输出谐波，也降低了因谐波导致振荡的可能。

（2）可以在不增大换流器输出谐波的前提下降低平均开关频率，从而降低换流器损耗。

3. 电容电压平衡控制算法

由于子模块在投入时因电流流过电容，因此会造成电容电压波动，在投入时如果不采取平衡控制策略，子模块电容电压必然会不平衡，造成MMC无法正常运行，因此必须对各个子模块直流电容电压进行平衡控制，基于排序的MMC子模块电容电压平衡控制得到了较为广泛的应用。

受子模块数的限制，有 $0 \leqslant n_{up}$，$n_{down} \leqslant n$。如果调制电压和模块数计算公式算得的 n_{up} 和 n_{down} 总在边界值以内，称NLM工作在正常工作区。一旦算得的某个 n_{up} 和 n_{down} 超出了边界值，则这时只能取相应的边界值。

为了减小子模块的开关动作次数和换流器的损耗，如图3-66所示为开关频率可控的电压平衡控制算法框图，在电容电压全排序的基础上，基于当前桥臂电流方向进行电容电压控制。FPGA每50μs执行一次平衡控制，如果当前要求触发的模块数目和上周期不同，则根据排序结果决定额外开通/关断的模块。如果当前要求触发的模块数目和上周期相同，则判断当前桥臂的最大模块电容电压差值。只有在差值大于一定阈值情况下，才执行开通/关断模块之间的对调。

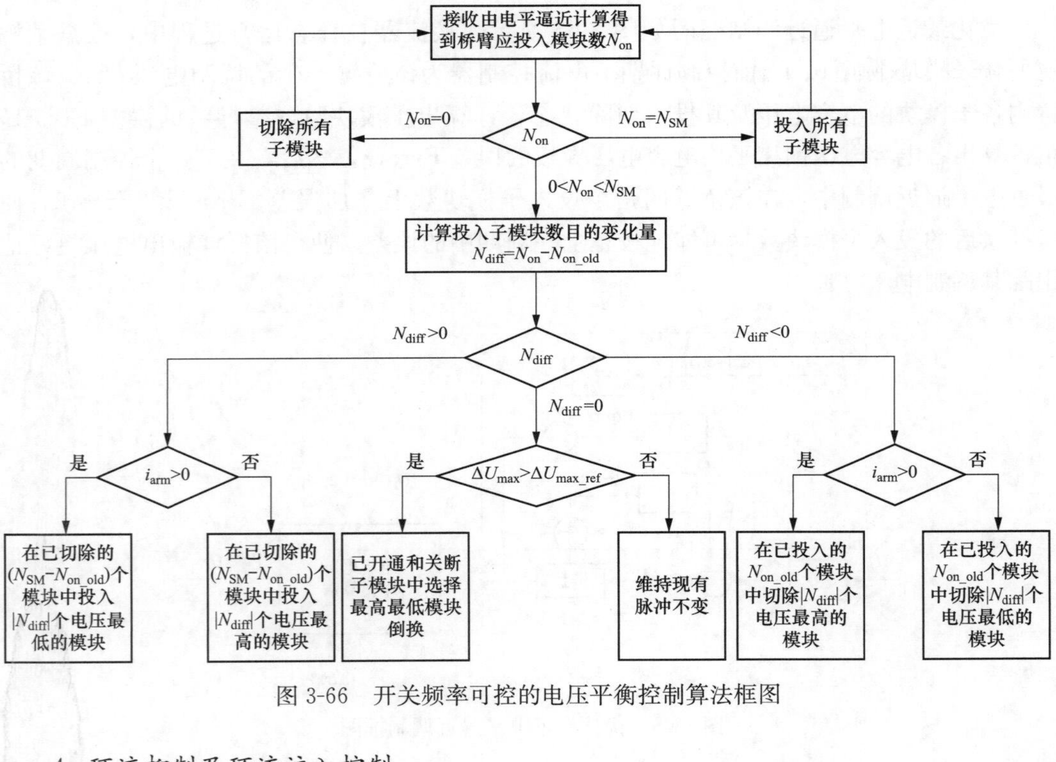

图3-66　开关频率可控的电压平衡控制算法框图

4. 环流抑制及环流注入控制

相间环流：功率模块的储能元件是电容器，上下桥臂充电功率中的基频和二倍频分量对功率模块电容器充放电，从而造成功率模块电容电压的基频和二次波动。上下桥臂经调制后输出的换流阀端电压中的二倍频分量方向相同，不能抵消，控制直流电压无波动，那么阀电抗器两端就要感生出与换流阀端电压方向相反的二次谐波电压，从而使桥臂中出现二倍频的单向电流。桥臂负序二倍频环流的存在增大了桥臂电流有效值，增加了功率模块器件的功率损耗，同时也增加了功率模块电容电压的波动范围，所以需要对桥臂负序二倍频环流进行抑制。

如图 3-67 所示，对于某一相桥臂环流将上下桥臂电流相减除以 2，即可得到该相桥臂的环流值，将计算出来的三相桥臂环流值进行 dq 变换得到 dq 坐标系下的环流值，与目标值 0 相减经两个 PI 环控制，再与 dq 坐标系下环流产生的电压叠加，并经过 dq 反变换，得到可抑制二倍频环流抑制的三相桥臂电压调制波，叠加至换流器控制系统下发的调制信号，作为最终换流阀级的调制信号。

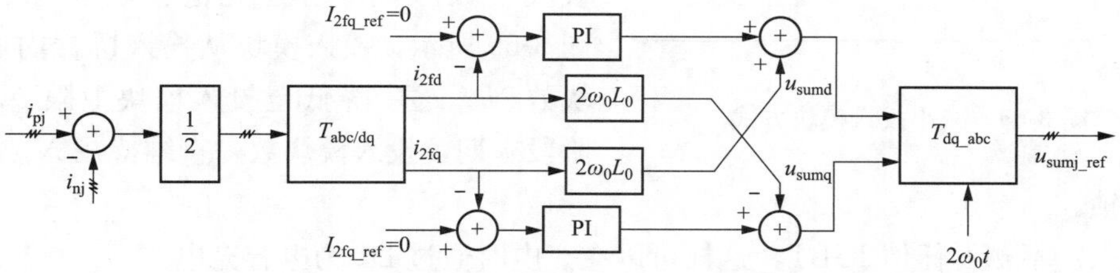

图 3-67　基于旋转坐标变换的 dq 轴环流抑制控制策略控制框图

在暂态故障时由于桥臂电流畸变有可能导致环流抑制控制器积分输出与正常控制积分输出相比差别较大，为保证换流阀的安全稳定运行，对两个 PI 控制器分别采用了相同的积分限幅和输出限幅。

5. 可控充电控制

换流阀在长时间处于不控充电状态时由于阀塔寄生参数的影响会造成直流侧和交流侧功率模块的电容电压严重不一致，采用可控充电策略可避免充电阶段的电容电压严重不平衡现象，并且通过可控充电使得功率模块电容电压抬升，能够有效减小换流阀解锁瞬间的能量冲击。交、直流侧可控充电方式类似，都是触发旁路掉部分模块并通过控制模块在闭锁和 0 电平之间切换控制充电平衡，交、直流侧可控充电策略流程如图 3-68 所示。

对换流站进行交流充电时，首先投入启动电阻，然后交流断路器合闸，换流阀和电网连接，直流侧是极连接或者极隔离不做要求，即在交流侧可控充电的同时可以通过直流侧给其他站充电。所提出的交、直流可控充电方法可分为以下两个阶段。

(1) 第一阶段：换流阀不控充电阶段。换流阀通过交流电网和启动电阻给模块电容进行不可控充电，功率模块电容电压大于功率模块正常工作电压，确保所有模块取能电源和负责触发的控制板和驱动板卡都能够正常工作时阀控启动功率模块的

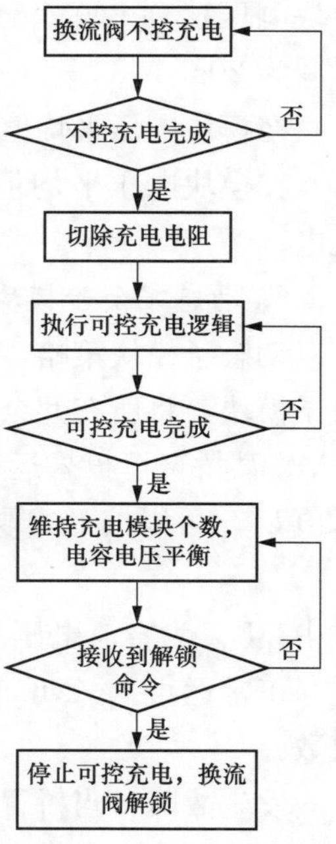

图 3-68　交、直流侧可控充电策略流程图

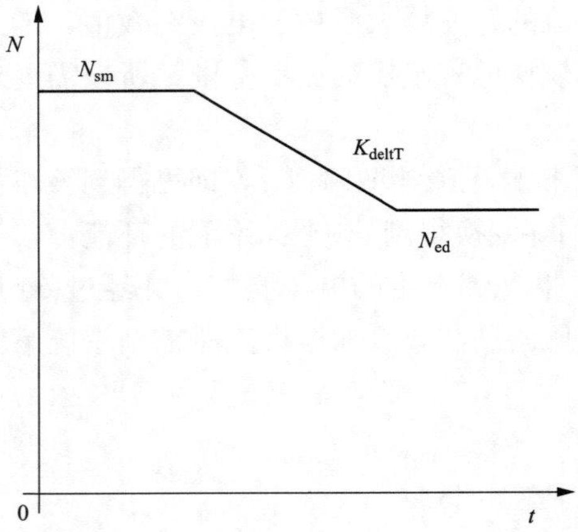

图 3-69　减小投入模块方式

自检操作。

（2）第二阶段：可控充电阶段。功率模块自检完成后，阀控确认启动电阻处于旁路状态后，判断当前充电模式，为交流侧充电时进入交流可控充电状态，若为直流侧充电则进入直流侧可控充电状态，交流侧可控充电状态和直流侧可控充电状态控制逻辑一致，区别在于可控充电稳态时投入在充电回路的模块个数不同。可控充电模块切除逻辑如图 3-69 所示，投入模块从投入桥臂内所有模块数 N_{sm} 逐步降低至投入模块上限 N_{ed}。该阶段末期，投入模块数一直维持在 N_{ed}，直至系统解锁。

投入：不触发任何 IGBT，这样可以在充电时通过 D1 为电容充电。

切除：半桥触发下管 T2。

交、直流可控充电模块投切策略如下：

（1）交流可控充电。接收到交流充电信号后延迟 45s，并检测到桥臂模块电压达到 1000V，启动交流可控充电，投入模块个数由 226 个逐渐递减至 145 个，时间为 20s，稳定时模块电压达到 1780V。

（2）直流可控充电。只接收到直流充电信号，子模块自检流程完成，并检测到桥臂模块电压达到 500V，启动直流可控充电，投入模块个数由 226 个逐渐递减至 113 个，时间为 20s。

在模块电压平均值超过 1780V 后，按照差值比例增加投入个数，抑制电压升高。

在模块电压平均值超过 2300V 后，所有模块闭锁，低于 1900V 后重新恢复可控充电。

6. 动态冗余子模块策略

动态子模块策略，即换流器正常运行时，各相上、下桥臂不区分冗余子模块还是一般子模块，将所有冗余子模块全部投入运行，一旦有子模块故障，就旁路该子模块。设 MMC 某桥臂可投入运行的所有子模块数目为 N_{sum}，则对应该桥臂的子模块电容电压参考值 U_{cref} 可以按下式取值：

$$U_{cref}=U_{dc}/N_{sum}$$

式中：U_{dc} 为直流电压。

正常运行：MMC 的 6 个桥臂可投入运行的子模块数目可达到桥臂的最大子模块数。

发生故障：当桥臂出现子模块故障时，该桥臂对应的子模块电容电压参考值将发生动态变化。对应该桥臂的子模块电容电压参考值 U'_{cref}，根据下式计算得出：

$$U'_{cref}=U_{dc}/(N_{sum}-N_f)$$

式中：N_f 为桥臂故障子模块数。

7. 振荡抑制控制

对于双端柔性直流系统直流侧简化等效电路如图 3-70 所示，其中 L 为桥臂电抗器，C 为换流阀子模块等效电容，R 为直流线路等效电阻，等效电阻较小，可等效为一个 LC 谐振电路，其本身存在一个谐振点，而且系统对直流侧电压进行控制，并没有对直流侧电流进行直接控制，直流系统属于弱阻尼系统；另一方面因为桥臂上模块电容电压会有一定的波动，所以在实际控制时阀控根据桥臂电流充放电方向投入模块电压偏高或偏低的模块，与桥臂模块平均值会有一定的偏差，因此实际输出的桥臂电压会跟期望调制波会有一定的偏差，而两端直流侧电压的不平衡会引发这个弱阻尼系统的低频振荡。以上两个方面的因素共同影响，就会在一定的功率范围内导致直流侧低频振荡的产生。

针对背靠背柔性直流单元存在的直流侧电流低频振荡的问题，提出了如下抑制策略：

从阀控调制的角度进行优化，从根源上消除振荡激励，达到抑制振荡的目的。振荡抑制控制策略框图如图 3-71 所示，根据反馈的各桥臂投入模块电容电压和 U_{out} 以及与其对应的调制电压 U_{ref0}，两者进行比较之后产生一个补偿量 ΔU，叠加到当前控制周期接收的系统的调制波 U_{ref} 上，产生最终的调制电压 U_{mod}，由此减小实际控制执行时输出桥臂电压的偏差，从而抑制直流电流的低频振荡。

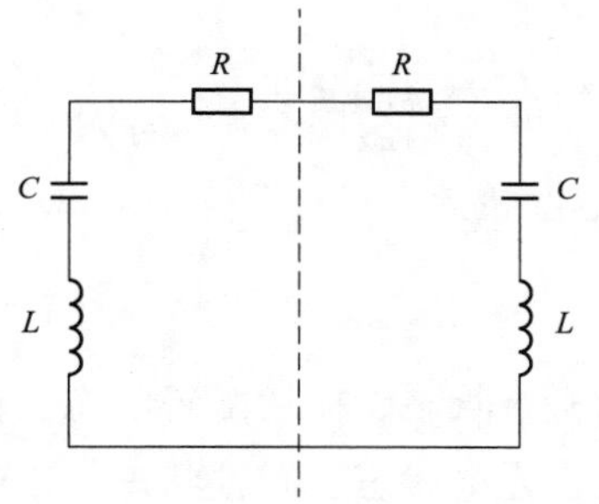

图 3-70　柔性直流双端系统简化等效电路示意图

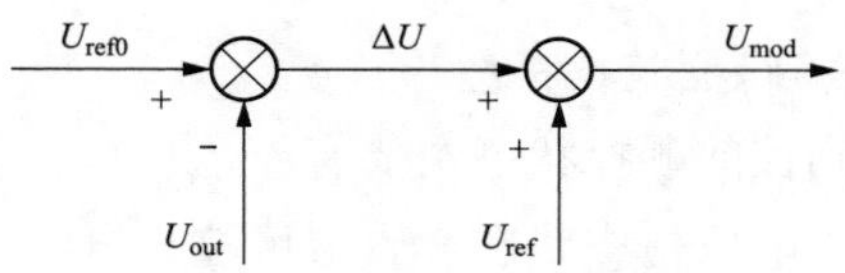

图 3-71　调制控制策略框图

逆变侧系统结构如图 3-72 所示，MMC 与 LCC 的直流侧串联运行。MMC 的主要工作模式是根据直流功率变化调整交流侧功率，保持其直流输出电压恒定。12 脉波 LCC 换流器在直流侧的特征次谐波频率为 12 次的整数倍，以 12、24 次为主。LCC 的直流侧滤波器将调谐点设置在特征次谐波处，由于直流滤波器在特征谐波处阻抗较低，MMC 的桥臂电抗器、直流电抗具有较大的谐波阻抗，因此直流谐波大部分进入直流滤波器，可以避免过大的谐波电流进入直流线路。

MMC 加入直流谐波电流控制功能，使 MMC 的直流侧阻抗在特征谐波频率处呈现很大的阻抗，则具有阻止谐波电流进入直流线路的功能。采用谐振调节器对特征次谐波电流进行无静差控制，可以将谐波电流控制为零，对应谐波频率处的 MMC 直流阻抗为无穷大，对谐波抑制效果最理想。

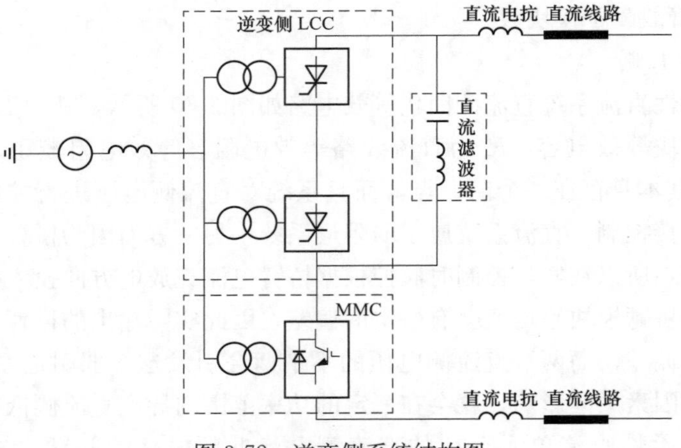

图 3-72　逆变侧系统结构图

直流侧谐波电流控制框图如图 3-73 所示，对直流电流采样信号进行滤波，滤除直流分量后的谐波分量作为反馈信号，谐波电流给定值等于零，经过谐波电流控制器后生成谐波控制电压，谐波控制电压作为共模信号叠加在上桥臂和下桥臂的控制电压中。

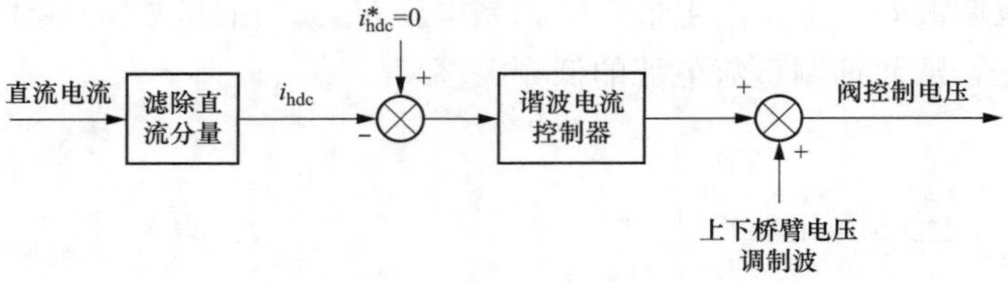

图 3-73　直流侧谐波电流控制框图

8. 阀控顺控状态

阀控的顺控状态主要有停运状态、黑模块通信检查状态、模块配置状态、模块复位状态、电压检查状态、直流可控充电状态、交流可控充电状态、解锁状态。以荣信汇科阀控为例分别阐述，如图 3-74 所示。

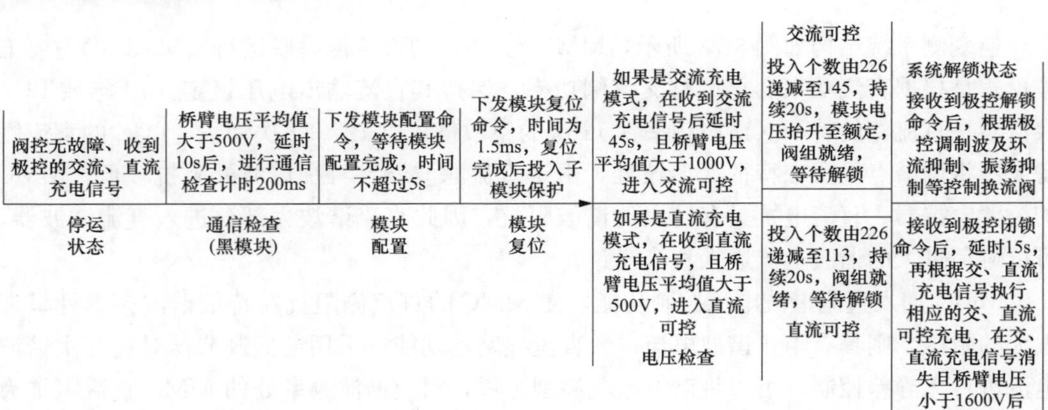

阀控无故障、收到极控的交流、直流充电信号
停运状态
桥臂电压平均值大于500V，延时10s后，进行通信检查计时200ms
通信检查（黑模块）
下发模块配置命令，等待模块配置完成，时间不超过5s
模块配置
下发模块复位命令，时间为1.5ms，复位完成后投入子模块保护
模块复位
如果是交流充电模式，在收到交流充电信号后延时45s，且桥臂电压平均值大于1000V，进入交流可控
如果是直流充电模式，在收到直流充电信号，且桥臂电压平均值大于500V，进入直流可控
电压检查
交流可控
投入个数由226递减至145，持续20s，模块电压抬升至额定，阀组就绪，等待解锁
投入个数由226递减至113，持续20s，阀组就绪，等待解锁
直流可控
系统解锁状态
接收到极控解锁命令后，根据极控调制波及环流抑制、振荡抑制等控制换流阀
接收到极控闭锁命令后，延时15s，再根据交、直流充电信号执行相应的交、直流可控充电，在交、直流充电信号消失且桥臂电压小于1600V后转为停运状态

图 3-74　阀控的顺控状态（参数以 VSC3 为例）

（1）停机状态。阀控初始状态处于停机状态，阀控在其他状态出现阀控故障时则直接跳入停机状态，并清除阀控当前的状态置位，停机状态具体完成功能如下：

1）故障复位逻辑，阀控故障状态下遥控复位命令，阀控故障位复位、阀控状态复位、复位整个阀控系统包括接口装置和单元主控板以及一些计数器和标识位的清零。

2）阀控进入允许充电状态。需要满足阀控无故障并无暂时性闭锁以及收到 PCP 的充电状态为初始状态。

3）进入单元配置状态。收到 PCP 的充电命令并且阀控允许充电并自检正常。

4）停机状态。阀控停机状态置位。

5）在停运状态下退出子模块保护功能。

（2）黑模块通信检查状态。阀控主控板在接收到单元电容电压平均值大于 500V 时，延时 10s 后下发通信检查命令，持续 200ms，完成上电时刻黑模块检测逻辑。

（3）模块配置状态。通信检查完成后，下发模块配置命令，接口装置反馈配置完成时进入单元充电状态，否则上报相应单元配置失败告警报文。

（4）模块复位状态。模块配置完成反馈后复位所有功率模块，清除主控板中上电时刻假的状态位，此时单元处于可执行旁路状态。投入子模块保护功能，阀控进入电压检查状态。

（5）电压检查状态。在电压检查状态中若接收到 CCP 的充电模式为直流充电模式，则进入直流可控充电状态。若接收到 CCP 的充电模式为交流充电模式，则进入交流可控充电状态。

（6）交流侧可控充电状态。进入交流可控充电状态下，按照交流可控充电策略，控制各桥臂投入模块个数，提升桥臂模块电压至额定电压附近，可控充电完成后，置为阀组就绪信号。

（7）直流侧可控充电状态。进入直流可控充电状态下，按照直流可控充电策略，控制各桥臂投入模块个数，提升桥臂模块电压，可控充电完成后，置为阀组就绪信号。

（8）解锁状态。若接收到 CCP 解锁命令，则阀控解锁换流阀并进入解锁状态。系统故障时阀控闭锁换流阀并进入停机状态。阀控收到 CCP 闭锁命令后，计时 15s 后，根据交、直流充电信号执行相应的交、直流可控充电，在交、直流充电信号消失，且桥臂电压平均值低于 1600V 后，转为停运状态。

（四）阀控系统保护功能设计

阀控系统保护功能主要包括暂时性过电流闭锁、桥臂过电流跳闸段保护、桥臂电流不平衡保护、桥臂差动保护、子模块整体过电压保护、子模块冗余不足保护等。其中暂时性过电流闭锁、桥臂过电流跳闸段保护、桥臂电流不平衡保护、桥臂差动保护等按照“三取二”逻辑裁决。

1. 暂时性过电流闭锁

为了提高换流阀的故障穿越能力，在发生某些直流线路故障及故障清除期间时，采用暂时性闭锁策略，待故障清除后再解锁，避免对换流阀进行局部闭锁。

暂时性过电流闭锁方式选择分桥臂闭锁形式。

分桥臂暂时性闭锁：当检测到换流器某一桥臂电流超过保护定值持续一定时间，闭锁对应的过电流桥臂；当检测到故障桥臂电流低于返回值一定时间后，暂时性闭锁的桥臂可以自行恢复解锁或由上层换流器控制下发再解锁命令。

另外，由暂时性闭锁引发的阀控系统保护功能包括暂时性闭锁超时和暂时性闭锁频发等。

暂时性闭锁超时：当发生暂时性闭锁后持续 30ms 后，暂时性闭锁信号仍未收回，则判定为暂时性闭锁超时，整个换流器闭锁、阀控系统请求跳闸。

暂时性闭锁频发：当 1s 内发生暂时性闭锁的次数大于 4 次，则判定为暂时性闭锁超时，整个换流器闭锁、阀控系统请求跳闸。

多桥臂暂时性闭锁：在同一时刻发生暂时性闭锁的桥臂数量大于 3 个，则判定为多桥臂暂时性闭锁，整个换流器闭锁、阀控系统请求跳闸。

2. 桥臂过电流跳闸段保护

桥臂快速过电流保护的逻辑为：当检测到换流器某一桥臂电流超过保护定值持续一定时间，闭锁所有 6 个桥臂，阀控系统请求跳闸。

3. 桥臂电流不平衡保护

为应对阀侧接地故障等极端条件下，极控保护动作时间内子模块续流过电压过高的问题，采用换流阀 6 个桥臂 TA 构建不平衡电流保护，实现较极保护更快的故障检测与动作，可确保换流阀子模块续流过电压在安全范围内，从而提高换流阀运行的可靠性。

当上、下桥臂电流瞬时值差异大于桥臂不平衡保护定值，并维持一段时间后，判定为发生桥臂电流不平衡故障，整个换流器闭锁、跳闸。

换流阀阀控不平衡保护的判据：

$$(i_{pa}+i_{pb}+i_{pc})-(i_{na}+i_{nb}+i_{nc})>\Delta I$$

式中：i_{pa}、i_{pb}、i_{pc}、i_{na}、i_{nb}、i_{nc} 分别为 6 个桥臂 TA 电流测量值；ΔI 为阀本体不平衡保护定值。

保护动作后，阀控立即闭锁整个换流器并向极控发送跳闸信号。

4. 桥臂差动保护

为应对阀塔接地故障造成桥臂电流激增，模块电容电压过电压或欠电压故障，阀保护系统设置了桥臂差动保护，具体保护逻辑为：实时计算 6 个桥臂的差动电流和制动电流，当差动电流超过定值，持续一定时间，闭锁所有 6 个桥臂，阀控系统请求跳砸。

5. 子模块整体过电压保护

为了保证在子模块整体电压过高时换流阀能够处于可控、可靠状态，阀控系统设置子模块整体过电压保护，分为两端，具体保护逻辑如下：

（1）当检测到换流器某一桥臂子模块电压平均值超过Ⅰ段保护定值并持续一定时间，阀控系统发出可控自恢复消能装置动作信号。

（2）当检测到换流器某一桥臂子模块电压平均值超过Ⅱ段保护定值并持续一定时间，阀控系统闭锁，并发出请求跳闸信号。

6. 子模块冗余不足保护

为提高柔性直流输电的可靠性，每个换流器每个桥臂配置一定数量的冗余子模块，在冗余耗尽之前换流阀可以正常运行，从而提高换流阀的可靠性。

当任一桥臂的故障子模块数目大于冗余数目时，换流阀自主闭锁 6 个桥臂并请求停运对应换流器。

姑苏站三种技术路线的柔性直流换流阀阀控保护功能配置分别见表 3-14～表 3-16。

表 3-14　　VSC1 换流阀阀控保护功能

序号	故障类型	判断逻辑及定值	动作策略
1	无主（双备）故障	极控 A/B 系统同时下发主动信号无效大于 500μs	阀控闭锁；申请跳闸；上传故障事件
2	切换请求未响应	切换请求无响应不小于 1.5ms	阀控闭锁；申请跳闸；上传故障事件
3	子模块冗余耗尽	任一桥臂子模块旁路数大于 16 个（总数 226 个）	阀控闭锁；申请跳闸；上传故障事件
4	桥臂过电流暂时性闭锁段	桥臂电流瞬时值连续三个采样点（30μs）大于 4800A，分桥臂闭锁。 桥臂电流不大于 2800A 且维持 6ms 时，直接解锁	阀控暂时性闭锁；上传故障事件
5	桥臂永久过电流段	桥臂电流瞬时值连续三个采样点（30μs）大于 5300A	阀控闭锁；申请跳闸；投整个换流阀晶闸管；上传故障事件
6	暂时性闭锁超时	暂时性闭锁超时功能计时不小于 30ms	阀控闭锁；申请跳闸；上传故障事件
7	暂时性闭锁频发	任一桥臂 1s 内连续发生暂时性闭锁不小于 5 次	阀控闭锁；申请跳闸；上传故障事件
8	多桥臂暂时性闭锁	发生暂时性闭锁桥臂数不小于 4 个	阀控闭锁；申请跳闸；上传故障事件
9	VBC 子模块电压平均值越限保护 Ⅰ 段	正常工作（不含旁路）子模块电压均值不小于 2600V（300μs）	投消能装置；上传故障事件
10	换流阀整体过电压	任一桥臂子模块平均电压连续 500μs 不小于 3100V	阀控闭锁；申请跳闸；上传故障事件
11	换流阀整体过电流	换流阀同一控制周期中上传 IGBT 过电流的子模块总数不小于 30，判断时间 50μs	阀控闭锁；申请跳闸；投整个换流阀晶闸管；上传故障事件
12	阀控不平衡保护	（Iau＋Ibu＋Icu）－（Iad＋Ibd＋Icd）连续 300μs 大于 500A	阀控闭锁；分相跳交流断路器；上传故障事件

表 3-15　　VSC2 换流阀阀控保护功能

序号	故障类型	判断逻辑及定值	动作策略
1	无主（双备）故障	极控 A/B 系统同时下发主动信号无效大于 500μs	阀控闭锁；申请跳闸；上传故障事件
2	切换请求未响应	切换请求无响应不小于 1ms	阀控闭锁；申请跳闸；上传故障事件
3	两套阀控故障	两套阀控 VBC _ OK 输出值均不小于 1ms	阀控闭锁；申请跳闸；上传故障事件

续表

序号	故障类型	判断逻辑及定值	动作策略
4	子模块冗余耗尽	任一桥臂子模块旁路数大于 14 个（总数 224 个）	阀控闭锁；申请跳闸；上传故障事件
5	桥臂过电流暂时性闭锁段	桥臂电流瞬时值连续三个采样点（30μs）大于 4800A，分桥臂闭锁	阀控暂时性闭锁；上传故障事件
6	桥臂快速过电流段	桥臂电流瞬时值连续三个采样点（30μs）大于 5300A	阀控闭锁；申请跳闸；投整个换流阀晶闸管；上传故障事件
7	桥臂差动保护	(IB1－IB2)＞max[2678,0.15(IB1＋IB2)] 1ms	阀控闭锁；分相跳交流断路器；上传故障事件
8	暂时性闭锁超时	暂时性闭锁超时功能计时不小于 30ms	阀控闭锁；申请跳闸；上传故障事件
9	暂时性闭锁频发	任一桥臂 1s 内连续发生暂时性闭锁不小于 5 次	阀控闭锁；申请跳闸；上传故障事件
10	多桥臂暂时性闭锁	发生暂时性闭锁桥臂数不小于 4 个	阀控闭锁；申请跳闸；上传故障事件
11	桥臂过电压保护	正常工作（不含旁路）子模块电压均值大于 2600V（500μs）	投消能装置；上传故障事件
12	换流阀整体过电压	任一桥臂子模块平均电压大于 3100V（500μs）	阀控闭锁；申请跳闸；上传故障事件
13	阀控不平衡保护	(Iau＋Ibu＋Icu)－(Iad＋Ibd＋Icd)＞max{669,0.15[(Iau＋Ibu＋Icu)＋(Iad＋Ibd＋Icd)]}1ms	阀控闭锁；分相跳交流断路器；上传故障事件

表 3-16　VSC3 换流阀阀控保护功能

序号	故障类型	判断逻辑及定值	动作策略
1	无主（双备）故障	极控 A/B 系统同时下发主动信号无效大于 500μs	阀控闭锁；申请跳闸；上传故障事件
2	切换请求未响应	切换请求无响应不小于 1.5ms	阀控闭锁；申请跳闸；上传故障事件
3	子模块冗余耗尽	任一桥臂子模块旁路数大于 16 个（总数 226 个）	阀控闭锁；申请跳闸；上传故障事件
4	桥臂过电流暂时性闭锁段	桥臂电流瞬时值连续三个采样点（30μs）大于 4800A，分桥臂闭锁。 恢复定值为 2800A，持续 5ms	阀控暂时性闭锁；上传故障事件
5	桥臂快速过电流段	桥臂电流瞬时值连续三个采样点（30μs）大于 5300A。 恢复定值为 300A，持续 15ms	阀控闭锁；申请跳闸；中车器件投入晶闸管；上传故障事件
6	暂时性闭锁超时	暂时性闭锁超时功能计时不小于 30ms	阀控闭锁；申请跳闸；上传故障事件
7	暂时性闭锁频发	任一桥臂 1s 内连续发生暂时性闭锁不小于 5 次	阀控闭锁；申请跳闸；上传故障事件
8	多桥臂暂时性闭锁	发生暂时性闭锁桥臂数不小于 4 个	阀控闭锁；申请跳闸；上传故障事件

续表

序号	故障类型	判断逻辑及定值	动作策略
9	VBC子模块电压平均值越限保护Ⅰ段	正常工作（不含旁路）子模块电压均值大于2600V（0.5ms）	投消能装置；上传故障事件
10	VBC子模块电压平均值越限保护Ⅱ段	任一桥臂子模块平均电压连续0.5ms，大于3100V	阀控闭锁；申请跳闸；上传故障事件
11	阀控不平衡保护	|（Iau＋Ibu＋Icu）－（Iad＋Ibd＋Icd）|＞1000A(30μs)，恢复定值200A，持续15ms	阀控闭锁；分相跳交流断路器；上传故障事件

（五）阀控系统监视功能设计

1. 阀控系统自监视与切换

阀控系统具有监视与自诊断功能，监视与自诊断功能覆盖包括完整的测量回路、信号输入/输出回路、通信总线、主机、微处理器板和所有相关设备，能检测出上述设备内发生的所有故障，对各种故障定位到最小可更换单元，并根据不同的故障等级做出相应的响应，监视与自诊断功能覆盖率达到100%。

对控制系统主机的监视包括以下方面：

（1）对主CPU程序执行过程是否正常的监视；

（2）对主机与其他电路板通信是否正常的监视；

（3）对主机电源的监视。

阀控系统对系统内部的通信总线以及与其他系统的通信接口进行自诊断，自诊断内容包括以下方面：

（1）通信链路是否正常；

（2）通信数据是否正常；

（3）对所传输的信号进行校验。

阀监视系统显示功能配置在主控室，与OWS系统毗邻布置。阀控系统为冗余双重化配置，系统之间可以在故障状态下跟随换流器控制系统进行自动系统切换或由运行人员进行通过换流器控制系统进行手动切换。系统切换遵循以下原则：在任何时候运行的有效系统应是双重化系统中较为完好的那个系统。阀控与阀控工作站通信故障，应不切换系统，且不引起其他故障。

（1）导致VBC报警的故障类型如下：

1）单电源故障；

2）VBC与阀监视后台异常时间持续超过1min；

3）双主信号时间持续超过500μs。

（2）产生VBC _ NOT _ OK信号即请求切换系统的故障类型。

外部故障如下：

1）VBC与PCP之间无通信信号时间持续超过500μs；

2）VBC与控制用电流互感器合并单元之间无通信信号时间持续超过3个VBC运算周期，或VBC与合并单元接口之间无通信信号时间持续超过5个通信周期；

3）三取二装置与保护用三套电流互感器合并单元之间同时出现无通信信号时间持续超过 3 个通信周期（完全双重化的保护不采用该逻辑）。

内部故障如下：

1）VBC 检测到内部任意机箱两路电源同时处于掉电状态时间持续超过 1ms；

2）VBC 检测到与内部脉冲机箱之间无通信信号时间持续超过 3 个通信周期；

3）VBC 检测到与内部保护机箱之间无通信信号时间持续超过 3 个通信周期；

4）VBC 检测到与内部板卡（影响阀控正常运行）之间无通信信号时间持续超过 3 个通信周期。

2. 换流阀元件监视系统

阀控装置都配置了管理插件，可以通过 SCADA _ LAN 与工程师工作站进行通信，整体构成换流阀元件监视系统。在换流站的监控室内可以对换流阀进行远方监视，以便确认子模块的状态，并正确指示任何 IGBT 或其他相关元件的异常或损坏，满足换流阀及阀控故障分析及异常情况指示等需求，故障定位应具体明确。能够对模块电容电压（包含所有模块电容电压、最大值、最小值、平均值、最大与最小的差值等）、开关频率、子模块故障等信息进行实时观察。

该监视系统与阀控供货商的控制保护系统同平台设计，提供工业化的监控界面，且具备异常工况时声音报警的功能。为便于故障子模块位置定位，在站控运行人员工作站对子模块明确编号信息，具体到阀塔、阀层、组件和编号。换流阀子模块状态监视画面（以 VSC2 为例）如图 3-75 所示。

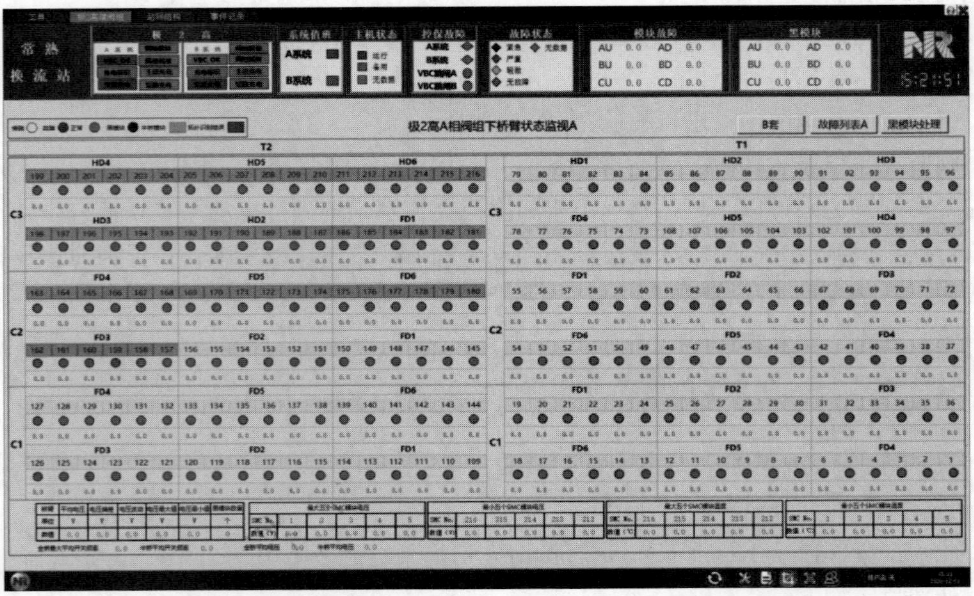

图 3-75　换流阀子模块状态监视画面（以 VSC2 为例）

子模块故障报文内容须描述准确、定位清晰。阀控系统工作站显示的报文信息须标明来自阀控 A 系统或阀控 B 系统。换流阀子模块故障报文画面（以 VSC2 为例）如

图 3-76 所示。

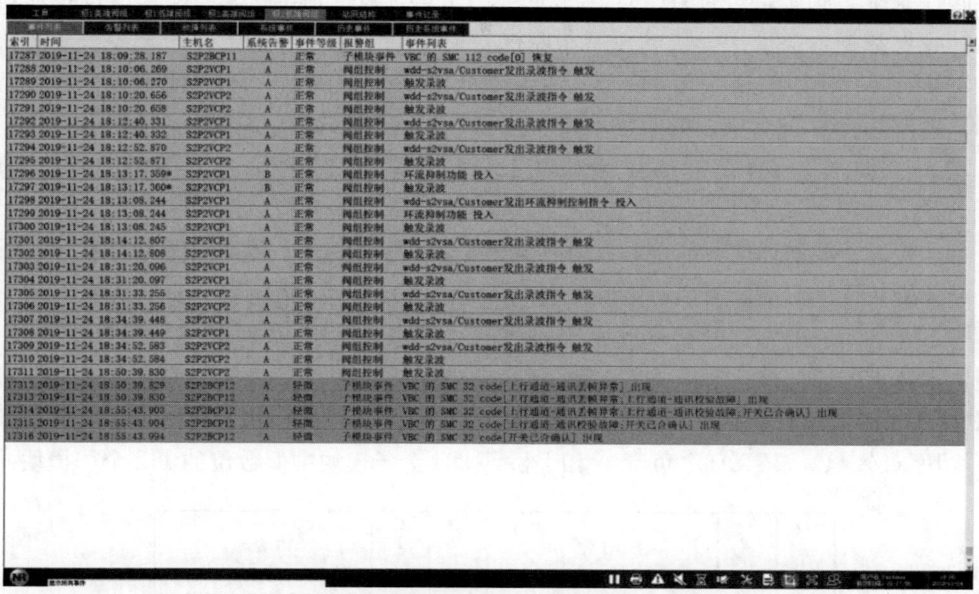

图 3-76　换流阀子模块故障报文画面（以 VSC2 为例）

3. 阀控系统状态显示

阀控系统的状态监视主要包括控制保护功能投退、保护定值显示、跳闸故障信息等，并方便实现 A、B 套信号的切换。

4. 阀控内置录波功能

阀控系统采用统一的软硬件平台设计故障录波功能，方便换流阀和阀控系统的运行维护。

阀控系统可以手动录波，也可以依据阀运行状态的变化自动触发生产录波，录波文件自动上传到阀控系统所配置的工程师工作站，防止因阀控装置内部存储空间存满导致的录波文件丢失，便于事后对阀运行状态及故障进行分析。

阀控系统的内置录波至少包含桥臂电流值、极控下发命令、调制波、阀控系统返回状态、子模块电压和等重要信息。

生成的录波采用标准的 COMTRADE 文件格式，所有能读取 COMTRADE 格式的波形分析工具都可以使用其来进行故障分析。

子模块信息录波启动方式具备手动触发功能和自动触发功能。

手动启动录波说明：通过工作站运行界面录波触发按钮，可手动触发录波，生产录波文件。

（六）阀控系统接口设计

阀控系统的对外接口主要包括换流阀子模块、换流器控制保护系统、SCADA、测量系统、一次设备、集中录波、对时系统等。

1. 与子模块的接口

阀控系统中阀基接口装置 VBI 与换流阀中的子模块控制器（SMC）连接，通过一对光纤收发数据，实现子模块的控制和监视。

SMC 作为 SM 单元的控制核心，通过光纤接收 VBI 发送下来的控制命令，并解码收到的控制指令，发给相应的驱动电路，实现子模块的触发。

SMC 同时采集 SM 单元电容电压和上一次器件的相关状态，并编码后发给 VBI，用于监视 SM 单元是否正常工作。

为了提高子模块通信可靠性，有效降低黑模块发生的概率，实现在系统不停运情况下对光纤分配装置进行检修（包括更换控制 DSP 板卡和光接口板卡等），阀控系统光纤分配装置与 SM 单元采用相邻子模块冗余组网方式，具体通信示意如图 3-77 和图 3-78 所示。子模块本体上的通信接口对应关系：RX1/TX1 与 VBI 互联，RX2/TX2 用于与相邻子模块互联。例如 VBIAU1 负责 A 相上桥臂 224 个子模块中奇数位的 112 个子模块，对应光口板应有 8 块（8×14）。VBIAU2 负责 A 相上桥臂 224 个子模块中偶数位的 112 个子模块。

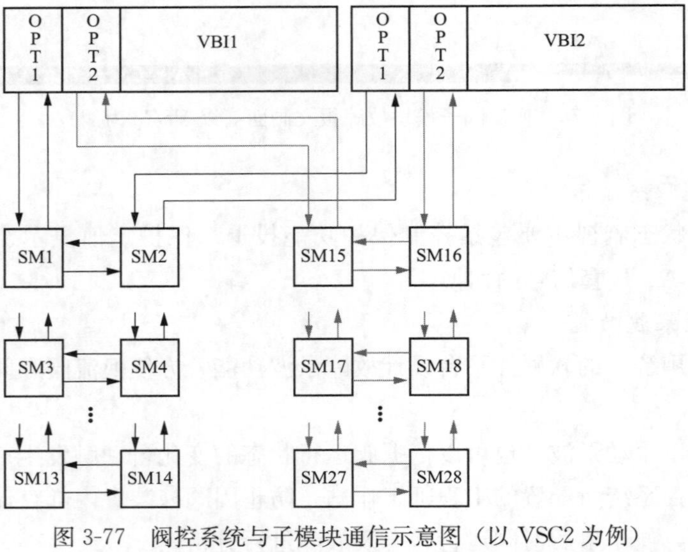

图 3-77　阀控系统与子模块通信示意图（以 VSC2 为例）

图 3-78　子模块本体上的通信接口（以 VSC2 为例）

2. 与换流器控制系统的接口

阀控制保护主机（VCP）与上层换流器控制保护主机（CCP）之间采用一对一直连方式，采用千兆以太网协议传输。控制保护与阀控接口按照附件“用于阀规范的阀控接口规范（参照版本）直流控制保护-IGBT 阀部分”进行设计，满足招标规范要求。

阀控制保护主机与换流器控制主机通信示意如图 3-79 所示，其中实线代表千兆通信信号，虚线代表 5M50k 光调制信号。

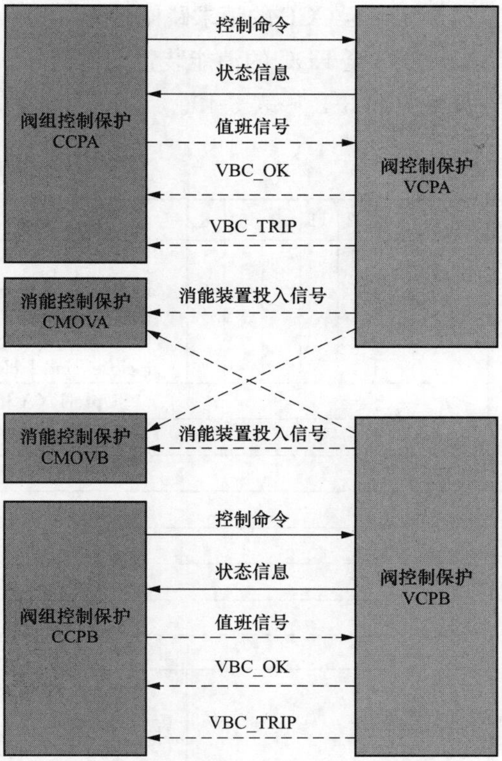

图 3-79 阀控保护主机与换流器控制主机通信示意图

（1）千兆通信协议和接口。采用通信、工业内广泛使用的千兆以太网协议，IEEE 802.31000BaseX，波特率：1.25Gbit/s。

光纤接口采用 LC 接口，波长为 850nm 的多模光纤，收发各一根。

该工程中，CCP 与 VBC 之间的通信周期为 50μs。

千兆以太网通信报文中应用数据内容参照《用于阀规范的阀控接口规范（参照版本）直流控制保护-IGBT 阀部分》和《张北阀控接口规范》，具体信号列表待联调阶段由成套设计方、控保和各阀控厂家统一确定。

（2）CCP 至 VBC 的控制信号（CCP-ORDER）。CCP 发送至 VBC 的控制信号包括解锁/闭锁信号 DEBLOCK、交流充电信号 AC _ ENERGIZE、直流充电信号 DC _ ENERGIZE（起极之前，比如 VSC1 的交流先合了，但是 VSC2 和 VSC3 的交流还没合，这时候 VSC1 会给 VSC2 和 VSC3 充电，这时候直流充电时间很短，2 和 3 后面也会合交流开关来充电的）、投晶闸管信号 THY _ ON、阀控录波触发信号 VBC _ TFR _ TRIG、交流启动电阻旁路状态信号 ACR _ BYPASS _ IND、各桥臂输出电压参考值 UREFx、直流正极线对地电压测量值 UDP、直流负极线对地电压测量值 UDN、CCP 通信心跳检测信号等。VBC 对该通道进行监视。

（3）VBC 至 CCP 的状态信号（VBC-STATE ）。VBC 发送至 CCP 的状态信号包括 VBC 可用信号 VBC _ OK、阀组就绪信号 VAVLE _ READY、请求跳闸信号 TRIP、桥臂暂时性闭锁信号 ARM _ BLOCKx、各桥臂投入子模块电压和 UPΣx、各桥臂子模块电压平均值 USM _ AVGx、各桥臂子模块投入数 SM _ NUM _ ONx、VBC 通信心跳检测信号等。

（4）5M50k 调制信号。

1）CCP 至 VBC 的主备信号。

2）VBC 至 CCP 的可用信号。

3）VBC 至 CCP 的请求跳闸信号。

4）VBC 至 EDC 的消能装置动作信号。

详细见表 3-17～表 3-19。

表 3-17　　CCP 下发给 VBC 的信号列表

序号	15	14	13	12	11	10	9	8	7	6	5	4	3	2	1	0
1										DC_Charging_resistor_bypass_close_ind	AC_Charging_resistor_bypass_close_ind	VBC_TFR_Trig	AC-ENERGIZE	DC-ENERGIZE	DEBLOCK	Thy_on
2	Upref1（A 相上桥臂参考电压）															
3	Upref2（A 相下桥臂参考电压）															
4	Upref3（B 相上桥臂参考电压）															
5	Upref4（B 相下桥臂参考电压）															
6	Upref5（C 相上桥臂参考电压）															
7	Upref6（C 相下桥臂参考电压）															
8	UDP															
9	UDN															
10									通信心跳检测（bit0 为最低位，bit7 为最高位），通信心跳变化范围为 0～255。由 0 开始，在每个通信周期内通信心跳递增 1，增至 255 后复归为 0，并重新开始计数							

注　数据对应千兆报文中“应用数据中第一路数据”（45～46 字节），往下以此类推。

表 3-18　　VBC 上送给 CCP 的信号列表

序号	15	14	13	12	11	10	9	8	7	6	5	4	3	2	1	0
1	消能装置投入	备用	VUBP_TRIP		备用	备用	ARM_BLOCK6	ARM_BLOCK5	ARM_BLOCK4	ARM_BLOCK3	ARM_BLOCK2	ARM_BLOCK1	VBC_TRIP		VAVLE_READY	VBC_OK
2	Up∑1（A 相上桥臂投入子模块电压和）															
3	Up∑2（A 相下桥臂投入子模块电压和）															
4	Up∑3（B 相上桥臂投入子模块电压和）															
5	Up∑4（B 相下桥臂投入子模块电压和）															
6	Up∑5（C 相上桥臂投入子模块电压和）															
7	Up∑6（C 相下桥臂投入子模块电压和）															
8	A 相上桥臂子模块电压平均值															
9	A 相下桥臂子模块电压平均值															
10	B 相上桥臂子模块电压平均值															
11	B 相下桥臂子模块电压平均值															
12	C 相上桥臂子模块电压平均值															
13	C 相下桥臂子模块电压平均值															
14	A 相上桥臂子模块投入数															
15	A 相下桥臂子模块投入数															
16	B 相上桥臂子模块投入数															

续表

序号	15	14	13	12	11	10	9	8	7	6	5	4	3	2	1	0
17	B 相下桥臂子模块投入数															
18	C 相上桥臂子模块投入数															
19	C 相下桥臂子模块投入数															
20								通信心跳检测（bit0 为最低位，bit7 为最高位），通信心跳变化范围为 0～255。由 0 开始，在每个通信周期内通信心跳递增 1，增至 255 后复归为 0，并重新开始计数								

注　数据 1 对应千兆报文中“应用数据中第一路数据”（45～46 字节），往下以此类推。

表 3-19　VBC 上送 TRIP 信号的典型故障类型表

序号	故障类型	故障结果
1	桥臂过电流跳闸段	TRIP（申请跳闸）
2	CCPA/B 系统同备超时	
3	冗余耗尽	
4	请求切换未响应	
5	子模块旁路开关拒动故障大于等于 1（根据换流阀结构可选）	
6	换流阀短路保护（可选）	
7	桥臂电流上升率越限（可选）	
8	两套 VBC 故障（可选）	
9	VBC 子模块电压平均值（全桥平均值或半桥平均值）越限（可选）	
10	暂停触发次数越限（可选）	
11	暂停触发超时（可选）	
12	子模块过电压（可选）	

3. SCADA _ LAN

阀控系统连接到 SCADA _ LAN 网络上，SCADA 网络为双重化的冗余网络，阀控系统分别通过 VCP、VPR、V2F、BCP、VBI、VMU 装置的管理板的网口 1、2 分别连接到冗余的 SCADA _ LAN 网络的 A 网和 B 网。

阀控系统通过 SCADA _ LAN 网与阀控监控后台进行通信，通信协议按照行业标准 61850 规约，通信的主要内容包括：

（1）遥测、遥信信息的上传；

（2）事件记录的上传；

（3）故障录波数据的上传。

阀控与阀控工作站通信故障，应不切换系统，且不引起其他故障。

4. 与测量系统接口

阀控需要采集桥臂电流，需要接收桥臂电流光学/电子式互感器发出的数据。

接口配置方面，每个桥臂电流需要配置三套完全独立的测量设备（Measure Unit，MU1/2/3），分别对应着三重化保护装置（VPR1/2/3），控制用桥臂电流与保护用桥臂电流复用（MU1/2）。

每个换流器阀控系统配置 3 套阀保护单元 VPR，每套 MU 输出 12 根 100k 桥臂电流光纤（6 个桥臂分别送阀顶和阀底的采样数据，60044-8/100k）给单套 BCP，共计 36 根。

每套阀控系统配置 2 套桥臂控制单元 BCP，每套 MU 输出 6 根 100k 桥臂电流光纤（6 个桥臂分别送阀底的采样数据，60044-8/100k）给单套 BCP，共计 12 根。

每套阀控系统配置 2 套阀控制单元 VCP，每套 MU 输出 1 根 50k 桥臂电流光纤（6 个桥臂打包送阀底的采样数据，60044-8/50k）给单套 VCP，共计 2 根。

阀控系统与测量系统的接口示意如图 3-80 所示。

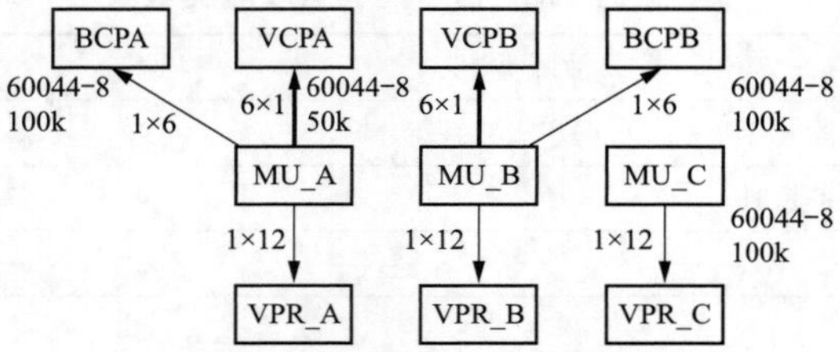

图 3-80 阀控系统与测量系统的接口示意图

5. 与集中录波接口

阀控系统中 VCP 装置提供与全站统一的第三方集中故障录波装置的接口。链路层协议采用 IEC 60044-8 协议，帧头、帧尾、校验码、波特率等在设计联络会阶段商讨确定。

应用层通信协议上送的录波数据至少包含以下信息：

（1）换流阀实际执行的调制波（总投入模块数）。

（2）换流阀实际投入的模块数。

（3）桥臂内模块电容电压最大值。

（4）桥臂内模块电容电压最小值。

（5）桥臂内模块电容电压平均值。

（6）桥臂旁路模块数。

（7）解闭锁信号及相关状态信号。

6. 与对时系统接口

阀控系统可以与主时钟对时系统进行对时，对时协议采用 B 码对时。报文通过 SCADA _ LAN 上传工程师工作站。

第三节 设备检修与维护

一、维护项目及周期

1. 不停电维护项目及周期

不停电维护项目及周期见表 3-20。

表 3-20 不停电维护项目及周期

序号	巡检项目	检修工艺及要求	周期	备注
1	阀支柱绝缘子	（1）阀塔支撑绝缘子及斜拉绝缘子检查绝缘子表面清洁、无积污，绝缘子形态完整，裙边无破损，无放电痕迹。	1周	视频监控、成像仪
		（2）阀塔层间支撑绝缘子及斜拉绝缘子检查绝缘子表面清洁、无积污，绝缘子形态完整，裙边无破损，无放电痕迹	1周	视频监控、成像仪
2	阀塔屏蔽罩及均压环	阀塔均压环、屏蔽罩形态完好，清洁无积污、明显放电	1周	视频监控、成像仪
3	阀塔内连接母排	（1）连接排形态完好。 （2）表面清洁、无积污、无放电痕迹。电气连接完好，无松动痕迹	1周	视频监控、成像仪
4	阀塔间连接母线	阀塔间连接管母线连接完好，连接处无异常高温变色，无放电闪络现象	1周	视频监控、成像仪
5	阀塔水管等电位接线连接	连接螺栓无松动，导线无异常高温变色，无放电闪络现象	1周	视频监控、成像仪
6	阀塔水管	（1）水管固定支撑牢固、无松动。水管连接完好，无渗水痕迹。 （2）水管形态完整，排列整齐、一致、无损伤，表面光洁、无积污，无放电闪络现象。 （3）管路阀门开关位置正确，外观无缺陷、无渗漏。 （4）管路排气阀外观完好无缺陷，排气出口无异常水滴出	1周	视频监控、成像仪
7	阀塔功率模块通信光纤	光纤走线槽固定支撑牢固、无松动，表面光洁、无积污，无放电闪络现象	1周	视频监控、成像仪
8	功率模块	（1）表面清洁、无积污，无放电痕迹。 （2）电容器无鼓包、变形异常情况	1周	视频监控、成像仪
9	阀塔	（1）检查阀塔构件连接正常，无倾斜、脱落。 （2）连接螺栓无松动，无明显震动现象	1周	视频监控
10	阀塔地面接水槽	（1）接水槽支撑完好，无异常位移。 （2）接水槽表面光洁、无积污，无放电闪络现象。 （3）配线导线无异常高温变色，无放电闪络现象	1周	视频监控、成像仪
11	阀控系统	（1）屏柜指示灯工作正常。 （2）风机工作正常无异响。 （3）屏柜内无异常发热点。 （4）上位机工作正常	1周	视频监控、成像仪
12	阀控事件信息查询	（1）无换流阀相关异常报警。 （2）无漏水检测相关异常报警	每天	SCADA 后台

换流阀巡检项目说明：

（1）此巡检是指由检修人员实施的巡检。

（2）巡检时，首先从阀监控设备开始，检查阀系统的运行状况，查看有无缺陷报告。在此基础上如果有条件对阀体进行实地巡检，通过烟雾、气味、声音和震动等多方面，观察阀各部元件的状况。

（3）成像检测（带电检测）。

1）红外热成像检测。

每周进行一般检测不少于 1 次，每月进行精确检测不少于 1 次，遇到新投运设备、大负荷、高温天气、检修结束送电等情况，应适当加大监测频次。

用红外热像仪对换流阀可视部分进行检测，检测和分析方法参考《带电设备红外诊断应用规范》（DL/T 664）。被检测红外热像图显示：应无异常温升、温差和/或相对温差。

2）紫外光成像检测。

每月进行一般检测 1 次，每年进行精确检测不少于 1 次，遇到新投运设备、大负荷、高温天气、检修结束送电等情况，应适当加大监测频次。

用紫外光成像仪对换流阀可视部分进行检测，检测和分析方法参考《带电设备紫外诊断技术应用导则》（DL/T 345—2019）。被检测紫外光图像显示：应无高频度、间歇性爆发的电晕放电并短接部分干弧距离现象。

完成检测后应留存图像。

2. 停电维护项目与周期

停电维护是指将换流阀停止运行，主要对换流阀阀塔、功率模块等进行检查，一般检修周期为 1 年。停电维护项目及周期见表 3-21。

表 3-21　停电维护项目及周期

序号	维护项目	检修要求	周期	备注
1	阀塔外观检查	1. 绝缘子检查 （1）检查绝缘子伞裙、绝缘柱面表面无裂纹、电蚀和闪络痕迹，无严重污秽物。 （2）端部法兰完好、无变形，安装螺栓无松动。 （3）安装螺栓安装正确，符合安装要求。 2. 等电位线检查 （1）检查等电位线表面无过热变色和闪络痕迹。 （2）电极（等电位体）及连接螺栓表面无过热变色，接线可靠、无松动。 3. 通信光缆检查 （1）光纤槽盒安装牢固、无松动，光纤外表无损伤，光纤排列整齐。 （2）备用光纤保护帽齐全，光纤固定可靠。 （3）光纤连接接头正确插入，锁扣到位，光纤弯曲度正常。 4. 电气连接检查 （1）均压环、屏蔽罩的固定螺栓连接紧固、无松动。 （2）阀塔间、阀塔层间、功率模块间的连接母线排无形变，母线排连接处无受热、变色痕迹。 （3）连接螺栓无松脱现象，安装正确，符合安装标准。 5. 阀塔地面接水槽 （1）接水槽支撑完好，无异常位移。 （2）接水槽表面光洁、无积污，无放电闪络现象。 （3）配线无异常高温变色，无放电闪络现象	1 年	
2	阀塔清洁	对换流阀阀塔整体进行清污，用纯棉不掉毛抹布和酒精进行擦洗清污，满足表面无积尘、无污渍检修标准要求	1 年	

续表

序号	维护项目	检修要求	周期	备注
3	内冷水管路检查	管路外观检查： (1) 阀塔水管表面完好、无损伤；固定螺栓无松动。 (2) 阀塔水管连接法兰处无渗漏，法兰连接密封垫无老化，连接螺栓无松动。 (3) 功率模块水管无异常扭曲，表面无损伤，连接点无渗漏，连接螺母无松动。 (4) 管路阀门开关位置正确，外观无缺陷、无渗漏。 (5) 管路排气阀外观完好、无缺陷，排气出口无异常水滴出	1年	
4	功率模块直流电容检查	(1) 功率模块电容器外表面平整、无鼓包变形、损伤。 (2) 用电容检测装置连接功率模块前面测试孔并读取读数，读取电容值读数，测量值与出厂值偏差不超过±5%或符合相关技术文件要求的误差范围	1年	建议投运初期每年抽检全部数量的1/6，6个桥臂均匀抽检。全部抽检完后可视情况按定检执行
5	功率模块放电电阻检查	(1) 功率模块电阻表面平整、无损伤。 (2) 用功率模块检测装置连接功率模块，检测装置“时间常数”检测不报警（需同时参考电容测试通过），符合设计规范或厂家技术文件要求	1年	建议投运初期每年抽检全部数量的1/6，6个桥臂均匀抽检。全部抽检完后可视情况按定检执行
6	功率模块功能和性能测试	1. IGBT导通测试 (1) 检查功率模块阀电子电路元器件完好，板卡固定螺栓无松动。 (2) 功率模块内部配线线固定良好，板卡接线连接可靠，无松脱。 (3) 功率模块连接测试装置进行测试，测试装置显示IGBT测试通过，符合设计规范或厂家技术文件要求。 2. 功率模块旁路功能测试 (1) 功率模块内部阀电子电路元器件完好，板卡固定螺栓无松动，无放电痕迹，无氧化现象。 (2) 功率模块内部配线线固定良好，板卡接线连接可靠，无松脱。 (3) 模块连接测试装置进行测试，测试装置显示旁路接触器动作，报旁路成功，测试通过。 3. 直流电压采样测试 (1) 功率模块内部阀电子电路元器件完好，板卡固定螺栓无松动，无放电痕迹，无氧化现象。 (2) 功率模块内部配线固定良好，板卡接线连接可靠，无松脱。 (3) 功率模块连接测试装置，电压采样回路无异常，电压采样值与施加电压值偏差符合相关设计规范或厂家技术文件要求。 4. 功率模块信测试 (1) 功率模块内部阀电子电路元器件完好，板卡固定螺栓无松动，无放电痕迹，无氧化现象。 (2) 功率模块内部配线固定良好，板卡接线连接可靠，无松脱。 (3) 功率模块连接测试装置，后台能够显示功率模块正确的状态信息并能够复位掉测试功率模块的模拟故障。 5. 旁路接触器性能检测 (1) 功率模块内部阀电子电路元器件完好，板卡固定螺栓无松动，无放电痕迹，无氧化现象。 (2) 功率模块内部配线固定良好，板卡接线连接可靠，无松脱。 (3) 功率模块连接测试装置，旁路接触器能够正确动作，观察功率模块旁路接触器的动作值符合设计规范或厂家技术要求	1年	建议投运初期每年抽检全部数量的1/6，6个桥臂均匀抽检。全部抽检完后可视情况按定检执行

续表

序号	维护项目	检修要求	周期	备注
7	漏水报警	（1）漏水检测装置接线连接可靠，无松脱。 （2）人工模拟漏水，阀控系统正常报警，排除漏水，阀控系统正常报警复归	1年	全部抽检
8	光缆传输功率测量	（1）检查光纤弯曲正常，表面无折痕及裂纹，光纤表面及法兰无油脂性污秽物。 （2）连接测试装置，衰减值满足相关设计规范或符合生产厂家技术文件要求	1年	建议投运初期每年抽检全部数量的1/6，6个桥臂均匀抽检。全部抽检完后可视情况按定检执行
9	冷却水管等电位电极检查	（1）电极等电位配线固定良好，无松脱。 （2）等电位电极外观无受热变色，密封圈无老化。 （3）电极于管内水中部分表面无吸附性锈蚀物。 （4）等电位电极表面结垢厚度达到2mm则需对均压电极进行更换	1年	在高端阀组和低端阀组中各抽取一个阀塔进行抽检
10	绝缘子检查	检查绝缘子伞裙、绝缘柱面表面无裂纹、电蚀和闪络痕迹，无严重污秽物	1年	随机抽检数量百分比不小于10%，一旦发现有损伤现象应全检
11	阀控设备检查	（1）屏柜内各机箱工作电源符合要求。 （2）屏柜内各机箱风扇运行正常。 （3）屏柜内柜照明正常。 （4）设备表面无灰尘。 （5）上位机工作正常	1年	
12	故障板块更换	经分析确定，肯定或者可能是发生了板卡硬件故障，为了保证系统正常运行需要更换板卡	1年	

二、小修项目及周期

小修项目及周期见表3-22。

表3-22　　小修项目及周期

序号	检修项目	检修要求	周期	备注
1	外观检查	（1）检查绝缘子表面无裂纹、电蚀、污秽和闪络痕迹。 （2）检查等电位线表面无过热变色和闪络痕迹，接线可靠、无松动。 （3）通信光缆检查。 1）光纤槽盒安装牢固、无松动，光纤外表无损伤。 2）备用光纤保护帽齐全，备用光纤固定可靠。 3）光纤连接接头正确插入，锁扣到位，光纤弯曲度正常。 （4）电气连接检查。 1）功率模块间、阀塔层间、阀塔间连接母线无异常变形，搭接处无过热变色，螺栓连接紧固、无松动，螺栓力矩值符合要求。 2）均压环、屏蔽罩的固定螺栓连接紧固、无松动。 （5）水管检查。 1）阀塔水管表面完好、无损伤。 2）阀塔水管连接法兰处无渗漏，法兰连接密封垫无老化，连接螺栓无松动。	实际需求	可参考DL/T 1513—2016《柔性直流输电用电压源型换流阀电气试验》中第5章、第6章、第7章的要求进行

续表

序号	检修项目	检修要求	周期	备注
1	外观检查	3）功率模块水管无异常扭曲，表面无损伤，连接点无渗漏，连接螺母无松动。 4）管路阀门开关位置正确，外观无缺陷、无渗漏。 5）管路排气阀外观完好、无缺陷，排气出口无异常水滴出。 （6）功率模块电容器检查。 1）外表面平整、无损伤，无鼓包变形。 2）测量电容容值，符合产品技术要求。 （7）阀塔地面接水槽。 1）接水槽支撑完好，无异常位移。 2）接水槽表面光洁、无积污，无放电闪络现象。 3）配线无异常高温变色，无放电闪络现象	实际需求	可参考 DL/T 1513—2016《柔性直流输电用电压源型换流阀电气试验》中第5章、第6章、第7章的要求进行
2	接线检查	（1）功率模块间、阀塔层间、阀塔间连接母线排及安装螺栓安装正确，符合标准。 （2）母线排载流搭接处螺栓连接紧固、无松动，螺栓力矩值符合要求。 （3）使用回路电阻测试仪检测连接部位的接触电阻，确保接触电阻符合技术规范和实际运行要求		
3	阀支架绝缘检查&试验	（1）检查绝缘子伞裙、绝缘柱面表面无裂纹、电蚀和闪络痕迹，无严重污秽物。 （2）水管。 1）阀塔S水管表面完好、无损伤。 2）阀塔S水管连接法兰处无渗漏，法兰连接密封垫无老化，连接螺栓无松动。 （3）通信光缆槽盒。 1）光纤槽盒安装牢固、无松动。 2）光纤弯曲度正常，备用光纤固定可靠。 （4）采用超声波探伤仪检测绝缘子，应无损伤、缺陷。 （5）采用耐压试验设备对阀支架进行耐压绝缘试验，试验参考 DL/T 1513 中 5.8.3.2 或 5.8.3.3 内容，结果须满足相关设计规范或符合生产厂家技术文件要求（根据现场实际情况选择性实施）		
4	阀塔水路压力试验	（1）阀塔水管表面完好、无损伤；固定螺栓无松动。 （2）阀塔水管连接法兰处无渗漏，法兰连接密封垫无老化，连接螺栓无松动。 （3）功率模块水管无异常扭曲，表面无损伤，连接点无渗漏，连接螺母无松动。 （4）采用静态加压法，使阀塔供水压力增达到正常运行压力值的1.1倍，时间持续不小于1h，观察管道及法兰连接处无渗漏，压力变化符合要求值		
5	光纤损耗测量	（1）检查光纤弯曲正常，表面无折痕及裂纹，光纤表面及法兰无油脂性污秽物。 （2）连接光纤功率衰减测试装置，衰减值满足相关设计规范或符合生产厂家技术文件要求。		

续表

序号	检修项目	检修要求	周期	备注
6	阀级（功率模块）功能试验	（1）IGBT导通测试。 1）检查功率模块阀电子电路元器件完好，板卡固定螺栓无松动。 2）功率模块内部配线固定良好，板卡接线连接可靠，无松脱。 3）功率模块主控板工作无异常。 4）功率模块连接测试装置进行测试，测试结果满足相关设计规范或符合生产厂家技术文件要求。 （2）功率模块旁路功能测试。 1）功率模块内部阀电子电路元器件完好，板卡固定螺栓无松动，无放电痕迹，无氧化现象。 2）功率模块内部配线固定良好，板卡接线连接可靠，无松脱。 3）功率模块主控板工作无异常。 4）功率模块连接测试装置进行测试，测试结果满足相关设计规范或符合生产厂家技术文件要求。 （3）直流电压采样测试。 1）功率模块内部阀电子电路元器件完好，板卡固定螺栓无松动，无放电痕迹，无氧化现象。 2）功率模块内部配线固定良好，板卡接线连接可靠，无松脱。 3）功率模块主控板工作无异常。 4）功率模块连接测试装置，电压采样回路无异常，满足相关设计规范或符合生产厂家技术文件要求。 （4）功率模块通信测试。 1）功率模块内部阀电子电路元器件完好，板卡固定螺栓无松动，无放电痕迹，无氧化现象。 2）功率模块内部配线固定良好，板卡接线连接可靠，无松脱。 3）功率模块主控板工作无异常。 4）功率模块连接测试装置，观察SCADA显示电压与施加电压一致，能够复位掉测试功率模块的模拟故障，满足相关设计规范或符合生产厂家技术文件要求。 （5）旁路接触器性能检测。 1）功率模块内部阀电子电路元器件完好，板卡固定螺栓无松动，无放电痕迹，无氧化现象。 2）功率模块内部配线固定良好，板卡接线连接可靠，无松脱。 3）功率模块主控板工作无异常。 （6）取能电源检测。 1）功率模块内部阀电子电路元器件完好，板卡固定螺栓无松动，无放电痕迹，无氧化现象。 2）功率模块内部配线固定良好，板卡接线连接可靠，无松脱。 3）功率模块连接测试装置，观察功率模块无取能电源故障报警，满足相关设计规范或符合生产厂家技术文件要求	实际需求	可参考DL/T 1513—2016《柔性直流输电用电压源型换流阀电气试验》中第5章、第6章、第7章的要求进行
7	故障板块更换	经分析确定，肯定或者可能是发生了板卡硬件故障，为了保证系统正常运行需要更换板卡		

续表

序号	检修项目	检修要求	周期	备注
8	阀控设备检查	（1）屏柜内各机箱工作电源符合要求。 （2）屏柜内各机箱风扇运行正常。 （3）屏柜内柜照明正常。 （4）设备表面无灰尘。 （5）上位机工作正常。 （6）通信光纤外观无缺陷，弯曲自然，无挤压现象	实际需求	可参考 DL/T 1513—2016《柔性直流输电用电压源型换流阀电气试验》中第 5 章、第 6 章、第 7 章的要求进行

三、大修项目及周期

大修项目及周期见表 3-23。

表 3-23　　大修项目及周期

序号	检修项目	检修要求	周期	备注
1	外观检查	（1）绝缘子检查表面无裂纹、电蚀、污秽和闪络痕迹。 （2）等电位线检查表面无过热变色和闪络痕迹、接线可靠、无松动。 （3）通信光缆检查。 1）光纤槽盒安装牢固、无松动，光纤外表无损伤，光纤排列整齐。 2）备用光纤保护帽齐全，备用光纤固定可靠。 3）光纤连接接头正确插入，锁扣到位，光纤弯曲度正常。 （4）电气连接检查。 1）功率模块间、阀塔层间、阀塔间连接母线无异常变形，搭接处无过热变色，螺栓连接紧固、无松动，螺栓力矩值符合要求。 2）均压环、屏蔽罩的固定螺栓连接紧固、无松动。 （5）水管检查。 1）阀塔水管表面完好、无损伤。 2）阀塔水管连接法兰处无渗漏，法兰连接密封垫无老化，连接螺栓无松动。 3）功率模块水管无异常扭曲，表面无损伤，连接点无渗漏，连接螺母无松动。 4）管路阀门开关位置正确，外观无缺陷、无渗漏。 5）管路排气阀外观完好无缺陷，排气出口无异常水滴出。 （6）功率模块电容器检查。 1）外表面平整、无损伤，无鼓包变形。 2）测量电容容值，符合产品技术要求。 （7）阀塔地面接水槽。 1）接水槽支撑完好，无异常位移。 2）接水槽表面光洁、无积污，无放电闪络现象。 3）配线无异常高温变色，无放电闪络现象	实际需求	可参考 DL/T 1513—2016《柔性直流输电用电压源型换流阀电气试验》中第 5 章、第 6 章、第 7 章的要求进行
2	接线检查	（1）功率模块间、阀塔层间、阀塔间连接母线排及安装螺栓安装正确，符合标准。 （2）功率模块间、阀塔层间、阀塔间连接母线排无异常形变，载流搭接处无过热变色。 （3）母线排载流搭接处螺栓连接紧固、无松动，螺栓力矩值符合要求		

续表

序号	检修项目	检修要求	周期	备注
3	直流耐压试验	（1）检验阀元件是否能耐受规定的电压值，该电压值对应于阀电压最大值。其耐压值、耐受时间满足设备技术规范要求。 （2）按照DL/T 1513的要求进行，电压源换流器主要部件的出厂试验（设备例行试验）、现场交接试验		
4	局部放电试验	同直流耐压试验并列进行，满足相关设计规范或符合生产厂家技术文件要求		
5	功率模块开通关断试验	每个功率模块内部的可关断阀器件能够按照指令正确开通和关断，满足相关设计规范或符合生产厂家技术文件要求		
6	阀支架绝缘试验	（1）阀支架对交流和/或直流电压的绝缘性能满足设备技术规范。 （2）5000V绝缘电阻表测试阻值不小于冷却水的对地阻值或符合设计规范或厂家技术要求		
7	光纤损耗测量	（1）检查光纤弯曲正常，表面无折痕及裂纹，光纤表面及法兰无油脂性污秽物。 （2）连接光纤功率衰减测试装置，衰减值满足相关设计规范或符合生产厂家技术文件要求		
8	阀级（功率模块）功能试验	阀级的基本功能正常，具体包括：阀级内部电子电路工作正常、阀级内部的可关断阀器件能够按照指令正确开通和关断、阀级旁路开关能够按照指令正确动作、阀级与阀控制单元之间的通信正常，满足相关设计规范或符合生产厂家技术文件要求	实际需求	可参考DL/T 1513—2016《柔性直流输电用电压源型换流阀电气试验》中第5章、第6章、第7章的要求进行
9	阀塔水路压力试验	（1）阀塔水管表面完好、无损伤；固定螺栓无松动。 （2）阀塔水管连接法兰处无渗漏，法兰连接密封垫无老化，连接螺栓无松动。 （3）功率模块水管无异常扭曲，表面无损伤，连接点无渗漏，连接螺母无松动。 （4）采用静态加压法，使阀塔供水压力增大到正常运行压力值的1.1倍，时间持续不小于1h，观察管道及法兰连接处无渗漏，压力变化符合要求值		
10	阀控设备检查	（1）屏柜内各机箱工作电源符合要求。 （2）屏柜内各机箱风扇运行正常。 （3）屏柜内柜照明正常。 （4）设备表面无灰尘。 （5）上位机工作正常。 （6）通信光纤外观无缺陷，弯曲自然，无挤压现象		
11	故障板块更换	经分析确定，肯定或者可能是发生了板卡硬件故障，为了保证系统正常运行需要更换板卡		
12	更换故障机箱	经分析确定，肯定或者可能是发生了机箱硬件故障，为了保证系统正常运行需要更换机箱		
13	升级板卡程序	增加了换流阀级控制保护功能，修复了软件BUG，或者要更换板卡前		

第四节　典型问题分析——极1 VSC2 A相上桥臂29号子模块旁路分析说明

一、缺陷概况

2022 年 9 月 29 日 18 时，姑苏换流站进行 VSC2 极 1 换流阀充电调试，2022-09-29 18：42：46.540 换流阀“充电信号出现”，2022-09-29 18：44：04.265 报出子模块欠电压故障，欠电压故障 3ms 后报出开关合位。

二、缺陷分析

追溯该子模块出厂测试、现场功能测试情况，均无异常。

换流阀厅转检修后，对故障子模块进行了检查，故障子模块编号：BNR2103900216004，万用表量取子模块输出端口状态，检查发现上管 IGBT1 的 CE 间呈现低阻抗状态，下管 IGBT 阻抗无异常。子模块返厂解体后测量阻抗如图 3-81 所示。

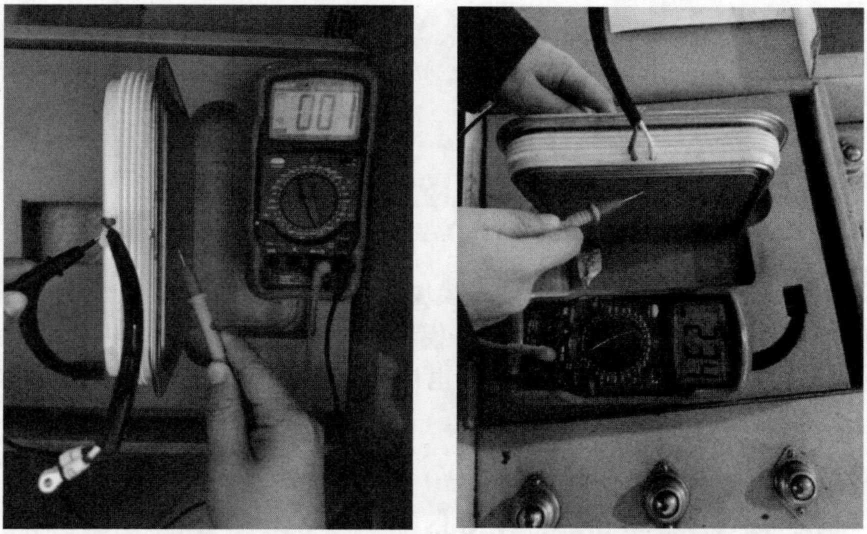

(a)　　　　(b)

图 3-81　子模块返厂解体后测量阻抗

(a) 测量上管阻抗；(b) 测量下管阻抗

返厂检查，子模块的外观、接线检查无异常。分开子模块的旁路开关，利用万用表测量，子模块上管 IGBT 的集电极和发射极间（CE）呈现低阻抗状态，判断 IGBT CE 短路失效，IGBT 外观无异常。下管 IGBT 的 CE 正常。

解开的驱动接线后，对驱动板进行触发冲试验，驱动输出无异常，驱动板卡功能正常。

子模块解体后，IGBT 的测量情况如图 3-81 所示，上管 IGBT 呈现低阻抗状态，下管无异常。直流电容器、晶闸管及旁路开关检测无异常。

本次故障的子模块故障发生在换流阀安装完成后的首次系统充电，在可控充电过程中极 1A 相上桥臂 29 号子模块欠电压保护。结合厂内的子模块元件检测，子模块的故障分析为子模块充电中上管（IGBT1）发生失效。

当上管失效后，子模块电流正方向时，桥臂中子模块通过上管的二极管给子模块的电容器充电，子模块电流负方向时，故障子模块通过电容器、上管失效器件构成放电回路，下管的二极管承受反向电压截止。子模块的充放电示意图如图 3-82 所示。子模块电容两端并联的均压电阻及取能回路使得电容进一步放电。上管未失效的子模块，子模块电流负方向时，充电电流流经下管的二极管，电容不流过放电方向电流。

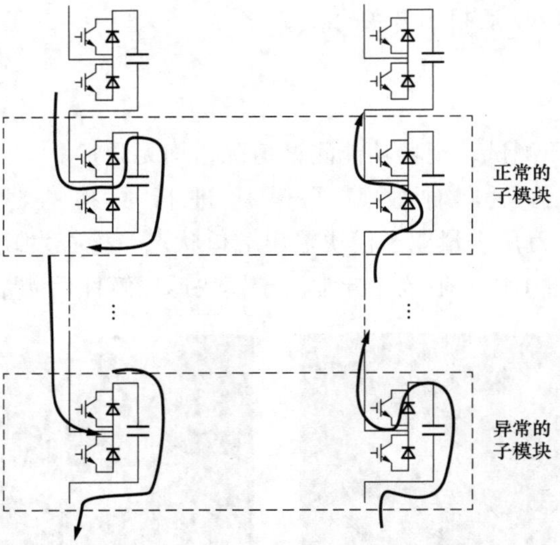

图 3-82　上管短路失效后充放电回路

子模块在充电过程中上管失效后，子模块的电容电压会逐渐衰减。子模块旁路前异常子模块的电压已经跌落至 600V，正常子模块的充电电压为 1730V 左右。当子模块电压低于欠电压保护（600V）后，子模块欠电压保护动作子模块旁路。故障旁路前故障子模块电压情况如图 3-83 所示。

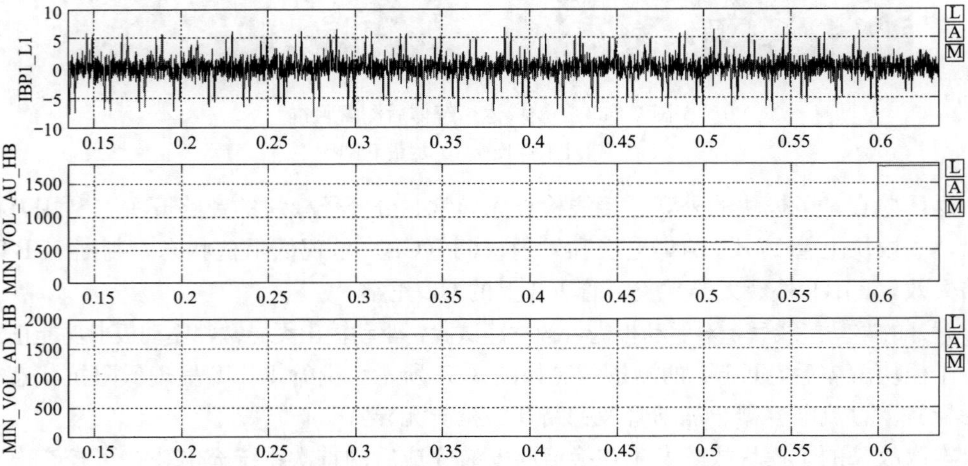

图 3-83　故障旁路前故障子模块电压情况

三、处理结果

现场对 VSC2 极 1A 相上桥臂 29 号子模块进行了更换，换流阀充电、运行正常。

本例故障过程分析为 29 号子模块充电过程中上管 IGBT 器件发生了元件失效，导致子模块无法正常充电，子模块电容电压逐渐衰减至欠电压保护（600V）门槛以下，子模块欠电压保护动作旁路。

2022 年 10 月 17 日株洲中车收到常州博瑞返回压接式 IGBT 模块 1 只，模块开盖后管盖和子单元有烧损熏黑痕迹，失效定位所有 4 颗 IGBT 失效，1 颗 FRD（反并联二极管）失效，左下角区域烧损较严重，其中 IGBT1 和 FRD1 金属层烧损较严重，结合烧损形貌判断 IGBT1 子单元为失效起始位置，其余失效子单元有不同程度烧损。

结合模块失效时刻的工况信息和解剖形貌分析，模块发生在充电过程失效，推测失效原因为 IGBT1 子单元在充电过程中发生电压击穿失效，形成直通短路最后造成模块电流失效。IGBT 拆解图及失效子单元分布如图 3-84 所示。

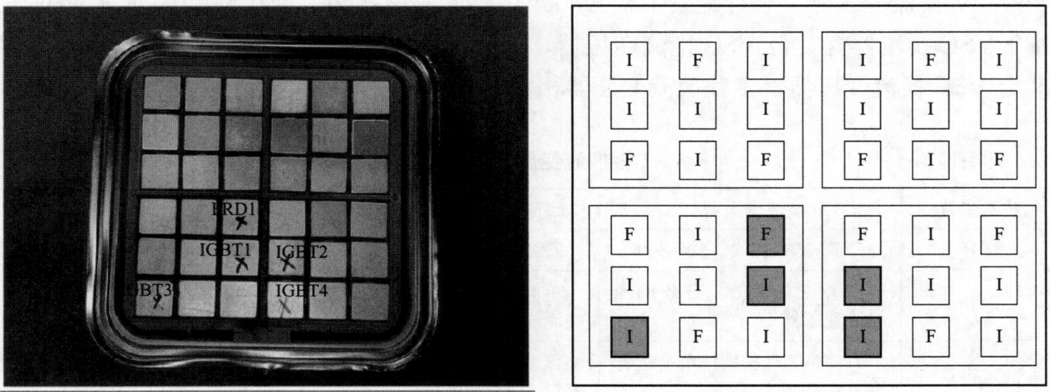

图 3-84　IGBT 拆解图及失效子单元分布图

第四章 换 流 变 压 器

第一节 换流变压器概述

姑苏站每个完整单极采用高端 1 个 LCC 换流器串联低端 3 个并联 VSC 换流器的混合级联接线方式。

全站配置两个 LCC 换流器和 6 个 VSC 换流器。每个 LCC 换流器含 3 台±800kV 换流变压器和 3 台±600kV 换流变压器，另外备用 1 台±800kV 换流变压器和 1 台±600kV 换流变压器，合计配置 7 台±800kV 换流变压器和 7 台±600kV 换流变压器。每个 VSC 换流器含 3 台 VSC 换流变压器，另外备用 1 台 VSC 换流变压器，合计配置 19 台 VSC 换流变压器。工程换流变压器相关参数见表 4-1。

表 4-1　　工程换流变压器相关参数

技术参数	±800 换流变压器	±600 换流变压器	VSC 换流变压器
型号	ZZDFPZ-415000/500-800	ZZDFPZ-415000/500-600	ZRDFPZ-375000/500-400
形式	单相、双绕组、有载调压换流变压器	单相、双绕组、有载调压换流变压器	单相、双绕组、有载调压换流变压器
额定容量	415MVA（长期满负荷运行容量 380.4MVA）	415MVA（长期满负荷运行容量 380.4MVA）	375MVA
额定电压	网侧 510（+18，−6）×1.25%/$\sqrt{3}$ kV，阀侧 161.41/$\sqrt{3}$ kV	网侧 510（+18，−6）×1.25%/$\sqrt{3}$ kV，阀侧 161.41kV	网侧 510（+24，−6）×1.25%/$\sqrt{3}$ kV，阀侧 182.6kV
频率	50Hz	50Hz	50Hz
联结组别	Ii0（YNy0）	Ii0（YNd11）	Ii0（YNd11）
冷却方式	ODAF	ODAF	ODAF
温升限值	顶层油温升：49K。 绕组平均温升：54K。 绕组热点温升：67K。 油箱、铁心及结构件温升：74K	顶层油温升：49K。 绕组平均温升：54K。 绕组热点温升：67K。 油箱、铁心及结构件温升：74K	顶层油温升：40K。 绕组平均温升：54K。 绕组热点温升：67K。 油箱、铁心及结构件温升：69K
网侧	SI1240 LI1630 AC710kV	SI1240 LI1630 AC710kV	SI1240 LI1630 AC710kV
网侧末端	LI185 AC95kV	LI185 AC95kV	LI185 AC95kV
阀侧	SI1675 LI1870 AC944（1h）DC1304 DCPR1008kV	SI1425 LI1600 AC719（1h）DC985 DCPR742kV	SI1050 LI1175 AC429（1h）DC563 DCPR361kV
短路阻抗	18%±0.8%	18%±0.8%	16%±0.69%

第二节 换流变压器结构组成

一、铁心结构

LCC换流变压器铁心采用单相四柱式结构（单相双主柱带旁轭），VSC换流变压器铁心采用单相三柱结构（单相单主柱带旁轭）。铁心片采用高质量、低损耗的晶粒取向冷轧硅钢片，铁心柱用半导体粘带绑扎。铁心上下夹件上均焊接有强力定位装置，最后装配时分别固定在油箱箱底和箱盖上，确保换流变压器器身在产品运输过程中不会发生移位。铁心及夹件分别单独引出至便于检修维护位置接地，避免由于静电感应在这些金属部件中产生悬浮电位引起放电。LCC换流变压器铁心结构示意如图4-1所示，VSC换流变压器铁心结构示意如图4-2所示。

图4-1 LCC换流变压器铁心结构示意图

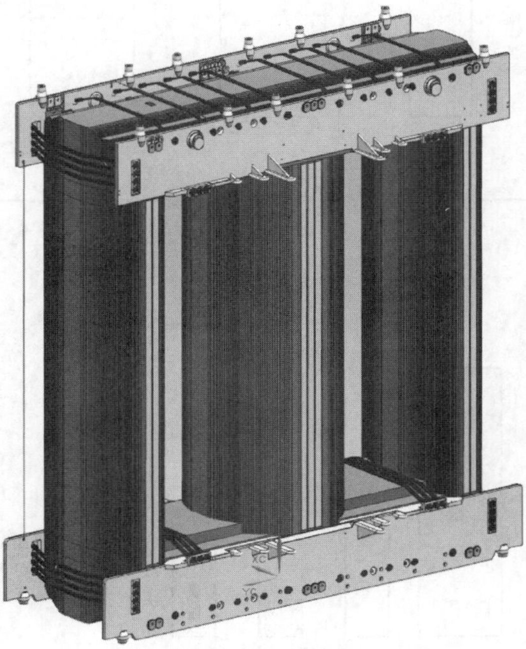

图4-2 VSC换流变压器铁心结构示意图

二、线圈结构

LCC换流变压器从铁心向外依次排列调压线圈、偏置线圈、网侧线圈及阀侧线圈，调压线圈为单螺旋式，偏置线圈为连续式，网侧线圈为纠结连续式，阀侧线圈为单层螺旋（K换位）式。VSC换流变压器从铁心向外依次排列阀侧线圈、网侧线圈及调压线圈，阀侧线圈为单螺旋（K换位）式，网侧线圈为插入屏连续式（四饼屏），中部出线，调压线圈为连续式（交错出线）。各线圈间用绝缘纸板和绝缘撑条隔离开，保证具有足够的绝缘强度，线圈在制造过程中经过严格的干燥和压装，对线圈高度进行严格控制。LCC换流变压器线圈布置如图4-3所示，VSC换流变压器线圈布置如图4-4所示。

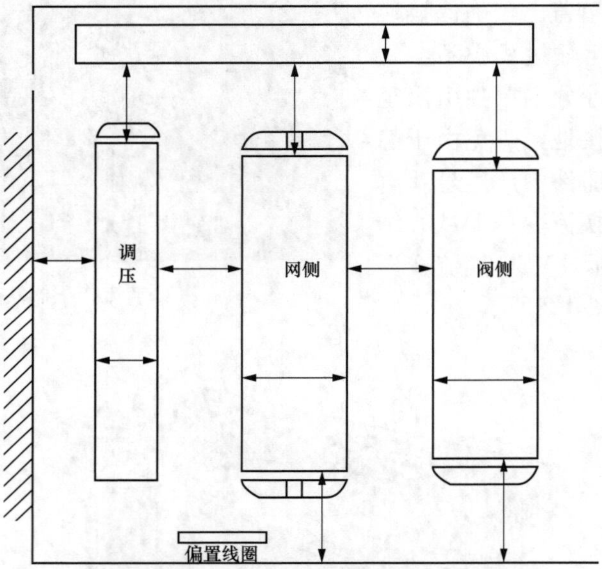

图4-3　LCC换流变压器线圈布置图

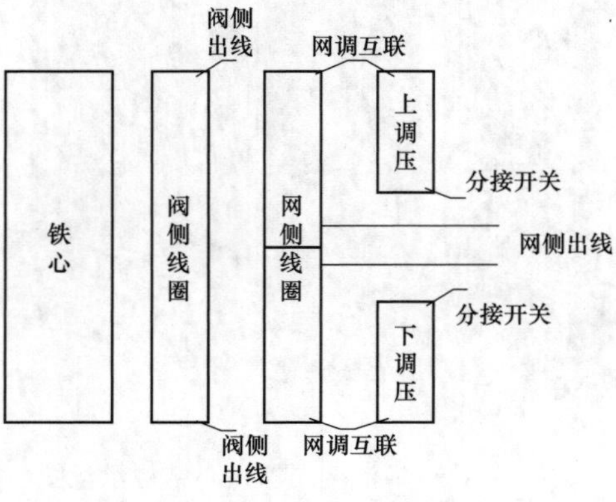

图4-4　VSC换流变压器线圈布置图

三、器身结构

器身结构紧凑，绝缘结构是根据交、直流电场的分布和绝缘材料的特性进行合理布置。器身上、下设有磁分路，通过铜带引出至夹件腹板接地。器身在压装前进行彻底的干燥处理，采用油压胀管同步压紧器身后用垫块、撑条垫实，使整个器身成为一体。不仅确保了运输及运行过程中线圈不会发生移位，同时大大提高了产品的抗短路能力。换流变压器采用强油导向冷却方式，冷却油路由冷却器、冷却器外部联管、导油管和导油腔体组成。LCC 换流变压器器身结构如图 4-5 所示，VSC 换流变压器器身结构如图 4-6 所示。

图 4-5　LCC 换流变压器器身结构

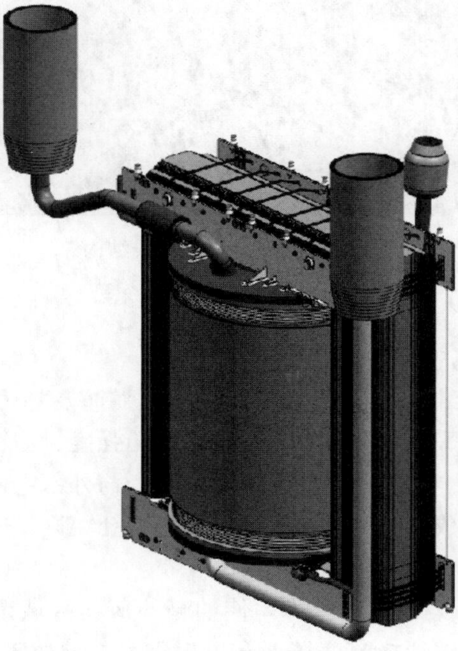

图 4-6　VSC 换流变压器器身结构

四、引线结构

网侧为端部轴向出线，两柱并联后通过出线装置引出油箱；阀侧为端部辐向出线，通过柱间连线并联。网侧引线首端通过铝屏蔽管接到网侧高压套管尾部，铝屏蔽管采用厚绝缘包扎，在套管末端的出线处安装有均压球，均压管采用整体结构，减少焊接点和连接点，提高可靠性。网侧引线末端和调压引线（单层螺旋式上下出线）接入有载调压开关，有载调压开关的流出端子接到网侧中性点套管尾部，阀侧引线通过铝屏蔽管接到阀侧套管尾部，铝屏蔽管采用厚绝缘包扎，在套管末端的出线处安装有多层瓦楞阀出线装置。

网侧引线首端和阀侧引线均采用大直径均压管引出，均压管外由绝缘纸浆、绝缘皱纸和绝缘纸板组成复合的绝缘层和隔板系统，使引线绝缘可以满足绝缘耐受电压。换流变压器引线结构如图 4-7 所示。

图 4-7　换流变压器引线结构

五、油箱结构

油箱采用桶式平箱盖结构，箱壁为平板并用加强筋及加强板进行加强。箱壁、箱底、箱盖及加强结构件均采用高强度钢板，保证油箱强度。油箱内铺设铜屏蔽，降低杂散损耗，避免结构件过热。油箱箱沿采用焊死结构，与外部组件连接结合处均用耐油橡胶圆条或耐油橡胶板来构成密封结构。箱壁上设有人孔，以便进入油箱内部进行接线和检查。

LCC 换流变压器采用柔性油箱技术，使油箱的薄弱区域得到强化，同时让刚性区域变得灵活。这一举措能够让换流变压器在发生重大内部故障时进行膨胀、吸收能量，并防止或控制潜在的破裂，可以避免由罕见的换流变压器故障对周围设备造成的火灾、油泄漏和其他风险损失。换流变压器油箱结构如图 4-8 所示。

图 4-8 换流变压器油箱结构

六、总装及附件

LCC 换流变压器网侧套管由油箱顶部引出，阀侧套管由短轴侧面引出。网侧套管采用瑞典 ABB 公司 GOP550 和 GOE380 油纸电容式套管。阀侧套管采用瑞典 ABB 公司加长型 GGF800 和 GGF600 套管，法兰部位长度为 2m，确保阀侧套管升高座不伸入阀厅，无需配置屏蔽筒。绝缘油采用中石油 KI50X。每台换流变压器安装有 4 组冷却器（每组 1 台潜油泵、4 台风扇），其中 1 组备用，布置在换流变压器短轴侧面，4 组竖直放置。储油柜位于本体油箱正上方，本体储油柜和分接开关储油柜单独配置。本体配置三个大口径型压力释放阀，网侧套管升高座和本体分接开关位置配置独立的气体继电器，网侧高压套管升高座配置快速反应气体含量检测装置。

VSC 换流变压器所有套管均由油箱顶部引出。网侧套管采用瑞典 ABB 公司 GOP550 和 GOE380 油纸电容式套管。阀侧套管采用瑞典 ABB 公司 GGF1640 套管。绝缘油采用中石油 KI50X。每台换流变压器安装有 4 组冷却器（每组 1 台潜油泵、5 台风扇），其中 1 组备用，布置在换流变压器的长轴侧面，4 组竖直放置。储油柜位于油箱斜上方，本体储油柜和分接开关储油柜单独配置。本体配置两个大口径型压力释放阀，网侧高压套管升高座配置独立的气体继电器和快速反应气体含量检测装置。LCC 换流变压器外形如图 4-9 所示，VSC 换流变压器外形如图 4-10 所示。

图 4-9 LCC 换流变压器外形图

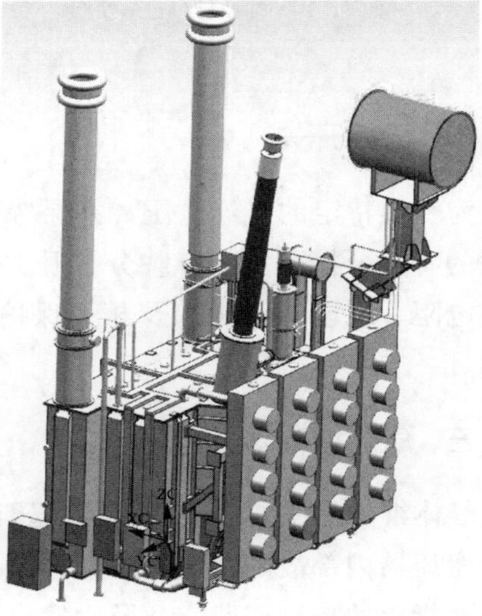

图 4-10 VSC 换流变压器外形图

第三节 换流变压器组部件

一、套管

网侧高压套管：GOP550 套管是一种电容分级的油浸纸型油对空气套管，采用拉杆式结构，其结构示意如图 4-11 所示。

阀侧套管：GGF 型产品既融合了常规电容芯体的坚固性，又加入了 SF_6 气体的冷却段，该段通过硬质环氧漆隔板与电容芯体隔开。热稳定性和冷却设计与 SF_6 气体的热特性相关。GGF 套管结构示意如图 4-12 所示。

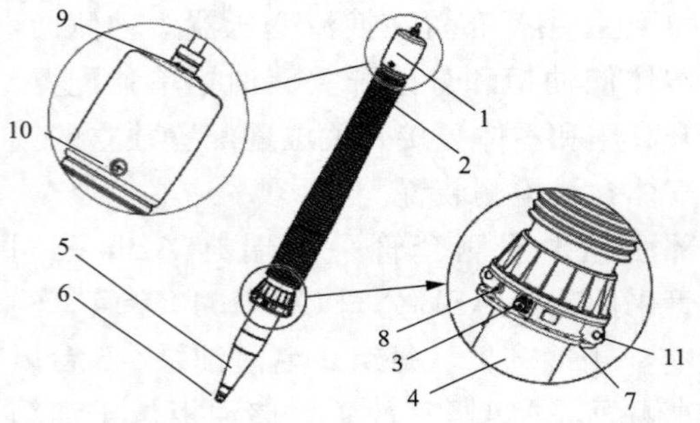

图 4-11　GOP550 套管结构示意图

1—顶部油室；2—空气侧陶瓷绝缘子；3—试验抽头；4—安装电流互感器的延伸部分；5—油侧的陶瓷绝缘子；6—底部端子；7—安装法兰；8—油品取样阀；9—油塞；10—油位计；11—吊眼

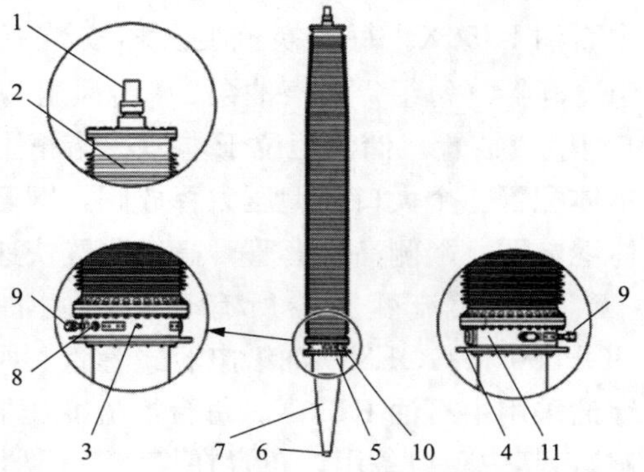

图 4-12　GGF 套管结构示意图

1—外部端子；2—外部硅胶绝缘子；3—注油阀；4—安装法兰；5—油罩；6—底部端子；7—电容芯体；8—电压抽头；9—密度监控器；10—爆破片；11—油塞/油阀

二、分接开关

为获得特定的直流电压，并保持控制角在一定范围内，换流变压器需配置调压范围大的有载分接开关。有载分接开关由选择开关、切换开关、极性开关、电位开关、过渡电阻、电动操动机构及相关保护元件等组成。有载分接开关结构示意如图 4-13 所示。

三、气体继电器

气体继电器主要安装在换流变压器油箱与储油柜的联管上或套管升高座位置。在换流变压器内部故障而使油分解产生气体或造成油流涌动时，使继电器的触点动作，以接通指定的控制回路，并及时发出信号或自动切除换流变压器。气体继电器示意如图 4-14 所示。

图 4-13　有载分接开关结构示意图

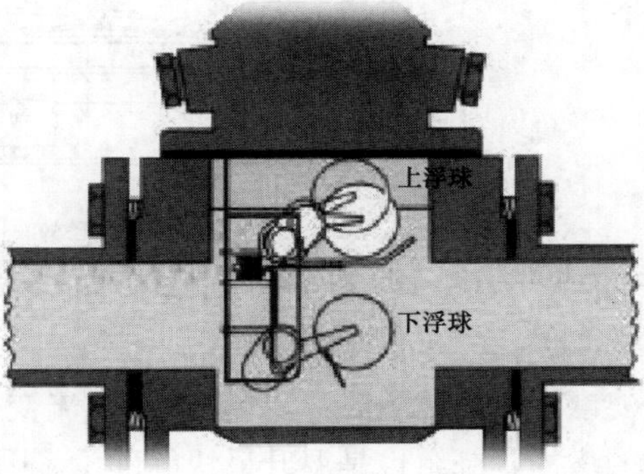

图 4-14　气体继电器示意图

轻瓦斯动作过程：当换流变压器内部出现轻微故障时，换流变压器油由于分解而产生的气体聚集在气体继电器上部的气室内，迫使其油面下降，上浮子随之下降到一定位置，其上的磁铁使干簧触点吸合，发出轻瓦斯跳闸信号。

重瓦斯动作过程：换流变压器内部出现严重故障时，油箱内绝缘油体积急剧增大，油流冲击气体继电器挡板，挡板前移，压下浮球，使干簧触点吸合，发出重瓦斯跳闸信号。或者由于渗漏造成绝缘油流失，随着液面下降，下浮子下沉，接通干簧触点，发出重瓦斯跳闸信号。

四、压力释放阀

压力释放阀是换流变压器的一种压力保护装置，当换流变压器内部有严重故障时，绝缘油分解产生大量气体。由于换流变压器基本是密闭的空间，仅靠通向储油柜的联管不能迅速有效地降低压力，如放任油箱内压力急剧升高，会导致换流变压器油箱破裂，通过压力释放阀及时打开，排出部分绝缘油，可以有效降低油箱内压力，待油箱内压力恢复后，压力释放阀将自动闭合，保持油箱的密封。压力释放阀结构示意如图 4-15 所示。

五、温度计

油面温度计：当被测温度发生变化时，由于“热胀冷缩”效应，温包内的感温液体的体积也随之变化，这一体积的变化量通过毛细管传递至表头内的弹性元件内，使得弹性元件发生一相应的位移，该位移通过机构放大后，即可带动表头指针指示为被测温度。

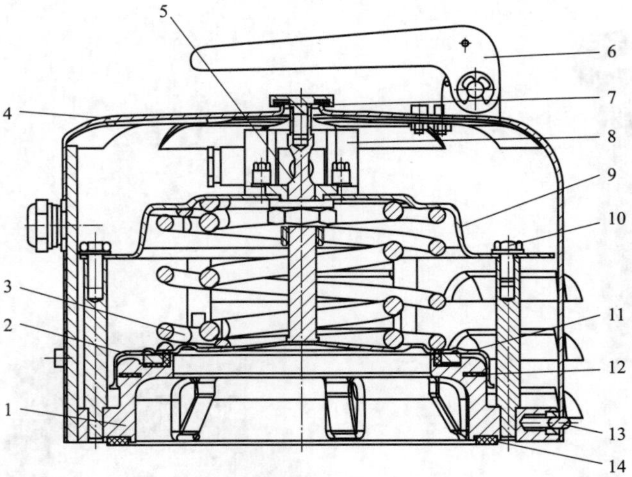

图 4-15　压力释放阀结构示意图

1—外罩；2—密封垫；3—弹簧组；4—外罩；5—信号杆；6—信号杆把手；7—信号杆顶帽；8—微动开关；9—压盖；10—螺栓；11—阀盘；12—侧边密封垫；13—止动销；14—密封垫

绕组温度计（简称绕温计）：绕组是换流变压器内部温度最高的部位，随着换流变压器负载的增加，绕组也是温升最快的部位。因此为了能够全面地控制换流变压器内部的温度参数，必须测量绕组的温度。由于高电压的原因，直接在绕组附近放置传感器是很危险的，可以采用间接的方法来测量绕组的温度。绕组温度计是利用“热模拟”方式来“模拟”显示出绕组温度，它是在油面温度计的基础上，加装对应铜油温差的电热元件，从而达到模拟显示换流变压器绕组的温度。绕组温度计示意如图 4-16 所示。

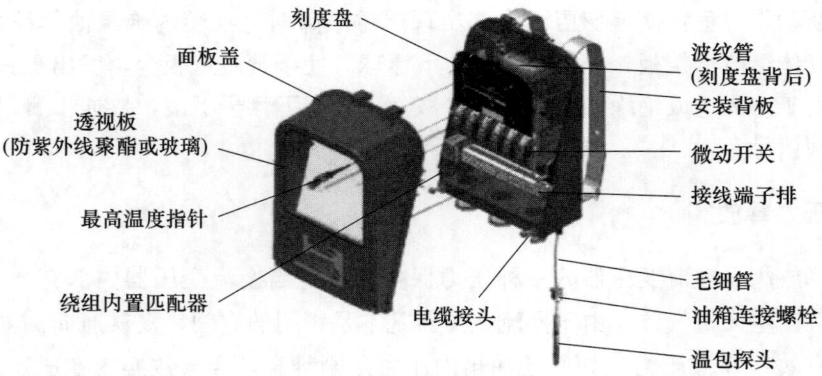

图 4-16　绕组温度计示意图

六、油位计

因为环境温度的变化和换流变压器参数变化以及冷却装置的运行状况不同，致使油温发生变化从而使换流变压器的绝缘油膨胀或收缩。油位计可以将储油柜的油位在表盘上指示出来，本体和分接开关储油柜分别配置油位计，每个油位计包括两个低油位报警和两个高油位报警节点，还包括一个 4～20mA 模拟量信号。

德国 Messko 公司油位计：油位计用于间接显示储油柜内的油位，通常安装在储油柜两端部的法兰上。随着油位的变化，油位计浮子的升降带动浮杆，从而驱动联动轴，联动轴的运动使得磁铁相互耦合作用，这个作用力使得指针也跟着一起转动，两块磁铁分别安装在储油柜外壳端部的内外两侧。Messko 油位计示意如图 4-17 所示。

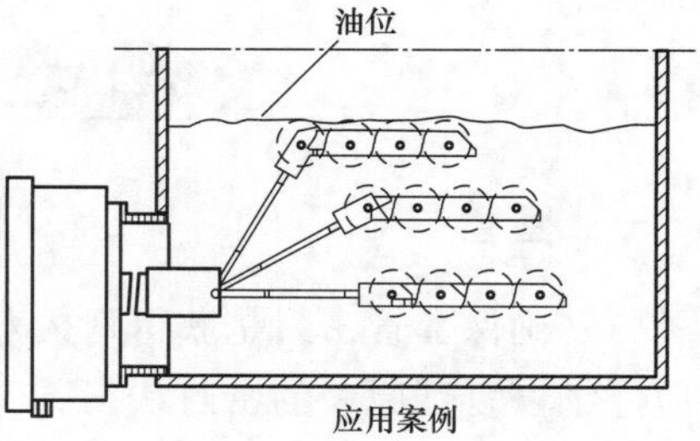

图 4-17　Messko 油位计示意图

日本 AKM 公司油位计：储油柜油位由一个浮子的位置检测，浮子带动一个用螺栓安装在储油柜上法兰安装件中的连杆。内外两部分的连接是用柔软的金属波纹管密封的，法兰安装件将浮子连杆的转动传到指示仪表的液压系统。AKM 油位计示意如图 4-18 所示。

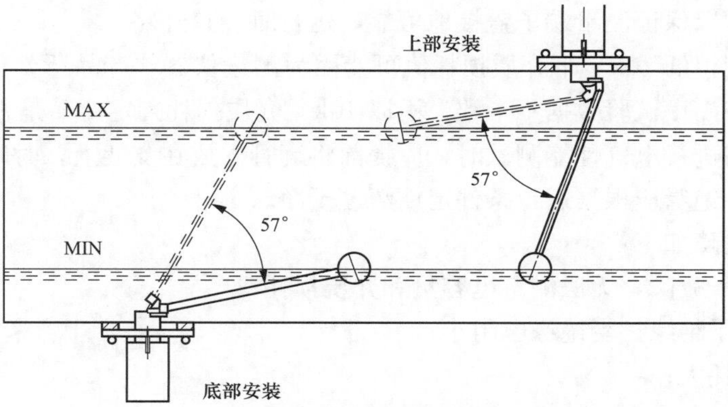

图 4-18　AKM 油位计示意图

七、呼吸器

呼吸器是用来隔离换流变压器内部胶囊或绝缘油使其免受外部空气中水分影响的。免维护呼吸器具体工作过程如下：①空气进入变压器前，首先通过呼吸器的硅胶干燥剂干燥；②当硅胶水分饱和后内置加热器基于阈值设定会启动加热；③硅胶内的水分将在管壁处凝结；④在呼气过程中，凝结在管壁的水分通过重力作用在底部排出。免维护式呼吸器内置压力及温湿度传感器。当压力传感器检测到变压器吸气时，电磁阀打开，空气中的水分经过硅胶颗粒吸收，保证进入变压器的气体为干燥状态。当硅胶颗粒湿度达到设定阈值时，加热器启动加热。加热产生的水蒸气散发到玻璃管壁上，因管壁温差凝结成水雾。水雾冷凝积聚成水珠后，通过重力作用在底部排出。免维护式呼吸器示意如图 4-19 所示。

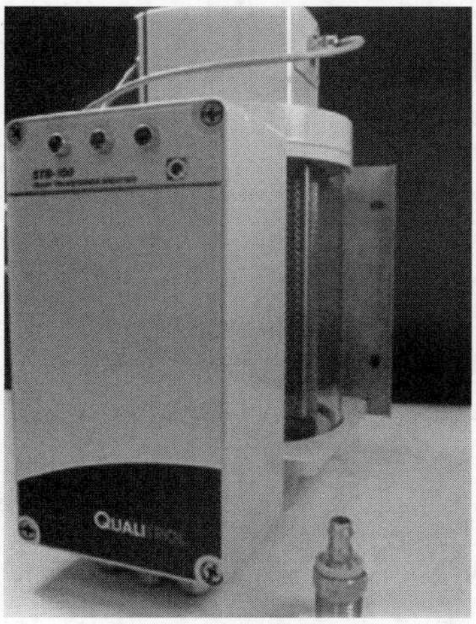

图 4-19　免维护式呼吸器示意图

第四节　设备检修与维护

一、套管

（1）确保套管密封是获得耐久寿命的关键。用户在安装、维护中所动的密封结构位置应仔细恢复到原来的密封状态。

（2）油位控制与调整。运行时可定期通过头部油位视窗观察套管油位的变化，过高或过低均需要调节。油位过高时，可从法兰取油塞放出适量油；油位过低时，应从储油柜的注油口加入与铭牌一致的、经处理合格的变压器油。

（3）介质损耗和局部放电量的测量。套管安装法兰处设有测量端子，供测量套管介质损耗和局部放电时使用，测量时旋下端子盖，这时接线柱与法兰绝缘。测量完毕，端子盖必须罩上，以保证测量端子盖接地可靠，运行时严禁开路。

（4）现场测得的10kV下介质损耗值可能因为测量仪器、产品所处位置以及测量环境等的影响，与出厂试验数据不一致。不以10kV介质损耗判定产品是否可用。

（5）套管需进行电气性能测试时，应提前将套管立放在支架上，时间不少于24h。

（6）套管外绝缘应根据运行条件定期清理干净。

（7）常见故障如下：

1）测量端子故障，无法测量电容量和介质损耗；

2）测量端子绝缘护套绝缘电阻小；

3）介质损耗大；

4）局部放电大；

5）渗漏油；

6）均压球表面受损。

二、分接开关

（1）检查门密封、电缆套管和电动机构保护机箱的通风装置。

（2）检查分接开关头、保护继电器和管路各接头的密封性。

（3）检查电动机构保护机箱内安装的电加热器能否正常工作。

（4）检查保护继电器是否能正常工作。

（5）检查有载分接开关储油柜的硅胶干燥剂状态是否良好。

（6）检查安装在绕组中性点位置的有载分接开关的绝缘油质量。

三、气体继电器

（1）目视检查是否有锈迹、腐蚀、涂漆层剥皮、损坏。

（2）从检视窗目视检查是否存在瓦斯聚集。如有瓦斯聚集，需进行瓦斯释放。

（3）触点动作测试。

（4）检查二次回路绝缘电阻，应不小于2MΩ。

四、压力释放阀

(1) 目视检查排油管的底部是否有油溢出的痕迹。
(2) 目视检查机械指示杆是否有动作。
(3) 目视检查是否有锈迹、腐蚀、涂漆层剥皮、损坏。
(4) 触点动作测试。
(5) 检查二次回路绝缘电阻，应不小于 2MΩ。

五、温度计

(1) 油温度计。
1) 目视检查玻璃内部是否有凝结。
2) 目视检查是否有锈迹、腐蚀、涂漆层剥皮、损坏。
3) 检查二次回路绝缘电阻，应不小于 2MΩ。
4) 油温度计特性校验。
(2) 绕组温度计。
1) 目视检查玻璃内部是否有凝结。
2) 目视检查是否有锈迹、腐蚀、涂漆层剥皮、损坏。
3) 检查二次回路绝缘电阻，应不小于 2MΩ。
4) 油温度计特性校验。

六、油位计

(1) 目视检查玻璃内部是否有凝结。
(2) 目视检查是否有锈迹、腐蚀、涂漆层剥皮、损坏。
(3) 检查二次回路绝缘电阻，应不小于 2MΩ。

七、呼吸器

(1) 油杯的拆卸方法：油杯的固定是通过连接螺纹连接，拆卸时首先将紧固螺钉拧松，将油杯按逆时针方向拧下。安装时方向及程序与拆卸时相反。

(2) 油杯中变压器油、吸附剂的更换方法：当观察到油杯中变压器油变浑浊时，需要及时更换油、吸附剂。其更换方法是：按上面第（1）条取下油杯，将油及吸附剂倒出，倒入清洁干燥的油及吸附剂。再按上面第（1）条装上油杯。确保油面线符合要求。

(3) 净化室吸湿剂的更换方法：当观察到净化室中的显色硅胶变成浅红色时，可将出料口密封盖拧开，吸湿剂由此排出（注意：开盖时先将装料袋对准出料口，以免开盖后吸湿剂散落），再将出料口盖拧紧。装料时，拧开进料口密封盖，将干燥的吸湿剂装填满后拧紧进料口密封盖。

八、冷却器

(1) 检查冷却风机的运行声音。

(2) 检查冷却风机的运行状态。

(3) 观察螺栓的紧固情况、叶片磨损、电线表皮破损。

(4) 用电阻测量仪器测量电机出线盒端子与电机外壳间的电阻不小于1MΩ。

第五节 典型问题分析——低端换流变压器阀侧套管末屏电压值异常

一、缺陷概况

2022年9月29日，姑苏站极1低端换流器VSC2站系统调试，其间在故障录波后台发现，B相换流变压器阀侧首端末屏电压U_b波形产生畸变，电压有效值39V，其余测点电压有效值均为59V左右。2022年10月1日18时，进行姑苏站极2低端VSC2换流变压器第一次带电试验，其间在故障录波后台发现，C相换流变压器阀侧末端末屏电压U_c波形产生畸变，电压有效值只有其他5个阀侧套管末屏电压的三分之一左右。查阅之前其他4个阀组充电或OLT试验时的阀侧末端和首端末屏电压波形，发现极2低端VSC1换流变压器B相阀侧首端末屏测量电压U_b为49V，也低于其他测点值。

二、缺陷分析

1. 极1低端换流变压器VSC2-B相阀侧套管首端末屏分压器检查

综合调试计划与天气状况，于2022年10月4日16时左右，检修班、厂家和施工单位登上极1低端换流变压器VSC2-B相进行阀侧套管首端末屏分压器检查。

首先检查末屏分压器外观，防雨罩安装可靠，二次电缆保护管完好，格兰头密封良好。拆除防雨罩，发现阀侧首端套管主屏C1电容值与末屏分压器内电容不完全匹配，要求阀侧套管阀侧首端套管C1电容值在567pF至571pF之间，铭牌出厂值显示套管C1电容值为575pF。

接着进行拆盖检查，与验收照片对比，分压器盒壁四周和下部固定螺栓处存在明显的受潮锈迹，检查分压器盒封盖的密封垫完好，内部接地线和测量线连接可靠。极1低端VSC2-B相换流变压器阀侧首端套管末屏分压盒现场内部如图4-20所示。

进一步检查发现分压器盒四颗固定螺栓中有三颗螺栓存在松动现象，仅下部螺栓紧固可靠，拆卸过程中转接底座有残留积水渗出，存在明显受潮现象，搭接面两侧密封垫完好。末屏分压器盒拆卸现场如图4-21所示。

在转接座处进行末屏对地绝缘电阻进行测量，绝缘电阻值为2MΩ，明显低于要求1000MΩ。继续拆下转接座，在套管根部处继续测量末屏对地绝缘电阻，绝缘电阻值为几十吉欧，满足要求。

接着进行阀侧套管主屏和末屏的电容量和介质损耗测量，主屏的电容量和介质损耗值为558.9pF和0.320%，铭牌值为575pF和0.340%，末屏的电容量和介质损耗值为5652pF和0.252%，铭牌值为5411pF和0.230%。与铭牌值相比，电容量均满足±5%范围，介质损耗均无明显变化且满足小于0.5%的要求。

最后进行套管末屏擦拭和烘干，并更换新的转接座和分压盒，安装完毕后现场检查

图 4-20　极 1 低端 VSC2-B 相换流变压器阀侧首端套管末屏分压盒现场内部图

图 4-21　末屏分压器盒拆卸现场图

无异样撤离现场。

2. 极 2 低端换流变压器 VSC2-C 相阀侧套管末端末屏分压器检查

于 2022 年 10 月 8 日 16 时左右，检修班、厂家和施工单位登上极 2 低端换流变压器 VSC2-C 相进行阀侧套管末端末屏分压器检查。

首先检查末屏分压器外观，防雨罩安装可靠，二次电缆保护管完好，格兰头密封良好。拆除防雨罩，阀侧套管阀侧末端套管 C1 电容值在 567～571pF，铭牌出厂值显示套管 C1 电容值为 568pF。

接着进行拆盖检查，分压器下部固定螺栓处存在明显水迹，检查分压器盒封盖的密封垫完好。极 1 低端 VSC2-B 相换流变压器阀侧末端套管末屏分压器盒现场内部如图 4-22 所示。

进一步检查发现分压器盒与转接座搭接面两侧中有一侧缺少密封垫，且转接座中积水较多。末屏分压器盒拆卸现场如图 4-23 所示。

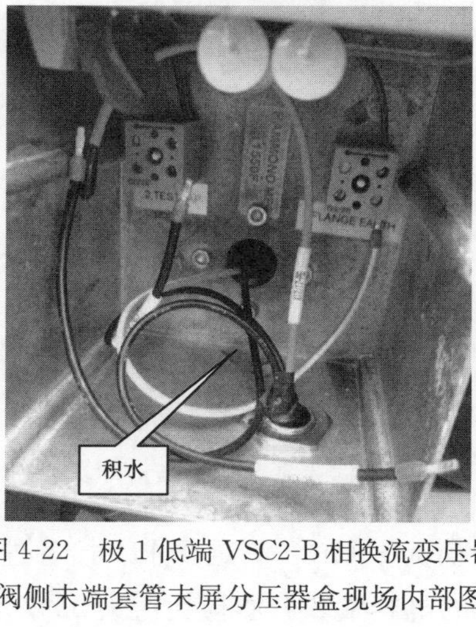

图 4-22　极 1 低端 VSC2-B 相换流变压器阀侧末端套管末屏分压器盒现场内部图

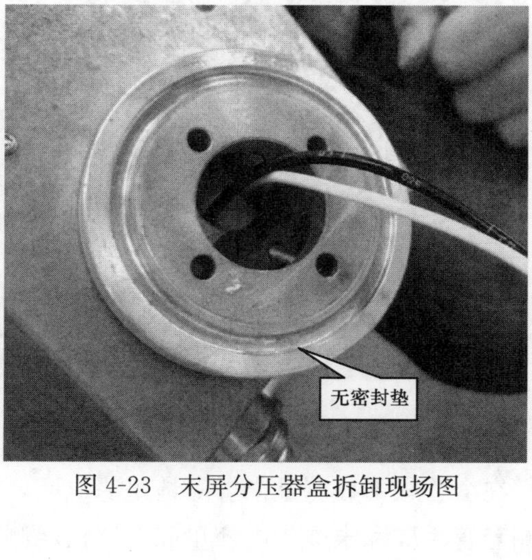

图 4-23　末屏分压器盒拆卸现场图

在套管根部处测量末屏对地绝缘电阻，绝缘电阻值为58GΩ，满足要求。接着进行阀侧套管主屏和末屏的电容量和介质损耗测量，主屏的电容量和介质损耗值为547.3pF和0.359%，铭牌值为568pF和0.340%，末屏的电容量和介质损耗值为5708pF和0.247%，铭牌值为5407pF和0.220%。与铭牌值相比，主屏电容量满足±5%范围，末屏电容量偏差为5.5%，介质损耗均无明显变化且满足小于0.5%的要求。

最后进行套管末屏擦拭和烘干，并更换新的转接座和分压器盒，安装防雨罩完毕后现场检查无异样撤离现场。

3. 极2低端换流变压器VSC1-B相阀侧套管首端末屏分压器检查

于2022年10月12日13时左右，检修班、厂家和施工单位登上极2低端换流变压器VSC1-B相进行阀侧套管首端末屏分压器检查。

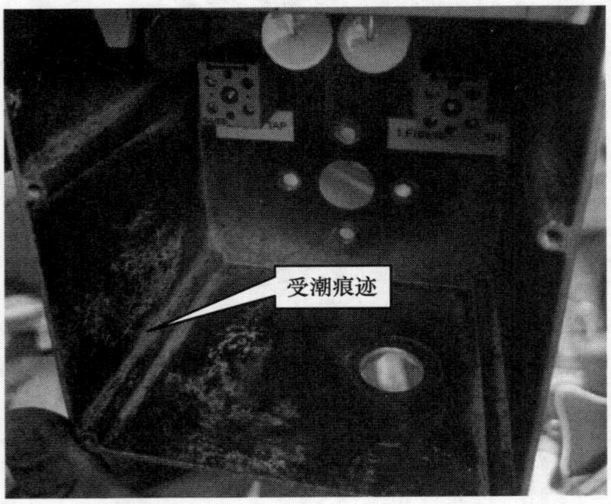

图4-24　分压器盒现场内部图

首先检查末屏分压器外观，防雨罩安装可靠，二次电缆保护管完好，格兰头密封良好。接着拆除防雨罩，进行拆盖检查，分压器盒内存在明显受潮痕迹。分压器盒现场内部如图4-24所示。

进一步检查发现转接座中积水较多，且其侧面旋钮处存在明显水流痕迹，转动旋钮发现其并未拧紧，且旋钮在转接座上部。末屏分压器盒拆卸现场如图4-25所示。末屏分压器盒拆卸现场如图4-26所示。

图4-25　末屏分压器盒拆卸现场图

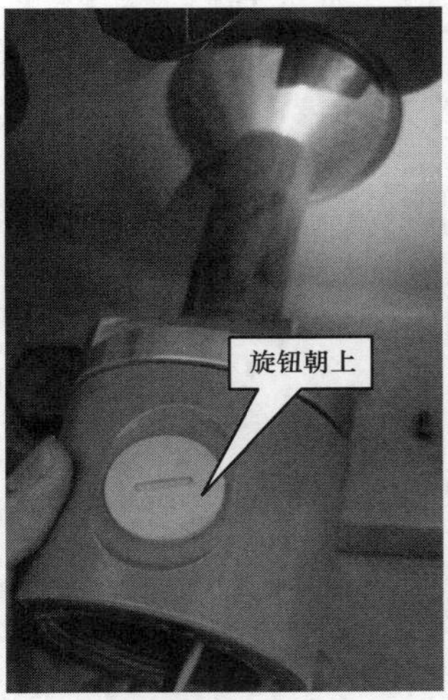

图4-26　末屏分压器盒拆卸现场图

在套管根部处测量末屏对地绝缘电阻，绝缘电阻值为89GΩ，满足要求。接着进行阀侧套管主屏和末屏的电容量和介质损耗测量，主屏的电容量和介质损耗值为559.5pF

和 0.348%，铭牌值为 576pF 和 0.340%，末屏的电容量和介质损耗值为 5705pF 和 0.228%，铭牌值为 5436pF 和 0.210%。与铭牌值相比，电容量均满足±5%范围，介质损耗均无明显变化且满足小于 0.5%的要求。

最后进行套管末屏擦拭和烘干，并更换新的转接座和分压器盒，安装防雨罩完毕后进行注胶密封处理，现场检查无异样撤离。

经过现场排查与分析讨论，三个末屏分压器电压测量异常原因均为转接座进水受潮导致阀侧套管末屏电压测量值偏低。

极 1 低端换流变压器 VSC2-B 相具体原因是：分压盒与转接座之间的四颗固定螺栓有三颗不紧固，搭接面存在缝隙，分压盒与转接座长时间受潮，转接座内存在少量积水，末屏对地绝缘电阻值明显降低。

极 2 低端换流变压器 VSC2-C 相具体原因是：分压盒与转接座之间搭接面缺少密封垫，分压盒与转接座长时间受潮，转接座内存在明显积水。

极 2 低端换流变压器 VSC1-B 相具体原因是：转接座侧面旋钮朝上，且未拧紧，转接座长时间受潮，转接座内存在明显积水。

三、处理结果

（1）完成更换三个电压测量异常的末屏分压器及其转接座，相应阀侧套管的末屏对地的绝缘试验、末屏对地的电容介质损耗试验以及主屏对地的电容介质损耗试验均合格，故障录波系统电压测量值显示均恢复正常。

（2）完成对低端 18 台换流变压器的 36 个末屏分压器的统一排查，检查搭接面的密封垫是否完整可靠，紧固分压盒的封盖螺栓和固定螺栓，调整侧面旋钮的紧固程度和朝向，并对所有搭接面进行注防水胶密封处理。

第五章 幅相校正器

第一节 幅相校正器概述

大容量柔性直流输电系统采用大量电力电子器件，由于控制、测量、计算等环节存在固有延时，且控制器一般是基于低频数学模型开展的，在中高频范围输出特性可能无法完美地跟踪控制目标，在某些区域内可能存在谐振点或负阻尼特性。而并网的交流系统由于运行方式繁多，存在输电系统的频容效应，不同频率下系统的等值谐波阻抗角度变化非常大，在某些特殊运行方式下系统阻抗和柔性直流输电系统会相互作用，引发谐波电流发散。在近期的工程中也多次发现柔性直流换流器发生高频振荡问题，这些问题产生的原因可以从阻抗匹配的角度解释，即柔性直流输电系统的阻抗特性与交流系统的阻抗特性在某些频率范围内存在谐振，导致谐波逐步放大产生的。

针对上述问题，现有的解决手段主要包括以下两种基本路线：

(1) 软件抑制，即通过优化控制结构或算法，增加或优化软件滤波环节，或者添加具有高频动态特性补偿量的校正环节，改善柔性直流换流器的输出阻抗特性来降低振荡风险，然而由于现有技术水平和硬件设备固有延时，单纯依靠二次控制解决所有可能的振荡问题是存在一定困难的。

(2) 限制系统方式，这种方式主要是将交流系统的阻抗特性限制在某一范围内，然而在实施中此种方式会面临系统运行变化多样难以完全遍历、实际操作性不够强和对调度运行要求高等问题。

为弥补上述解决手段的不足，可以采用硬件抑制，在主回路额外配置旁路设备（即幅相校正器），以改善柔性直流换流器的输出阻抗特性，但是现有技术中并没有关于如何选取幅相校正器以改善柔性直流换流器输出阻抗特性的方法。

姑苏换流站 VSC1 和 VSC2 换流器交流母线各配置一组幅相校正器，每组容量 150Mvar，调谐点为 HP8。交流主接线如图 5-1 所示。

幅相校正器配置如图 5-2 所示。

一、幅相校正器的作用

柔性直流输电系统在运行过程中可能产生谐振，主要原因如下：

(1) 柔性直流控制系统较长的控制链路延时致使 MMC 换流站阻抗相位在某些频率范围内超过 $+90^\circ$（即呈现出“负电阻”特性）。

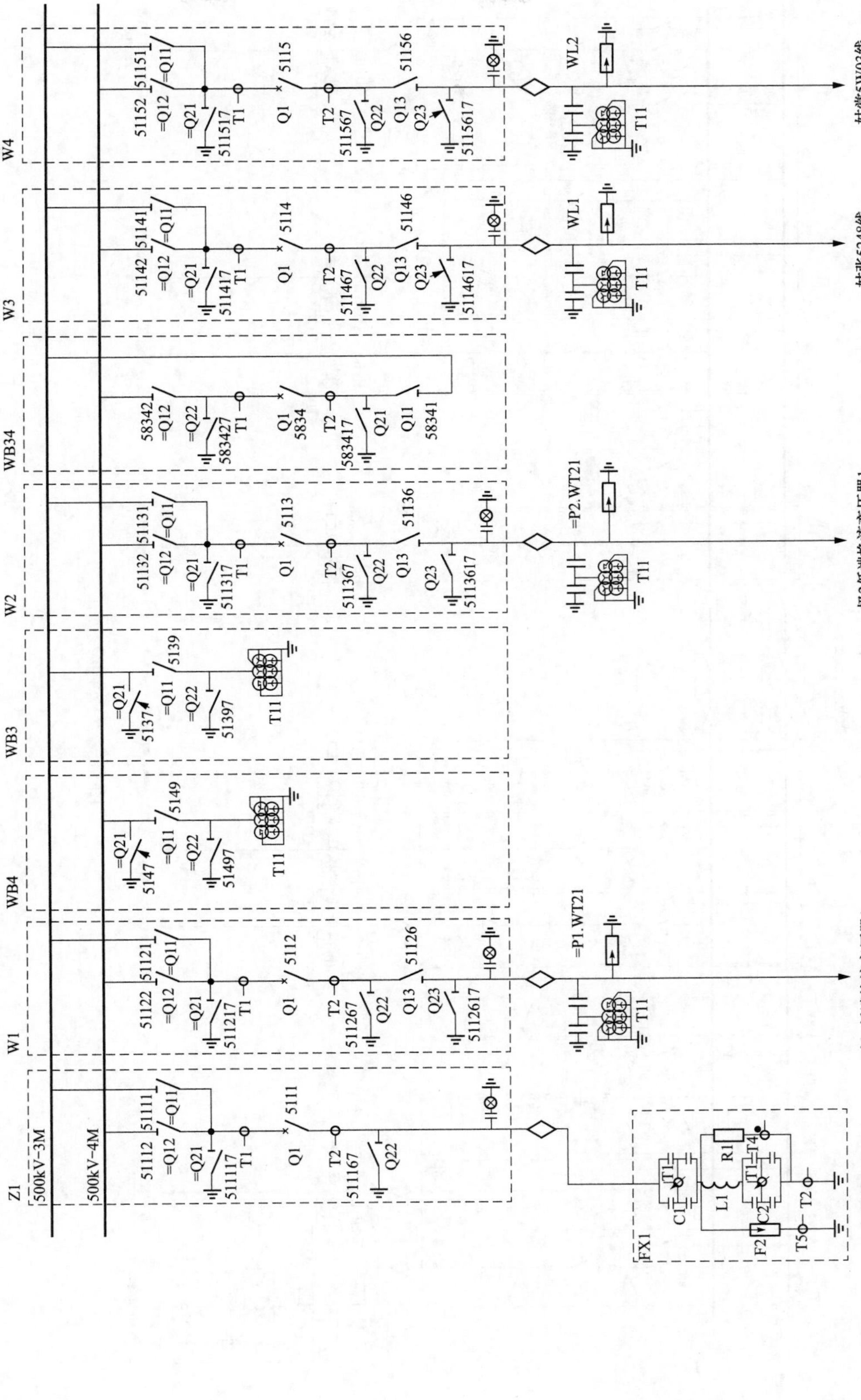
500kV-3M
500kV-4M
Z1
W1
WB4
WB3
W2
WB34
W3
W4
幅相校正器1
FX1
极1低端换流变压器1
8121B
=P1.WT21
极2低端换流变压器1
8221B
=P2.WT21
姑张5248线
WL1
姑常5W03线
WL2

图 5-1　交流主接线图（一）

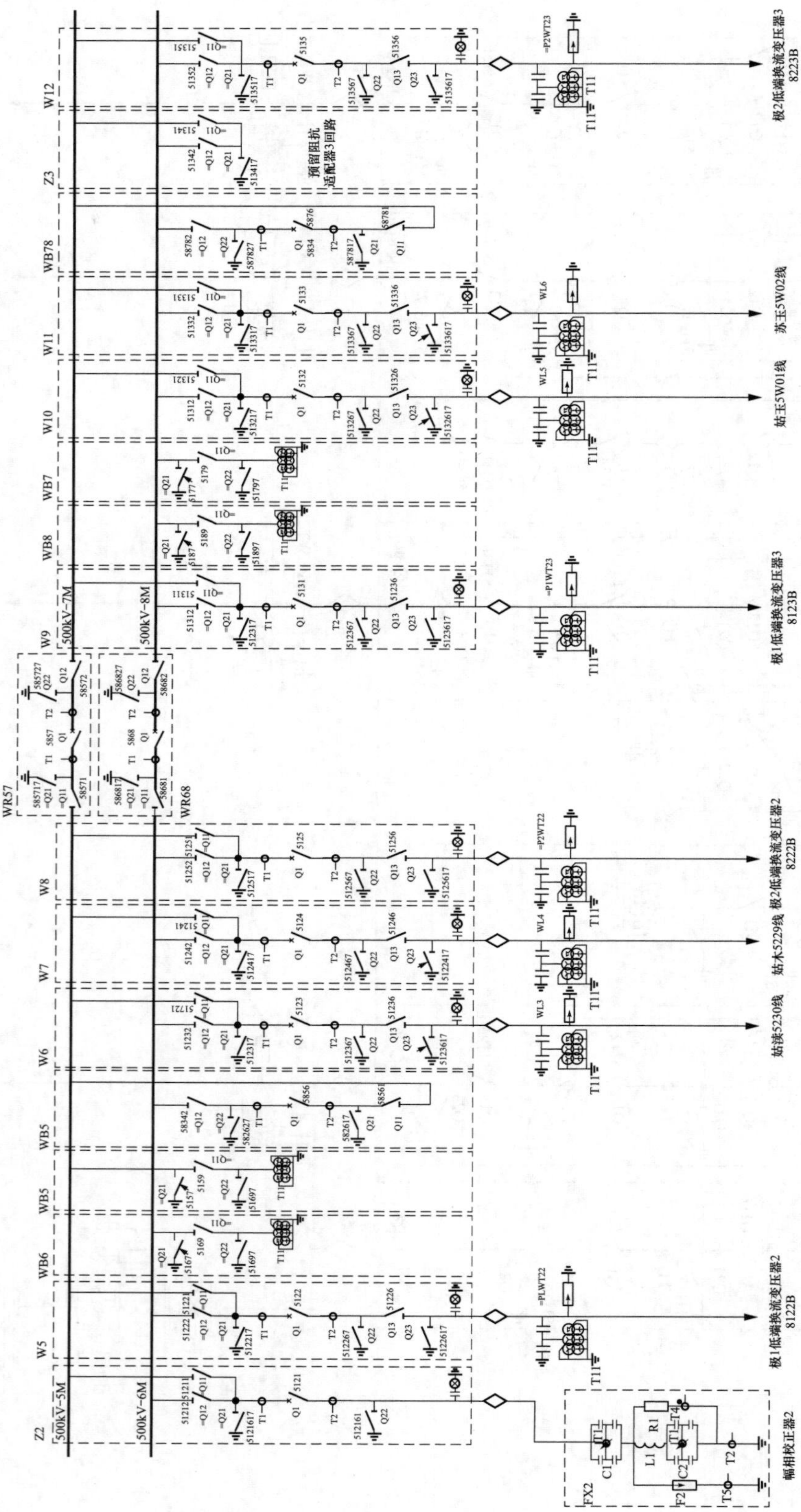
500kV-5M
500kV-6M
500kV-7M
500kV-8M
Z2
W5
WB6
WB5
WB5
W6
W7
W8
WR57
WR68
W9
WB8
WB7
W10
W11
WB78
Z3
W12
幅相校正器2
极1低端换流变压器2
8122B
姑泷5230线
姑木5229线
极2低端换流变压器2
8222B
极1低端换流变压器3
8123B
姑玉5W01线
苏玉5W02线
预留阻抗
适配器3回路
极2低端换流变压器3
8223B

图 5-1 交流主接线图（二）

（2）柔性直流换流站接入的超高压交流系统阻抗特性较为复杂，存在多个阻抗拐点，阻抗相位在感性、容性之间不断变化，在某些频段内相位接近−90°，呈现强容性特征。

（3）柔性直流控制策略，特别是电压前馈环节策略可显著改变MMC换流站阻抗特性。

在柔性直流阻抗与系统阻抗幅值相等，相角差大于或等于180°时会产生谐振，可以采用以下措施抑制谐振：①限制系统方式；②优化控制策略/缩短延时；③配置幅相校正器。方式①对系统运行提出较高要求，难度高；方式②对柔性直流故障穿越等性能有影响，同时存在固有延时无法消除的情况。综合考量发现，方式③抑制效果好，实施性强，可兼顾滤波，但需增加一次性投资。通过幅相校正器一次设备配置结合二次控制优化，可节省二次控制资源，避免影响系统运行功能，实现系统阻抗重塑，使回路阻抗呈现正阻尼，兼顾滤除交流系统背景谐波，提升无功补偿容量。

幅相校正器阻抗频率特性如图5-3所示。

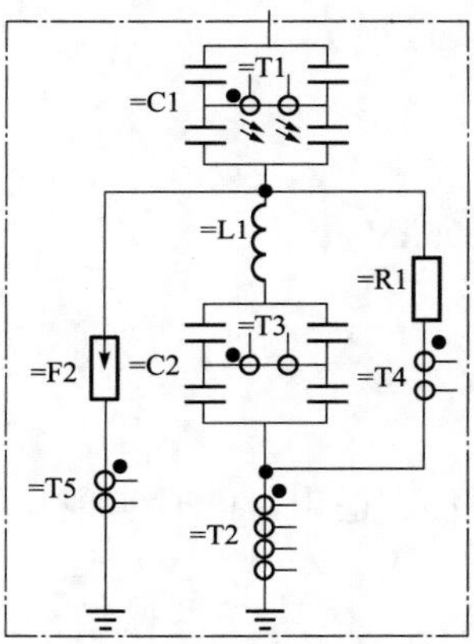

图5-2　幅相校正器配置图

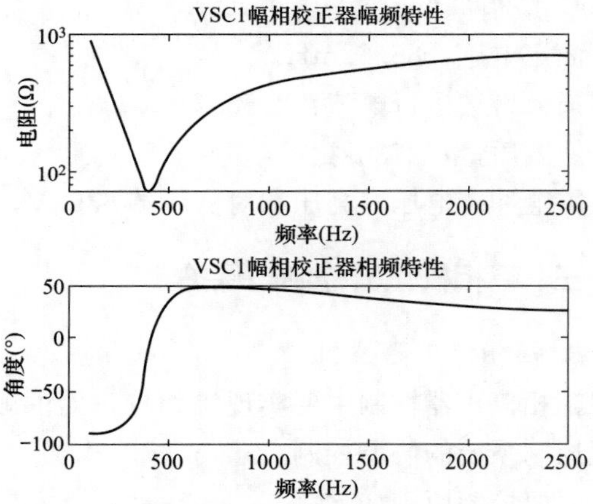

图5-3　幅相校正器阻抗频率特性

二、组部件及参数

1. 幅相校正器电容器单元C1

额定相电压：412.72kV。

额定电流：227.81A。

额定相电容：1.7323μF。

单相额定容量：92752kvar。

高压端对低压端爬电距离：15840mm。

高压端对地爬电距离：19620mm。

低压端对地爬电距离：5220mm。

单相总质量：25300kg。

2. 幅相校正器电容器单元C2

额定相电压：40.74kV。

额定电流：225.97A。

额定相电容：114.3317μF。

单相额定容量：59640kvar。

高压端对低压端爬电距离：4960mm。

高压端对地爬电距离：5596mm。

低压端对地爬电距离：1876mm。

3. 幅相校正器电阻器单元 R

额定阻值：826.9Ω×(1±10%)。

最大持续运行电流：26.43A。

最大暂时电流：33.58A/10min，37A/30s。

工频耐受电压：172kV/1min。

雷电冲击电压：高压端对低压端/高压端对地 395kV，低压端对地 125kV。

4. 幅相校正器电抗器单元 L

额定电感：88.62mH。

最大持续运行电流：225.97A。

线圈质量：2730kg。

雷电冲击电压：高压端对低压端 635kV，低压端对地 395kV。

三、幅相校正器控制与保护

1. 幅相校正器控制

幅相校正器控制主要实现幅相校正器的顺控与联锁、投入/退出，同时实现与柔性直流控制系统的协调控制。

主要控制原则如下：

(1) 幅相校正器主要作用是降低振荡风险，柔性直流运行过程中，幅相校正器无故障时始终按投入运行考虑。幅相校正器退出后，柔性直流可继续维持运行。

(2) 柔性直流解锁前自动投入幅相校正器，但幅相校正器不作为解锁的必要条件，不关联所有权请求（request for ownership，RFO）逻辑。柔性直流闭锁后，直流控制系统自动退出幅相校正器。

幅相校正器控制与直流控制系统应采用具有换流站成熟应用经验的接口方式。

采用完全冗余的双重化配置，每套控制系统应有独立的硬件设备，包括主机、板卡、电源、输入输出回路和控制软件；一套控制系统的任一环节故障不影响另一套系统的运行。

2. 幅相校正器保护

幅相校正器保护采用双重化配置，启动＋动作出口逻辑。幅相校正器保护配置如图 5-4 所示，功能包括：

(1) 幅相校正器差动保护；

(2) 电容器不平衡保护；

(3) 零序电流保护；

(4) 滤波器失谐监视；

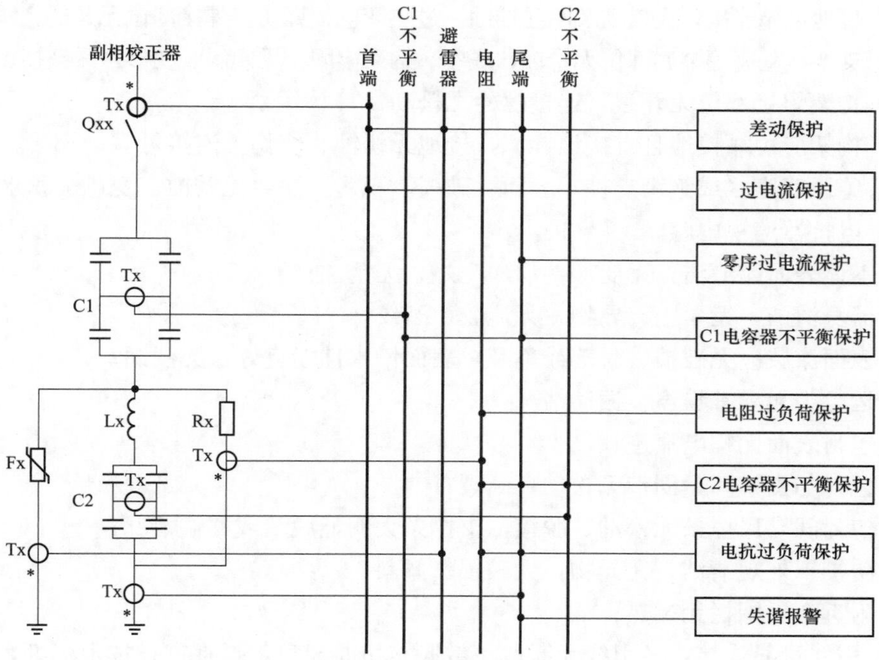

图 5-4 幅相校正器保护配置

(5) 电阻/电抗谐波过负荷保护；

(6) 低压电容器不平衡保护；

(7) 过电流保护。

第二节 设备检修与维护

一、日常维护

(1) 电容器巡视内容。

1) 设备外观完好，外绝缘无破损或裂纹，无异物附着；

2) 防鸟害设施完好；

3) 本体密封良好，无渗漏油、无膨胀变形、无过热、外壳油漆完好、无锈蚀；

4) 瓷套管表面清洁，无裂纹、无闪络放电和破损；

5) 设备内部无异常声响；

6) 各连接部件固定牢固，螺栓无松动；

7) 引线平整无弯曲，相序标示清晰可识别；

8) 防污闪涂料无鼓包、起皮及破损；

9) 防污闪辅助伞裙无塌陷变形，黏接面牢固；

10) 引线可靠连接，各引线无断股、散股、扭曲现象，弧垂符合技术标准，设备线夹无裂纹、变色、烧损，连接螺栓无松动、锈蚀、缺失；

11）接地可靠连接，无松动及明显锈蚀、过热变色、烧伤，焊接部位无开裂、锈蚀等；

12）支架、基座等金属部位无锈蚀，底座、构架牢固，无倾斜、变形，无破损、沉降；

13）构架焊接部位无开裂，连接螺栓无松动；

14）构架应可靠接地且有接地标识，接地无锈蚀、烧伤，连接可靠；

15）绝缘底座（或绝缘支柱）表面无破损、积污，法兰无锈蚀、变色、积水。

（2）电抗器巡视内容。

1）本体表面应清洁，无变形，油漆完好，无锈蚀；

2）器身清洁，无尘土、异物，无流胶、裂纹；

3）表面涂层应无破损、脱落或龟裂，表面憎水性能良好，无浸润；

4）运行中无异常噪声、振动情况；

5）包封表面无爬电痕迹；

6）包封与支架间紧固带无松动、断裂；

7）包封间导风撑条无松动、脱落，支撑条无明显脱落或移位情况；

8）防护罩外观清洁，无异物，无破损、倾斜；

9）附近金属围栏无过热；

10）引线可靠连接，各引线无断股、散股、扭曲现象，弧垂符合技术标准，设备线夹无裂纹、变色、烧损，连接螺栓无松动、锈蚀、缺失；

11）接地可靠连接，无松动及明显锈蚀、过热变色、烧伤，焊接部位无开裂、锈蚀等，电抗器接地不应构成闭合环路并两点接地；

12）支架、基座等金属部位无锈蚀，底座、构架牢固，无倾斜、变形，无破损、沉降；

13）构架焊接部位无开裂，连接螺栓无松动；

14）构架应可靠接地且有接地标识，接地无锈蚀、烧伤，连接可靠；

15）绝缘底座（或绝缘支柱）表面无破损、积污，法兰无锈蚀、变色、积水。

（3）电阻器巡视内容。

1）设备外观完好，外绝缘无破损或裂纹，无异物附着；

2）设备内部无异常声响；

3）引线可靠连接，各引线无断股、散股、扭曲现象，弧垂符合技术标准，设备线夹无裂纹、变色、烧损，连接螺栓无松动、锈蚀、缺失；

4）接地可靠连接，无松动及明显锈蚀、过热变色、烧伤，焊接部位无开裂、锈蚀等；

5）支架、基座等金属部位无锈蚀，底座、构架牢固，无倾斜、变形，无破损、沉降；

6）构架焊接部位无开裂，连接螺栓无松动；

7）构架应可靠接地且有接地标识，接地无锈蚀、烧伤，连接可靠；

8）绝缘底座表面无破损、积污，法兰无锈蚀、变色、积水；

9）支柱绝缘子外观清洁，无异物，无破损，绝缘子完好，无裂纹，无放电痕迹。

（4）电流互感器巡视内容。

1）设备外观完好，复合外套及瓷外套表面无裂纹、破损、变形、漏胶、明显积污，无放电、烧伤痕迹；

2）设备外涂漆层清洁，无大面积掉漆；

3）本体二次接线盒密封良好，无锈蚀；

4）无异常声响、异常振动和异味；

5）充油设备油位正常，无渗漏油；

6）引线可靠连接，各引线无断股、散股、扭曲现象，弧垂符合技术标准，设备线夹无裂纹、变色、烧损，连接螺栓无松动、锈蚀、缺失；

7）接地可靠连接，无松动及明显锈蚀、过热变色、烧伤，焊接部位无开裂、锈蚀等；

8）支架、基座等金属部位无锈蚀，底座、构架牢固，无倾斜、变形，无破损、沉降；

9）构架焊接部位无开裂，连接螺栓无松动；

10）构架应可靠接地且有接地标识，接地无锈蚀、烧伤，连接可靠。

（5）避雷器巡视内容。

1）复合外套及瓷外套表面无裂纹、破损、变形、明显积污，无放电、烧伤痕迹；

2）复合外套及瓷外套法兰无锈蚀、裂纹，黏合处无破损、裂纹、积水；

3）瓷外套防污闪涂层无龟裂、起层、破损、脱落；

4）整体连接牢固，无倾斜，连接螺栓齐全，无锈蚀、松动；

5）内部无异响；

6）接线板无变形、变色、裂纹；

7）均压环表面无锈蚀，无变形、开裂、破损，固定牢固，无倾斜；

8）均压环滴水孔通畅，安装位置正确；

9）压力释放通道处无异物，防护盖无脱落、翘起，安装位置正确，防爆片应完好；

10）相序标识清晰、完整，无缺失；

11）低式布置的金属氧化物避雷器遮栏内无异物；

12）引线可靠连接，各引线无断股、散股、扭曲现象，弧垂符合技术标准，设备线夹无裂纹、变色、烧损，连接螺栓无松动、锈蚀、缺失；

13）接地可靠连接，无松动及明显锈蚀、过热变色、烧伤，焊接部位无开裂、锈蚀等；

14）支架、基座等金属部位无锈蚀，底座、构架牢固，无倾斜、变形，无破损、沉降；

15）构架焊接部位无开裂，连接螺栓无松动；

16）构架应可靠接地且有接地标识，接地无锈蚀、烧伤，连接可靠；

17）绝缘底座表面无破损、积污，法兰无锈蚀、变色、积水；

18）支柱绝缘子外观清洁，无异物，无破损，绝缘子完好，无裂纹，无放电痕迹；

19）抄录避雷器动作次数，检查避雷器是否动作；

20）抄录避雷器泄漏电流，检查泄漏电流是否正常。

（6）二次回路巡视内容。

1）电容器不平衡电流是否在正常范围内；

2）光电流互感器监视数据是否正常；

3）光电流互感器光纤绝缘子是否完好，是否破损、断裂；

4）光纤转接盒密封良好，无受潮痕迹。

二、定期检修

1. 各桥臂等值电容量测量

（1）每年应对每一个电容器桥臂电容量进行测量；

（2）与额定值相差不大于±2%，相邻臂间电容值偏差应符合制造厂要求。

2. 单只电容器的电容值测量

（1）每3年应对每一个电容器电容量进行测量；

（2）与额定值的差异在−5%～10%（注意值）或符合设备技术文件要求。

3. 电阻器的直流电阻测量

（1）每3年应对电阻器的直流电阻进行测量；

（2）与出厂值相比偏差不大于±5%。

4. 电抗器的直流电阻及电感测量

（1）每3年应对电抗器的直流电阻及电感进行测量；

（2）与出厂值相比偏差不大于±2%。

5. 避雷器直流参考电压及泄漏电流测量、底座绝缘电阻测量、放电计数器检查

（1）每3年应开展避雷器直流参考电压及泄漏电流测量、底座绝缘电阻测量、放电计数器检查；

（2）直流参考电压实测值与初值差不超过±5%，泄漏电流不大于50μA或与初值差不大于30%；底座绝缘电阻不小于100MΩ；放电计数器功能正常。

第三节　典型问题分析——幅相校正器容量及保护定值偏差隐患分析

一、隐患概况

为解决低端交流系统与VSC阀组阻抗不匹配而引发的交流系统振荡问题，姑苏换流站低端交流母线装设幅相校正器，以改善VSC阀组阻抗相角频率特性。幅相校正器1装设于交流3M/4M、幅相校正器2装设于交流5M/6M，拓扑采用谐振频率为400Hz的HP8型高通滤波器，容量150Mvar；保护装置与HP3型交流滤波器相同，采用南瑞继保PCS-976A-ST-G主机。

二、隐患分析

1. 幅相校正器容量问题

幅相校正器1拓扑结构与电气接线如图5-5所示，其主要包括高压电容器塔C1、低压电容器塔C2、电抗器L1、电阻器R1、避雷器F2、电子式不平衡电流互感器T1、尾端接地电磁式电流互感器T2、电磁式不平衡电流互感器T3、电阻支路电磁式电流互感器T4、避雷器支路电磁式电流互感器T5。对比图5-6所示，姑苏换流站61M第2小组HP3交流滤波器，不难看出，两者拓扑结构相同，本质均为C型阻尼滤波器。对C1、C2、L1、R1进行参数设计，幅相校正器最终表现为谐振频率400Hz的HP8型高通滤波器

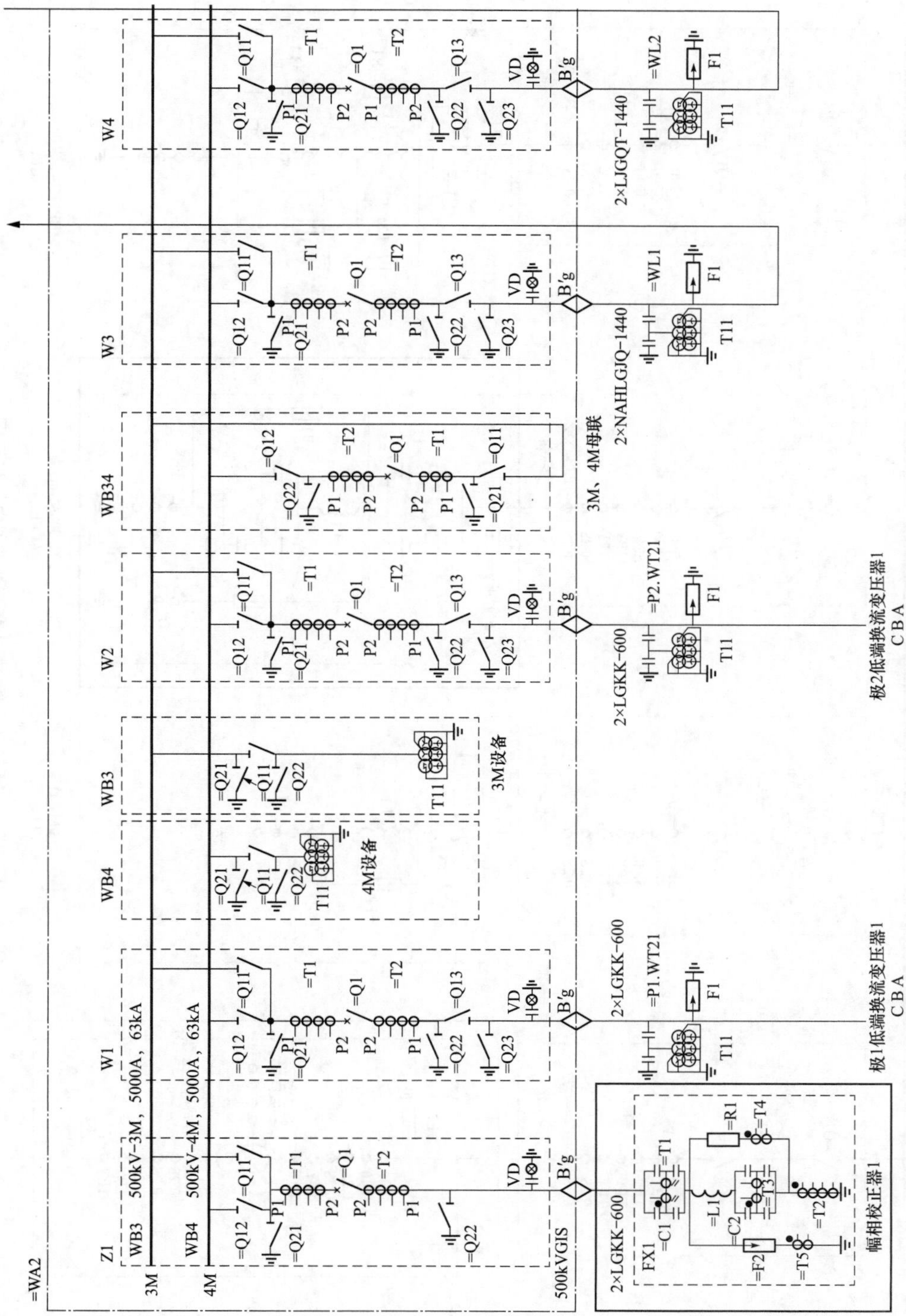

图 5-5 幅相校正器 1 电气接线图

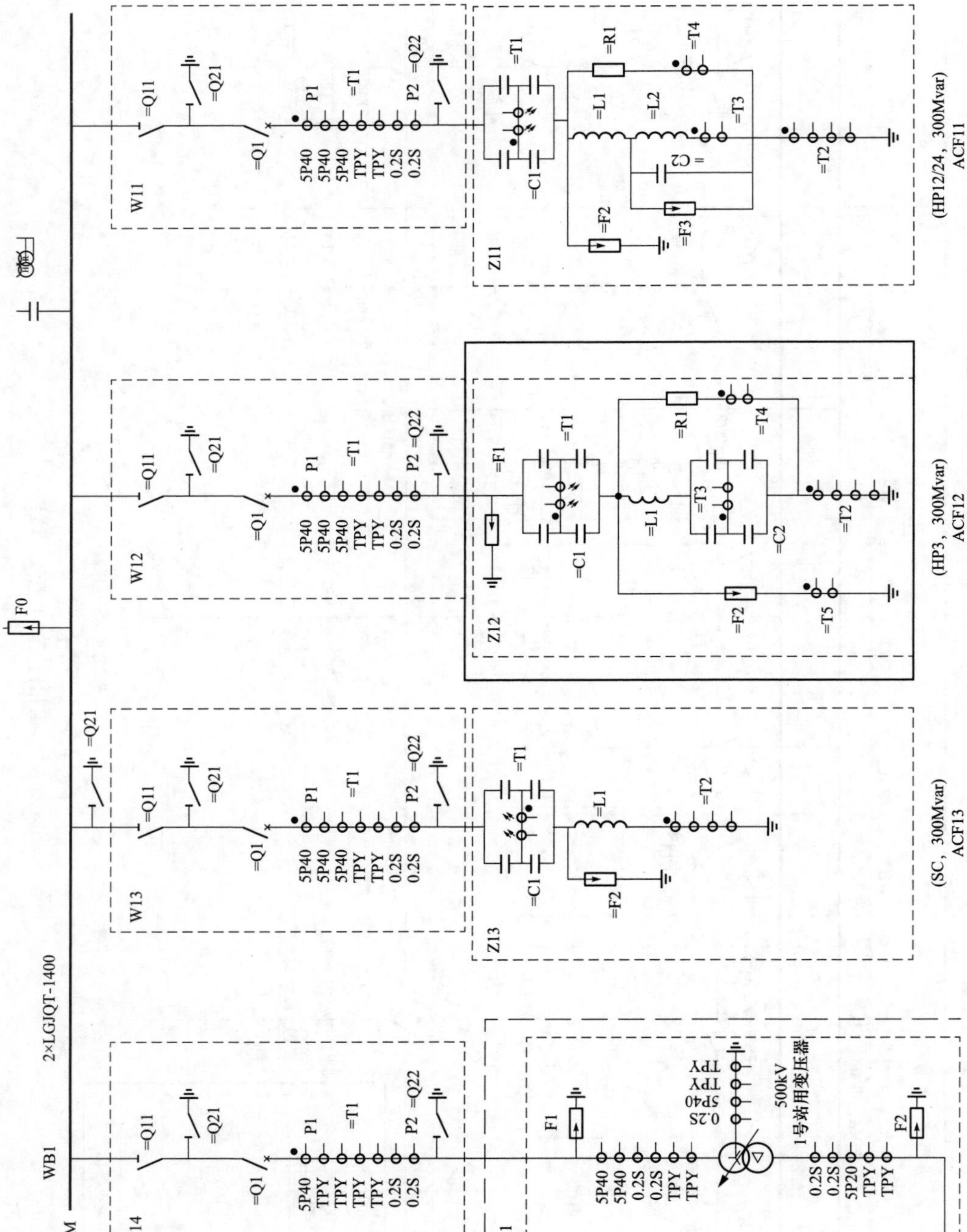

图 5-6　61 M 第 2 小组 HP3 交流滤波器电气接线图

阻抗特性，HP3 交流滤波器则表现为谐振频率 150Hz 的 HP3 型高通滤波器阻抗特性。

姑苏换流站幅相校正器与 61M 第 2 小组 HP3 交流滤波器的参数对比见表 5-1。此外，为验证无功容量 Q，表 5-1 给出了相关计算过程。

表 5-1　　幅相校正器及 HP3 滤波器参数、容量计算

设计参数				
	幅相校正器		61M 第 2 小组 HP3 滤波器	
类型	C 型阻尼滤波器			
谐振频率	400Hz		150Hz	
元件参数	C1	1.7323 μF	C1	3.6714 μF
	C2	114.3317 μF	C2	29.3712 μF
	L1	88.62mH	L1	344.9683mH
	R1	826.9Ω	R1	867Ω
设计容量 Q	150Mvar		300Mvar	
容量计算				
	幅相校正器		61M 第 2 小组 HP3 滤波器	
阻抗表达式	$Z=-\mathrm{j}\frac{1}{\omega C_1}+\frac{\mathrm{j}R_1\left(\omega L_1-\frac{1}{\omega C_2}\right)}{\mathrm{j}\left(\omega L_1-\frac{1}{\omega C_2}\right)+R_1}$			
工频 50Hz 阻抗	工频 $f=50\text{Hz}$，且 $\omega=2\pi f$，代入上式可得：$Z_0\approx-\mathrm{j}1837.5\Omega$		工频 $f=50\text{Hz}$，且 $\omega=2\pi f$，代入上式可得：$Z_0\approx-\mathrm{j}867\Omega$	
基波无功容量计算公式	$Q=U^2/Z_0$			
交流系统电压	根据成套设计书			
	额定运行电压		510kV	
	最高稳态电压		550kV	
	最高极端电压		550kV	
	最低稳态电压		490kV	
	最低极端电压		475kV	
额定电压下，基波无功计算容量	141.5Mvar		300Mvar	
计算容量与设计容量一致性对比				
	幅相校正器		61M 第 2 小组 HP3 滤波器	
设计容量	150Mvar		300Mvar	
计算容量	141.5Mvar		300Mvar	
一致性	不一致进行反推，令 $Q=150\text{Mvar}$，$Z_0\approx-\mathrm{j}1837.5\Omega$，则 $U=\sqrt{QZ_0}=525\text{kV}$		一致	

综上，在姑苏换流站 510kV 交流额定电压下，61M 第 2 小组 HP3 交流滤波器计算容量与设计容量 300Mvar 保持一致；幅相校正器计算容量 141.5Mvar，与 150Mvar 设

计容量存在出入，在阻抗不变的情况下反推，得到 150Mvar 所对应电压为 525kV。

2. 幅相校正器保护定值问题

虽然幅相校正器本质上为 C 型阻尼滤波器，但在系统层面上的作用却与 HP3 交流滤波器存在显著差异：HP3 交流滤波器旨在为 LCC 阀组提供无功，以及 LCC 阀组交流侧滤波功能；幅相校正器则旨在改善 VSC 阀组阻抗的相角频率特性，使得 VSC 阀组阻抗与交流系统阻抗相匹配，避免交流系统振荡的发生。因此，所述及的幅相校正器计算容量与设计容量差异不改变其自身阻抗特性，更不会影响其系统层面功能。然而在保护层面，由于幅相校正器采用和 HP3 滤波器相同的南瑞继保 PCS-976A-ST-G 装置，容量及额定电压的差异，将直接影响相关保护的整定。

当前，姑苏换流站幅相校正器保护中的设备参数定值：容量 150Mvar，额定电压 525kV。PCS-976A-ST-G 根据容量与额定电压，计算得额定电流 I_e=164.96A。此外，PCS-976A-ST-G 内部固化定值见表 5-2，可以看出，I_e 直接决定了差动保护的速断电流与启动电流、过电流保护的Ⅰ、Ⅱ、Ⅲ段定值。

表 5-2　PCS-976A-ST-G 内部固化定值

类别	序号	定值名称	定值范围	步长	单位	备注
内部固化定值项	1	差动速断电流定值	$3I_e$	0.01		内部固化，隐藏
	2	差动保护启动电流定值	$0.33I_e$	0.01		内部固化，隐藏
	3	过电流Ⅰ段告警定值	$1.2I_e$	0.01		内部固化，隐藏
	4	过电流Ⅰ段时间	10	0.01	s	内部固化，隐藏
	5	过电流Ⅱ段定值	$1.5I_e$	0.01		内部固化，隐藏
	6	过电流Ⅱ段时间	0.3	0.01	s	内部固化，隐藏
	7	过电流Ⅲ段定值	$7I_e$	0.01		内部固化，隐藏
	8	过电流Ⅲ段时间	0.05	0.01	s	内部固化，隐藏

当前定值单可能存在的两个问题：

（1）150Mvar 非实际容量。

（2）525kV 非系统额定电压。采用计算容量 141.5Mvar 以及系统额定电压 510kV，计算得 I_e'=160.19A，较之 I_e=164.96A 更小，相对偏差 2.9%。上述出入可能导致幅相校正器差动保护以及过电流保护的拒动。

三、处理结果

国调保护处根据现场反馈意见修改相关保护定值，现场整定无误。原定值与更新后定值见表 5-3。

表 5-3　原定与更新后定值

定值项目	原定值	更新后定值
三相额定容量	150Mvar	141.6MVA
一次额定电压	525kV	510kV

第六章　可控自恢复消能装置

第一节　装 置 概 述

混合级联直流中受端交流系统发生短路故障时，造成能量输送受阻，而送端在短时间内通常难以快速响应，造成受端系统暂时功率盈余，该盈余功率可能造成设备损坏、换流器闭锁等衍生故障。为此，特高压混合级联直流系统必须配置暂态能量消能装置，以便疏解交流系统短路故障时系统中的盈余功率。

可控自恢复消能装置（简称消能装置）与低端 VSC 并联，包括装置本体避雷器（固定元件和受控元件），VSC1 可控自恢复消能装置整体跨接在＋400kV 直流母线和中性线之间，VSC2 可控自恢复消能装置整体跨接在－400kV 直流母线和中性线之间。可控自恢复消能装置位置如图 6-1 所示。

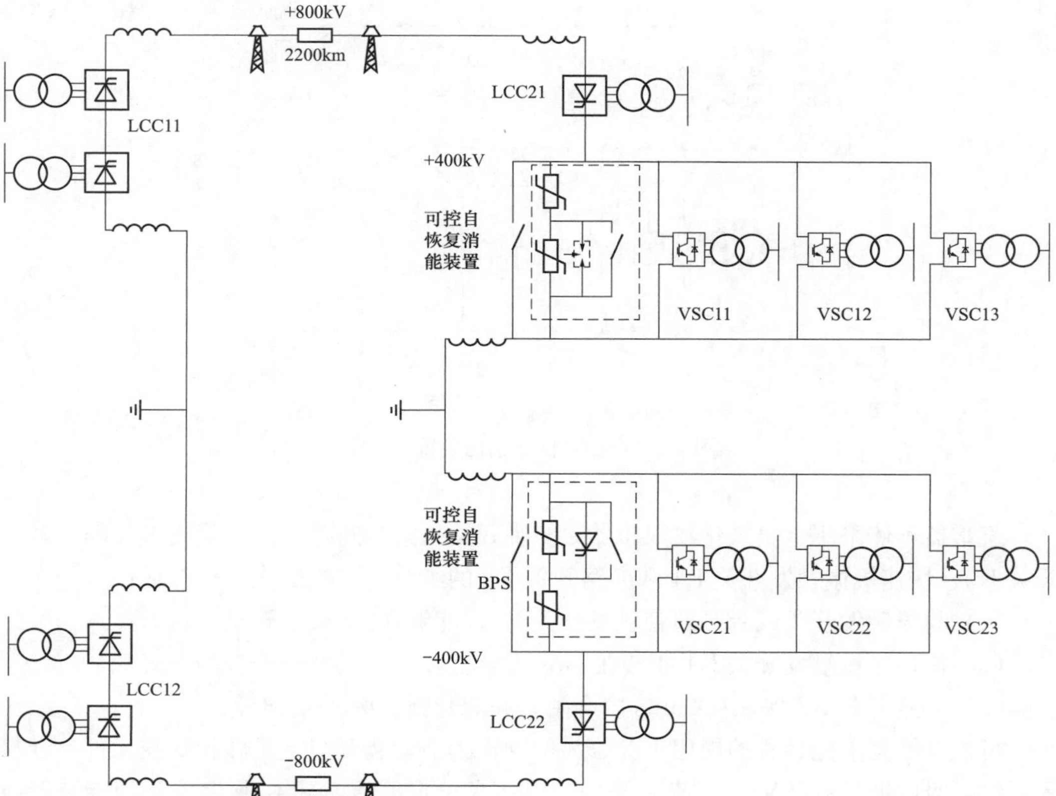

图 6-1　可控自恢复消能装置位置图

混合直流系统运行中可能发生：①LCC换相失败、功率无法馈入交流电网；②VSC接入的受端电网发生近区短路造成功率输送受阻；③VSC因内部故障紧急闭锁等各类故障工况。此时，送端换流站通常难以在百毫秒时间内完成功率急降，因此系统中将形成功率盈余，如果不对盈余功率进行泄放消纳，则该功率将会持续向VSC阀组中的电容进行充电，从而导致VSC子模块过电压旁路闭锁，影响系统正常运行。因此，为了避免过电压造成VSC全局闭锁，在VSC两端配置消能装置以便泄放系统的暂态盈余功率。

当直流系统正常运行时，可控自恢复消能装置整体接入，其拐点电压高于直流运行电压，可控自恢复消能装置仅有微安级泄漏电流流过。

一、装置原理

可控自恢复消能装置触发开关方案采用间隙触发开关或者晶闸管触发开关K0和快速斥力触发开关K1冗余方案，即当可控自恢复消能装置控保系统收到极控发来的合闸指令后，两个触发开关任意一个合上，就可以达到限制VSC两端过电压的目的，可控自恢复消能装置单线如图6-2所示。

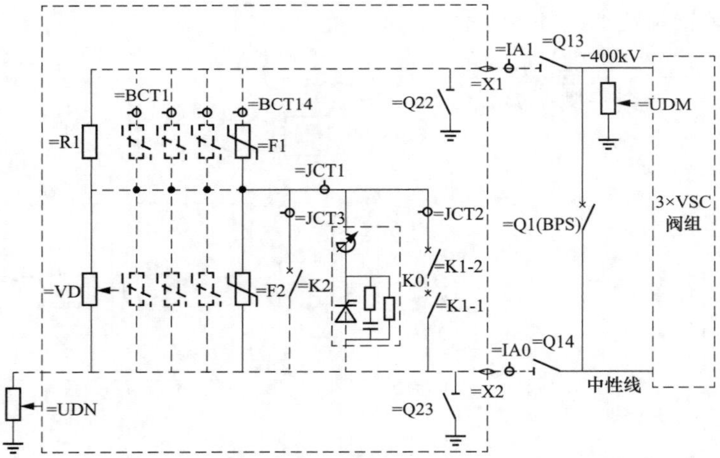

图6-2 可控自恢复消能装置单线图

避雷器本体采用金属氧化物限压器，控制开关方案为间隙触发开关或者晶闸管触发开关K0、快速机械触发开关K1和旁路开关K2的组合。主要性能指标包括：

（1）间隙触发开关或者晶闸管触发开关K0，能够在1ms内导通。

（2）快速机械触发开关K1能够在5ms内合上。

（3）旁路开关K2保证在25ms内合闸，并能开断10A直流电流。

可控自恢复消能装置的使用工况分为两种：①消能装置固定元件和受控元件一起接入系统，吸收能量；②VSC子模块平均值电压大于定值后，VSC阀控发送消能装置投入命令给VSC极控系统，VSC极控发送合闸命令给消能装置控制装置，消能装置控制装置接收到来自极控的合闸指令后，将同时向晶闸管触发开关、快速机械触发开关和旁路开关发送合闸命令：

（1）K0 在收到触发命令后 1ms 内导通，将可控自恢复消能装置受控元件短接，可控自恢复消能装置固定元件将 VSC 两端的电压限制在设计范围之内。

（2）K1 将在收到触发命令后 5ms 内合闸，K0 上的电流将转移到 K1 上，K0 支路中流过的电流小于其维持电流而自然关断并闭锁。

（3）K2 将在收到合闸命令后 25ms 内合闸，此时 K1 和 K2 通过二者之间的回路阻抗而自然分流。

（4）此后，可控自恢复消能装置固定元件电流始终流过 K1 和 K2，持续时间约 150ms，当可控自恢复消能装置控制保护系统收到极控发来的分闸命令后，K1、K2 同时分闸，可控自恢复消能装置故障穿越成功。

若可控自恢复消能装置固定元件吸收能量接近其额定吸收能量时，则将旁路设备 BPS 合闸，防止可控自恢复消能装置因能量超标而损坏。

正常运行时，控制开关处于分断状态；避雷器固定、受控元件串联，其保护水平高，作用与常规避雷器相同。当系统发生故障导致 MMC 6 个桥臂子模块电容电压平均值超过保护定值时，极控向可控自恢复消能装置发送合闸指令，触发开关、快速斥力开关、旁路开关同时触发，相继导通后电流依次流经 KO、K1、K2 开关；系统故障清除后，直流电压恢复到正常水平，控制保护装置向控制开关发送分闸指令，可控自恢复消能装置退出运行。交流近区故障如图 6-3 所示。

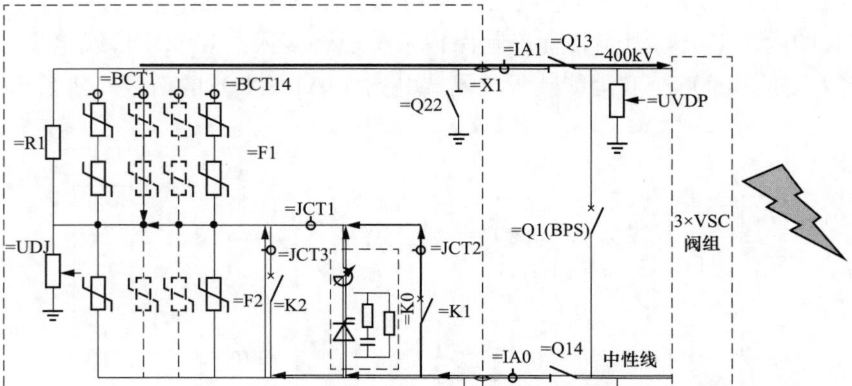

图 6-3 交流近区故障

二、装置结构

VSC1、VSC2 可控自恢复消能装置如图 6-4 所示，消能装置主设备包括：

（1）避雷器固定部分 F1 和受控部分 F2。

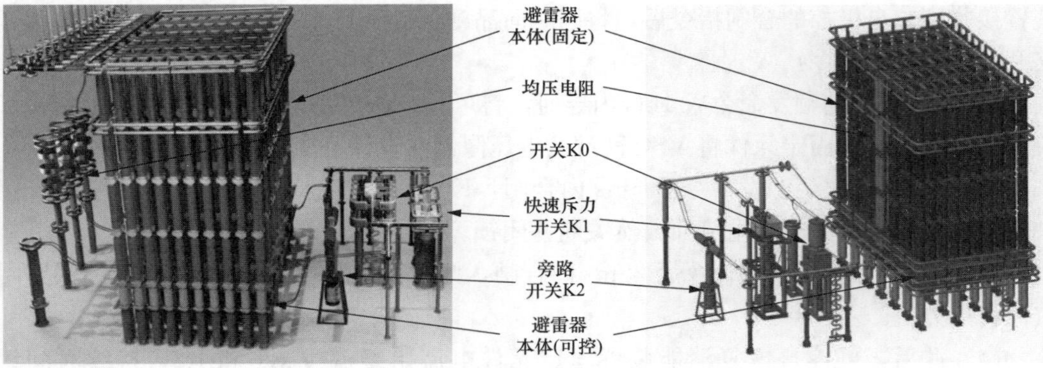

图 6-4　VSC1、VSC2 可控自恢复消能装置图

（2）控制开关由晶闸管开关 K0、快速开关 K1 和旁路开关 K2 组成。

（3）均压电阻 R1、R2。

（4）分支光学电流互感器 BCT1～BCT14。

（5）汇流光学电流互感器 JCT1～JCT2（VSC1）、JCT1～JCT3（VSC2）。

（6）电子式电压互感器 UDJ。

（7）连接导线和管母、金具和支撑绝缘子以及悬吊绝缘子等安装辅件。

三、装置测量

测量装置按控制保护需求分为分支电流测量装置（BCT）、汇流测量装置（JCT）、电子式电阻分压器（RD），所有电流互感器均为全光学电流互感器（OCT）。此外，根据消能装置的运行工况，消能装置控制保护系统还将接入－400kV 母线电压（UDM）、中性线母线电压（UDN）和消能装置首尾端电流（IA1/IA0）的信号，如图 6-5 所示。

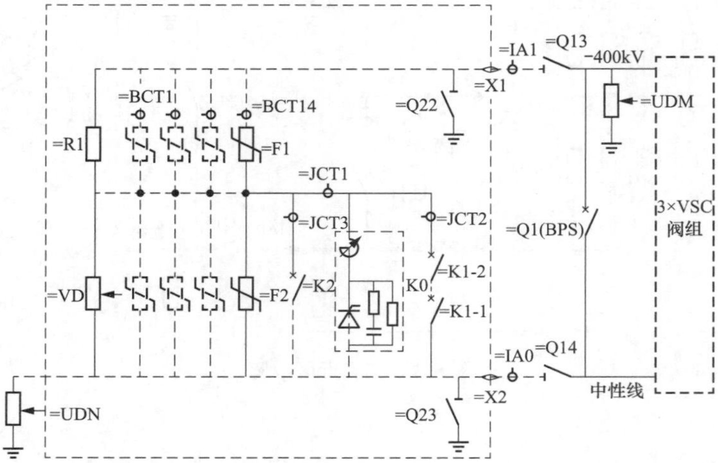

图 6-5　可控自恢复消能装置测量设备配置

BCT：可控自恢复消能装置本体总共 136 支（含备用），每 10 支避雷器为一组，每组安装一台 BCT，每台 BCT 配置一个光纤环，安装在固定元件高压端，用于测量避雷

器的动作电流并判断其均匀性，总共安装 14 台分支电流测量装置。BCT 安装在高压侧管母上，采用吊装方式，如图 6-6 所示。

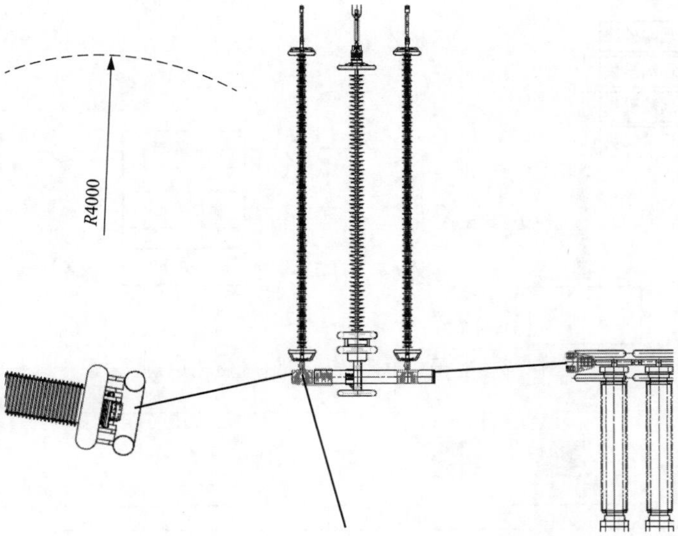

图 6-6　BCT 安装设计图

JCT：共安装 3 台汇流测量装置，均安装在固定元件低压端，JCT1 安装在 K0 和 K1 的汇流母线上；JCT2 安装在快速机械触发开关的高压侧，用于测量流过快速机械触发开关的电流；JCT3 安装在旁路开关的高压侧，用于测量流过旁路开关的电流。JCT1 与 JCT2 电流相减即可得到晶闸管支路上的电流，JCT1 和 JCT3 相加即可得到控制开关总支路的电流，即为固定元件中流过的电流。每台 JCT 配置 4 个光纤环，其中 3 个光纤环给 3 套保护，满足三取二要求，另一个光纤环备用。

VD：共安装 1 台电子式电阻分压器，安装在受控元件两端，共配置 4 个远端模块，其中 3 个远端模块用于 3 套保护，满足三取二的要求，另一个远端模块备用。

IA1/IA0：将可控消能装置首尾端电流 IA1/IA0 接入消能装置的保护系统中。

UDM：为了实现对晶闸管状态判断，即需要判别消能装置是否带电，因此将 UDM 信号接入消能装置的控制系统中。

UDN：UDN 即为中性线母线电压互感器，为了监视均压电阻，通过 UDM-UDN 得到避雷器两端电压，同时与受控元件两端电压进行对比，从而监视均压电阻的工作状态，将 UDN 接入消能装置的控制系统中。电子式电阻分压器采用阻容式，配置 4 个远端模块，其原理如图 6-7 所示。

四、装置控制保护系统

1. 整体配置

可控自恢复消能装置的控制保护系统按直流控保设计原则设计，整体配置如图 6-8 所示，配置原则如下：

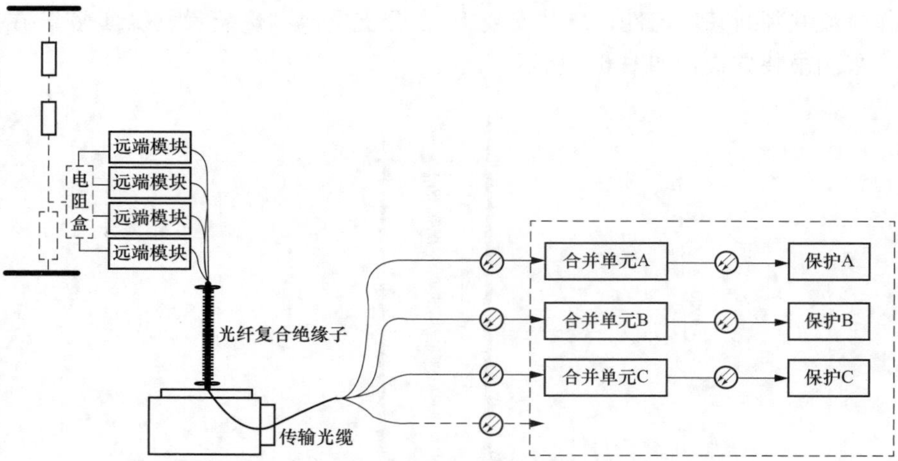

图 6-7　电子式电阻分压器信号传输原理图

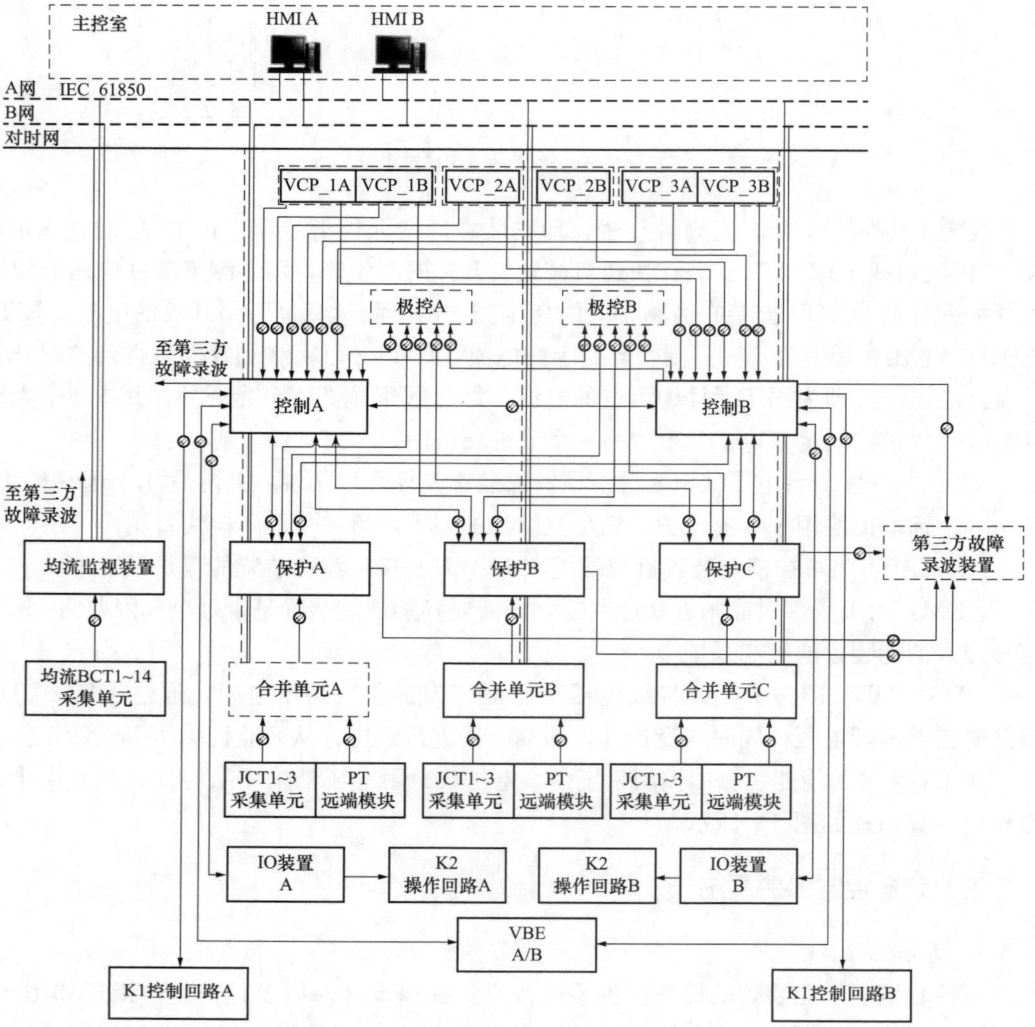

图 6-8　消能装置控制保护系统整体配置

（1）控制系统按双套冗余配置，与直流极控（PCP）、VSC阀控制保护（VCP）、保护装置交叉连接。

（2）双套控制系统分别与晶闸管触发开关的阀控装置（VBE）、快速机械触发开关的触发控制回路、旁路开关的控制回路进行通信，发出分合闸指令并接收状态监视信号。

（3）保护系统配置三套保护装置，与直流极控、控制装置交叉连接，保护的三取二功能由极控和控制装置实现。

（4）配置均流监视装置，接收分支电流测量装置的测量数据，对不同组电流进行计算，大于定值时给出告警信号，并将采样数据通过通信协议上送给直流后台，后台对分支电流数据进行记录。

（5）每台汇流测量装置配置4个光纤传感环，3个光纤传感器用于3套保护，满足保护三取二要求，1个备用。

（6）每台分支电流测量装置配置一个光纤环，用于均流监视装置，测量避雷器的动作电流，计算其不均匀系数，并判断其均匀性。

（7）所有控制和保护装置通过IEC 61850通信规约接入直流SCADA系统，所有模拟量、监视信号、遥控信号等均可通过直流SCADA进行控制。

（8）每套可控自恢复消能装置的控制和保护装置均配置两路完全独立的电源同时供电，且工作电源与信号电源分开，一路电源失电，不影响可控自恢复消能装置控制和保护装置的工作。

（9）控制和保护装置内部具备故障录波功能，可以手动触发录波，当控制和保护装置整组启动后可以自动启动录波，记录可控自恢复消能装置的主要电气状态数据和波形，以及直流控制保护系统通信的所有电气信号、可控自恢复消能装置内部的关键中间信号等。

（10）可控自恢复消能装置的控制和保护装置可以根据直流控制保护系统要求，提供相关的重要电气量及与其他装置交互的电气信号量，并能提供第三方故障录波装置兼容接口。

2. 屏柜设置

（1）消能装置控制保护EDCP（3面柜子）。内有三套合并单元（JCT光纤先连合并单元，然后给EDC或EDP）、两套控制装置和IO装置（采开关位置、温度、开入开出、SF_6告警均通过这里）（分别在AB柜内）、三套保护装置，一套均流监视装置（C柜内，BCT给过电流）、两套交换机。

（2）消能装置阀控（EDVBE）屏（K0的阀控系统）。

（3）消能装置采集单元（EDJCT）屏（8个采集单元，4个JCT的接线）。

（4）消能装置（EDBCT）屏（7个采集单元）。

3. 控制设计

系统过电压时，控制装置有两个途径接收合闸命令，如图6-9所示。途径1：阀控制保护装置直接发给控制装置（5M50K光调制波）。途径2：阀控制保护装置—换流器控制保护装置—极控制保护装置—消能装置控制。控制装置收到任意一个VSC阀控制保护（VCP）的合闸命令或任意一个直流极控（PCP）的合闸命令后，同时发出晶闸管触发开关K0、快速机械触发开关K1和旁路开关K2的合闸指令。

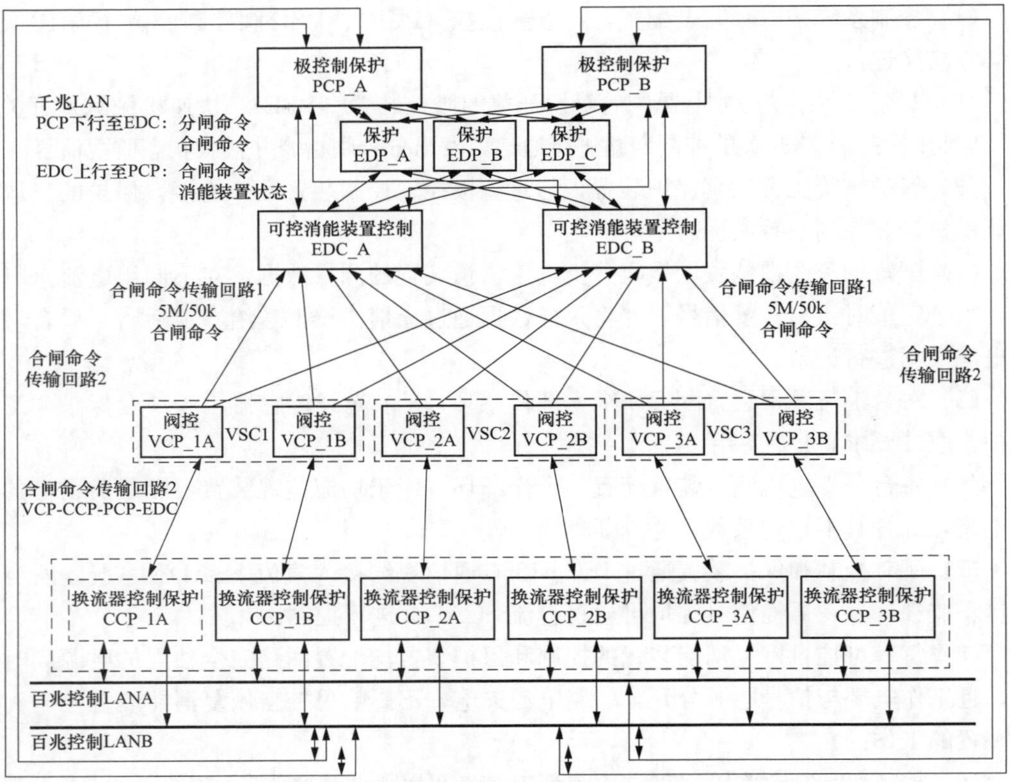

图 6-9　控制装置接收合闸命令的传输回路

系统过电压恢复后，直流极控发出分闸指令，控制装置依次发出 K1 分闸指令，K1 分闸成功后再发出 K2 分闸指令。

可控自恢复消能装置的控制流程如图 6-10 所示。

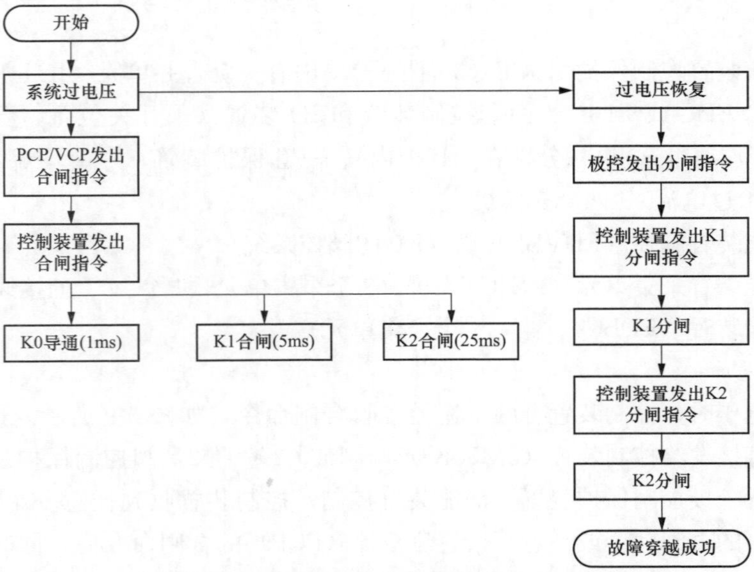

图 6-10　可控自恢复消能装置的控制流程

4. 保护设计

针对可控自恢复消能装置各组成部分可能发生的异常情况，保护功能及测量点配置如图 6-11 所示。

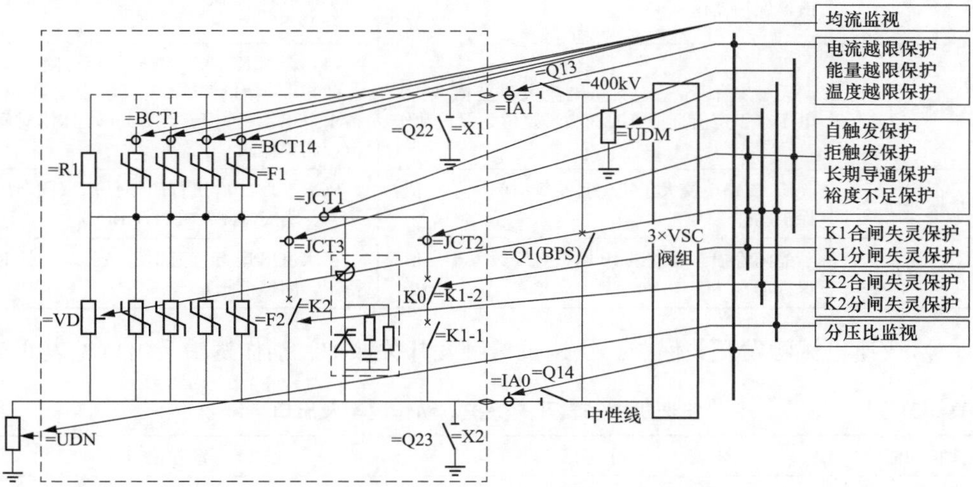

图 6-11　可控自恢复消能装置保护功能配置

（1）避雷器本体保护。根据避雷器保护相关经验，可能引起避雷器损坏的有吸收能量过大、温度过高；另外，正常情况下避雷器最大电流为 20kA，只有在固定元件整体绝缘闪络时电流才会达到 88kA。因此，避雷器本体保护配置有能量越限保护、温度越限保护、电流越限保护，动作逻辑及出口见表 6-1。

表 6-1　　避雷器本体保护配置、动作逻辑及出口

保护功能	延时	动作逻辑	动作出口
能量越限	0	根据避雷器电流（IA1 或 IA0）反推电压，采用电流与电压的积进行积分，计算避雷器吸收的能量，超过定值保护动作	PCP 三取二后闭；闭锁低阀（同时闭锁 VSC、跳交流侧开关、合 BPS）
温度越限	0	根据避雷器吸收的能量、温升系数、环境温度，计算避雷器的温度，超过定值保护动作	
电流越限	200μs	根据避雷器电流（IA1 或 IA0）大小判断，超过定值保护动作	

（2）晶闸管触发开关保护。根据可控串补、可控高压电抗器等工程中晶闸管开关的相关经验，晶闸管开关可能发生的异常情况有拒触发、自触发、长时间导通导致的过负荷（自然冷却）、损坏级数大于设计值导致裕度不足，因此配置的保护功能、动作逻辑及出口见表 6-2。

表 6-2　　晶闸管触发开关保护、动作逻辑及出口

保护功能	动作逻辑	动作出口
拒触发	保护装置收到触发命令后，K0 支路电流小于定值且 VD 电压大于定值，持续时间大于定值，保护动作	（1）告警。 （2）若 K1 也拒触发，PCP 三取二后，闭锁低阀（先闭锁 VSC 和跳交流侧开关，后合 BPS）
自触发	无触发命令，K0 支路电流大于定值或 VD 电压小于定值且持续时间大于定值，保护动作	（1）合闸 K1/K2，延时后再分闸。 （2）一定时间内 K0 自触发次数越限，请求退出运行（延时 29min，具体时间待定，闭锁低阀）
长期导通	K0 支路电流大于定值且持续时间大于定值，保护动作	PCP 三取二后执行闭锁低阀（同时闭锁 VSC、跳交流侧开关、合 BPS）
裕度不足	晶闸管损坏级数或 IP 回报光纤数大于定值，保护动作	请求退出运行（延时 29min，具体时间待定，闭锁低阀）

（3）快速机械触发开关保护。快速机械触发开关保护、动作逻辑及出口见表 6-3。

表 6-3　　快速机械触发开关保护、动作逻辑及出口

保护功能	动作逻辑	动作出口
K1 合闸失灵	保护装置收到合闸命令，K1 支路电流小于定值且 K1 在分位，或 VD 电压大于定值，持续一定时间后保护动作	（1）告警。 （2）若 K0 也拒触发，PCP 三取二后，闭锁低阀（先闭锁 VSC 和跳交流侧开关，后合 BPS）
K1 分闸失灵	保护装置收到分闸命令，K1 为合位且持续一定时间，保护动作	请求退出运行（延时 29min，具体时间待定，闭锁低阀）

（4）旁路触发开关保护。旁路触发开关保护、动作逻辑及出口见表 6-4。

表 6-4　　旁路触发开关保护、动作逻辑及出口

保护功能	动作逻辑	动作出口
K2 合闸失灵	保护装置收到合闸命令，K2 支路电流小于定值且 K2 在分位，或 VD 电压大于定值，持续一定时间后保护动作	PCP 三取二后，送整流侧移相后闭锁低阀（先闭锁 VSC、跳交流侧开关，后合 BPS）
K2 分闸失灵	保护装置收到分闸命令，K2 为合位且持续一定时间，保护动作	请求退出运行（延时 29min，具体时间待定，闭锁低阀）

（5）分压比监视。通过 400kV 母线电压、中性母线电压、可控元件端间电压计算固定元件和可控元件的分压比，超出允许范围且持续一定时间后保护动作，请求低阀退出运行。

（6）状态监视。

1）避雷器均流监视。固定元件和受控元件均为 136 片，每 10 片为一组配置一个光电隔离型 TA，用来监视避雷器分支间的均流特性。

均流监视装置单一配置，接入 14 个光电隔离型 TA 采样数据，采用如下算法计算每组避雷器的不均匀系数，即用每组避雷器的电流除以该组的组数，然后再除以所有避雷器单组流过电流的平均值，即为该组避雷器的不均匀系数：

$$\eta=\frac{|i_{MOV\_k}|}{n_k\times i_{AVE\_S}}$$

其中，

$$i_{AVE\_S}=\frac{i_{MOV\_1}+\cdots+i_{MOV\_14}}{n_1+\cdots+n_{14}}$$

均流监视告警动作逻辑见表 6-5。

表 6-5　　均流监视告警动作逻辑

保护功能	定值	延时	动作逻辑	动作出口
均流监视告警	1.05	10ms	仅当分支电流大于 4A 时，启动不均匀系数计算，当某一组避雷器不均匀系数大于 1.05 时，持续时间大于 10ms，发出告警信号	告警

2）晶闸管触发开关状态监视。控制装置接收 VBE 返回的状态监视信号，包括 VBE _ OK、VBE _ TRIP 等信号，并监视与 VBE 之间通信状态，异常时告警。

3）快速机械触发开关状态监视。控制装置接收快速机械触发开关控制板卡返回的状态监视信号，包括合闸电容储能、分闸电容储能、开关分合位等信号，并监视与控制板卡之间通信状态，异常时告警。此外，控制装置还对快速机械触发开关两个端口间位置不一致情况进行监视。

4）旁路开关监视。IO 装置接收旁路开关的分合位信号等，上送控制装置。控制装置同时监视与 IO 装置之间的通信状态，异常时告警。

5）分压比监视。当控制开关未合闸时，监视固定元件两端电压与受控元件两端电压的比值，从而监视固定元件和受控元件的分压比，间接监视均压电阻的运行状态，超出允许范围时请求退出运行。

6）其他光纤回路监视。控制保护装置监视控制与 VSC 阀控（VCP）、控制与极控（PCP）、控制与保护、控制保护与电流电压的合并单元之间的通信状态，异常时告警。

第二节　装置组部件

一、K0 间隙开关

触发间隙适用于可控自恢复消能装置，通过间隙本体高速触发导通可将避雷器可控部分旁路，深度降低避雷器残压并大幅提高能量吸收能力。

触发间隙安装于中性线高电位，由间隙本体、控制箱（含触发器、控制器）、测量设备、供能变压器和绝缘平台组成。间隙本体通过等离子体喷射触发可实现低电压触发。

1. 开关结构

K0 间隙开关整体结构如图 6-12 所示，由间隙本体、控制箱（含触发器、测量系统、控制器和放电装置）、供能变压器和绝缘平台组成。间隙本体和控制箱安装于中性线高电位的绝缘平台上。供能变压器从地电位给控制箱中的触发器和控制器隔离供电。绝缘平台包括安装平台、支撑绝缘子、光纤绝缘子和充气绝缘子等，用于给间隙本体及控制箱中设备提供绝缘支撑、光纤通信及充气通道。

2. 开关工作原理

间隙触发采用双级触发腔接续触发原理，如图 6-13 所示。高压电极和低压电极构成主间隙，触发腔在低压电极下方，触发腔共有 2 级：一级腔（触发电极 1 与触发电极 2 之间部分）和二级腔（触发电极 2 与低压电极之间部分），腔体材料为经电弧烧蚀后易产生等离子体的绝缘材料。工作时，先在触发电极 1 和触发电极 2 间施加高压脉冲引起一级腔发生沿面放电，电弧烧蚀一级腔管壁产生等离子体喷射到二级腔内使二级腔发生沿面闪络，之后向二级腔持续注入能量烧蚀管壁产生大量等离子体，喷射到主间隙中引起电场畸变导通主间隙。

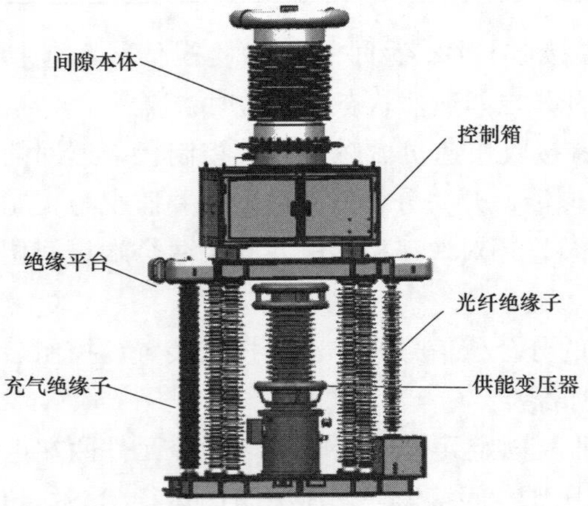

图 6-12　K0 间隙开关整体结构

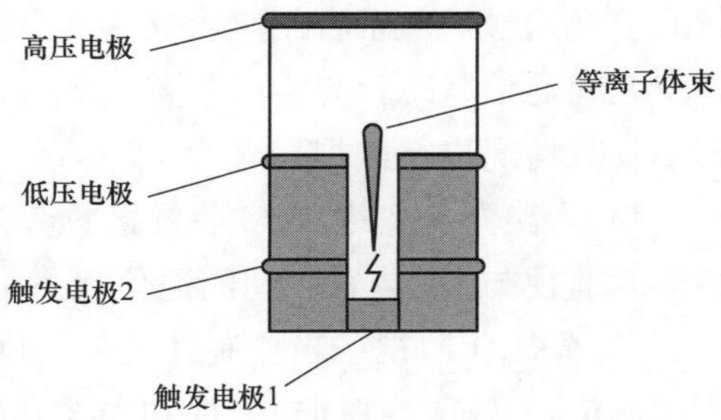

图 6-13　双级触发腔接续触发工作原理

3. 开关参数

主要技术参数见表 6-6。

表 6-6　主要技术参数

序号	名称			单位	数值
1	额定绝缘水平	本体断口间及外绝缘	额定直流电压	kV	80
			2h 直流耐受电压		117
			10s 直流耐受电压		138
			额定雷电冲击耐受电压	kV	147
		绝缘平台	额定直流电压	kV	150
			2h 直流耐受电压		225
			额定操作冲击耐受电压	kV	500
			额定雷电冲击耐受电压		575
2	混合气体压力（20℃表压）		额定气压	MPa	0.25
			报警气压		0.22
			闭锁气压		0.20

续表

序号	名称		单位	数值
3	SF_6/N_2 气体混合比（体积比）		—	3：7（体积比变化范围 1%）
4	混合气体中的 SF_6 年漏气率			≤0.15%
5	触发性能	触发导通时间	ms	≤1
6	直流通流及绝缘恢复能力	额定短时通流电流/持续时间	kA/ms	20/30
		通流后绝缘恢复	—	0.5s 内耐受恢复 120kV，10s 内耐受 138kV
		通流次数	次	50
7	间隙本体极端通流能力	额定短时通流电流/持续时间	kA/ms	88/30
8	储能电容	工作电压	V	3000
		充电电源电压		AC220
		充电时间	s	<10
9	控制箱防护等级		—	IP44
10	抗震水平		—	AG4

二、 K1 快速斥力开关

1. 开关结构

ZPZW1-150 高压直流真空旁路开关负责快速导通旁路，整体结构由两个真空单元模块串联组成，每个真空单元模块主要包括真空灭弧室、均压装置、执行机构、供能装置。两个真空单元模块共用供能直流电源和中央控制器。ZPZW1-150 高压直流真空旁路开关真空灭弧室采用固封极柱形式，断口并联均压装置，配用电磁斥力机构，合闸时间不大于 5ms，具备技术参数要求的关合能力、机械特性和机械操作能力。ZPZW1-150 高压直流真空旁路开关总体结构如图 6-14 所示。

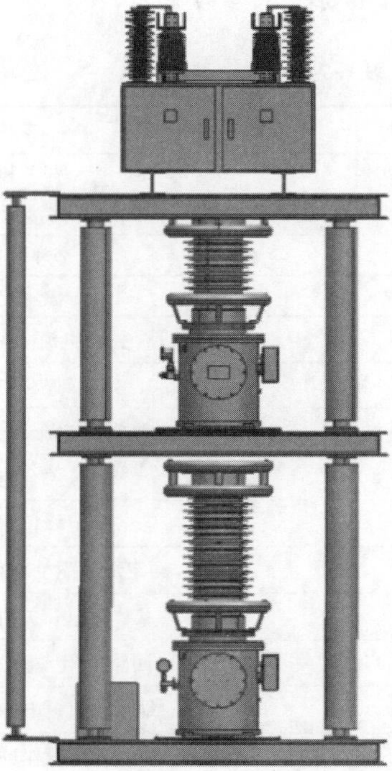

图 6-14　ZPZW1-150 高压直流真空旁路开关总体结构

2. 开关工作原理

电磁斥力机构是一种基于涡流原理、利用电磁斥力进行驱动的新型机构，由于其动作速度快、结构简单、易实现电子控制等特点，被广泛应用于高压直流断路器、超导故障电流限制器、超快速隔离开关等快速开关领域。线圈—盘式电磁斥力机构的结构示意如图 6-15 所示，在金属斥力盘上方和下方各有一个盘式的励磁线圈，根据其所起的作用不同，分别称为分闸线圈和合闸线圈。其工作原理：当收到监测系统发出的分（合）闸信号后，外部电路中预先已储能的电容对分（合）闸线圈放电，产生持续几个毫秒的脉冲电流，在此脉冲电流的作用下，分（合）闸线圈周围产生了瞬态磁场，同时金属斥力盘中感应出与线圈电流方向相反的涡流，从而在线圈与斥力盘之间产生了巨大的电磁斥力，该电磁斥力推动着金属斥力盘快速运动，斥力盘与动触头之间通过一个连杆刚性连接，通过连杆带动真空灭弧室中的动触头运动，从而实现真空断路器的快速分（合）闸操作。

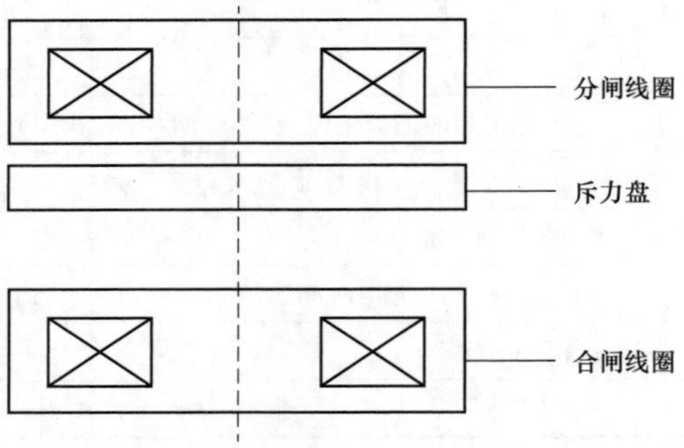

图 6-15　线圈—盘式电磁斥力机构结构示意图

3. 开关参数

主要技术参数见表 6-7。

表 6-7　主要技术参数表

序号	参数		单位	技术参数值
1	开关机构		—	电磁斥力
2	导通时间（开关接到命令到完全导通）		ms	≤5
3	分闸时间		ms	≤20
4	额定电压		kV	77
5	关合电流（额定工况）		kA	20
	关合电压		kV	119
6	关合电流（故障工况）		kA	88
	关合电压		kV	137
7	额定峰值耐受电流		kA	88
8	额定短时耐受电流及耐受时间		kA/s	等效为交流有效值 50kA/3s
9	快速开关机械寿命		次	≥2000
10	回路电阻（整体对外参数）		μΩ	≤50
11	端-端/地雷电冲击电压试验		kV	147kV/575
12	端-端/地操作冲击电压试验		kV	137kV/500
13	端-端/地直流耐受电压试验	端-端	kV	1.5×77/2h
		端-地		1.5×150kV/1h

三、K2机械开关

1. 开关结构

ZPLW1-150 高压直流旁路开关整体为单柱双断口结构，包括灭弧室、绝缘支柱、操动机构、控制柜，整体呈“T”形布置，外形示意如图 6-16 所示。

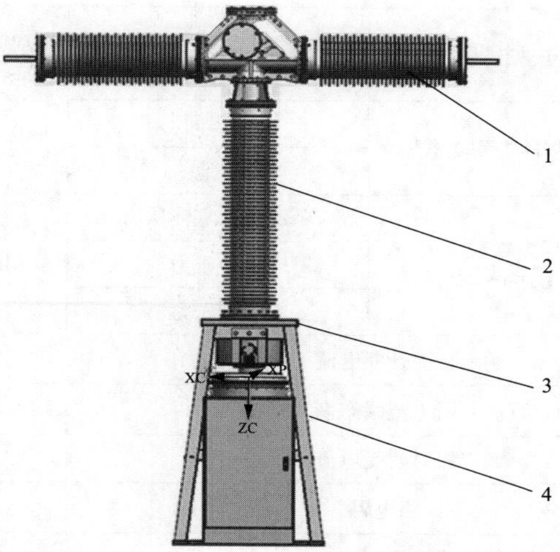

图 6-16 ZPLW1-150 高压直流真空旁路开关

1—灭弧室；2—绝缘支柱；3—操动机构；4—控制柜

2. 开关工作原理

ZPLW1-150 高压直流旁路开关应用于可控自恢复消能装置控制方案中，旁路开关在收到合闸命令后，能够快速可靠合闸将可控自恢复消能装置中受控元件部分旁路，深度限制避雷器残压，大幅提高避雷器吸收冗余能量能力。在收到分闸命令后，能够可靠开断避雷器的残余直流持续电流。因此 ZPLW1-150 高压直流旁路开关合闸时间较短，同时具备直流小电流开断能力。

开关分闸时，机构通过绝缘拉杆带动触头系统运动，气缸中的 SF_6 气体受到压缩，触头分开后，受压的 SF_6 气体冲出喷口，使灭弧室获得理想的高压气流，同时加快端口处灭弧介质绝缘恢复速度，随着分闸过程进行，灭弧室触头开距逐渐拉大，直流电弧电阻逐渐增大，回路电流逐渐减小，开关两端的电压也逐渐升高，当开距增加到足够大时，电源电压不足以维持电弧电压时，电弧熄灭。

开关合闸时，液压机构向下拉动绝缘拉杆，这时所有的运动部件按分闸操作的反方向动作，冷却后的 SF_6 气体进入压气缸，动触头最终到达合闸位置，实现开关快速合闸，将可控自恢复消能装置受控元件旁路，深度限制避雷器残压，实现可控自恢复消能系统吸收冗余能量。

3. 开关参数

主要技术参数见表 6-8。

表 6-8　　　　产品主要技术参数

序号	名称			单位	数值
1	额定绝缘水平	额定直流电压	断口间	kV	77
			对地		227
		1h 直流耐受电压	断口间		120
			对地		341
		额定雷电冲击耐受电压	断口间	kV	150
			对地		722
		额定操作冲击耐受电压	断口间		140
			对地		637
2	SF_6 气体压力参数（20℃表压）		额定 SF_6 气体压力	MPa	0.60
			报警压力		0.55
			闭锁压力		0.50
3	额定直流开断电流			A	10
4	额定直流开断电流瞬态恢复电压			kV	77
5	额定短时耐受电流			kA/s	88/3.1
6	主回路电阻			μΩ	≤50
7	额定操作顺序			—	C-O-C
8	额定合闸时间			ms	≤25
9	额定分闸时间			ms	≤50
10	合-分时间			ms	≤110
11	机械操作次数			次	3000
12	操动机构电机电压			V	DC 220/AC 220
13	辅助回路操作电压			V	DC 220
14	噪声水平			dB	90
15	抗震水平			—	AG5
16	SF_6 气体年漏气率			—	≤0.5%
17	端子静拉力		水平纵向	N	2000
			水平横向	N	1500
			垂直方向	N	1500

四、供能变压器

1. 变压器结构

供能变压器主要由铁心、市电 220V 线圈、高压隔离屏蔽和高压平台供电 220V 线圈组成，电路原理如图 6-17 所示。

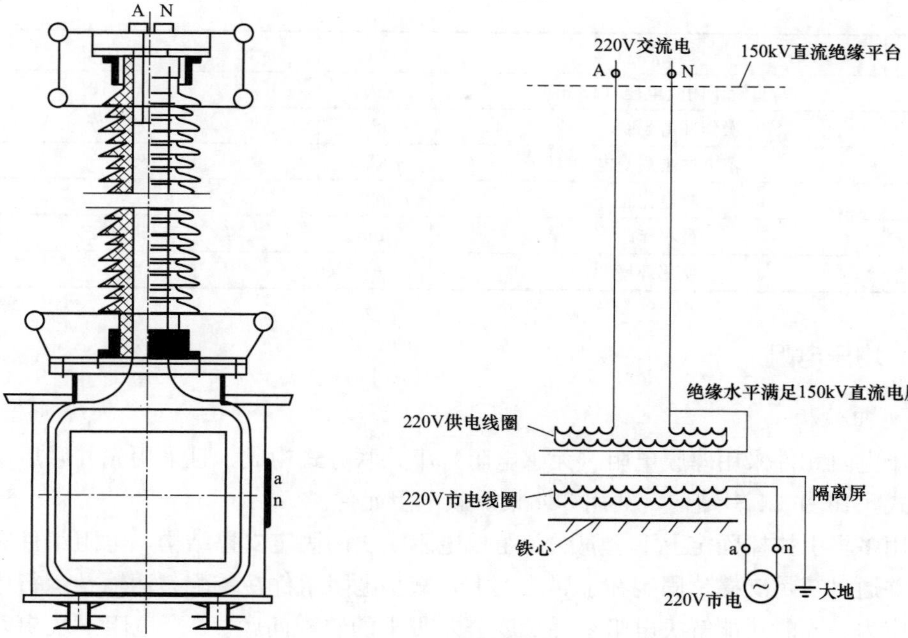

图 6-17　隔离变压器电路原理图

2. 变压器工作原理

通过 50Hz 的 220V（1±5%）市电加在产品本体的输入端子 A 和 N 上，A 和 N 连接 220V 市电线圈，该线圈绕在用软磁材料制成的铁心柱上，该线圈外部加有连接大地的隔离屏，在隔离屏外侧包绕有绝缘水平满足 150kV 直流电屏，外侧再包绕 220V 供电线圈，在 A 和 N 端子加电压电流时根据电磁感应原理，在 220V 供电线圈上感应出 220V 电压，提供给绝缘平台上的用电设备使用。

供能变压器区别于一般电力变压器的最主要特点：作为励磁侧的一次 220V 市电线圈和 220V 供电线圈之间设置了大地隔离屏，使两线圈之间在产品正常运行时无电的联系，且两者之间绝缘水平满足 150kV 直流输电装置的要求，以此达到即使发生了直流输电侧 150kV 发生过电压也不会发生对市电 220V 线圈的直接击穿，保护了市电系统的安全性和稳定性。

3. 变压器参数

隔离变压器额定值及主要技术参数见表 6-9。

表 6-9　　隔离变压器额定值及主要技术参数

序号	名称	单位	数值
1	套管形式	—	复合
2	输入电压	V	220
3	输出电压	V	220
4	额定容量	kVA	3
5	额定直流电压	kV	150/77

续表

序号	名称	单位	数值
6	直流干耐受电压（1min）	kV	225/116
7	操作冲击耐受电压	kV	500/137
8	雷电冲击耐受电压	kV	575/147
9	爬电比距	mm/kV	25
10	最小爬距	mm	3750/1925
11	使用环境	—	室内

五、均压电阻

1. 电阻结构

均压电阻元件采用厚膜电阻（无感电阻）串并联方式构成，且采用先并联后串联的结构形式。16 并 24 串结构，共用 384 根厚膜电阻元件。

采用多根引拔棒固定上下金属法兰组成电阻模块的固定支撑结构，电阻组件布置在外侧，并通过三足支撑片固定在金属法兰上，减小电阻组件在装配、运输及运行中受到的弯曲应力，同时还能解决电阻组件长度公差带来的装配问题。4 个电阻模块串联组成一个均压电阻单元，整个均压电阻由 3 个均压电阻单元并联组成，如图 6-18 所示。

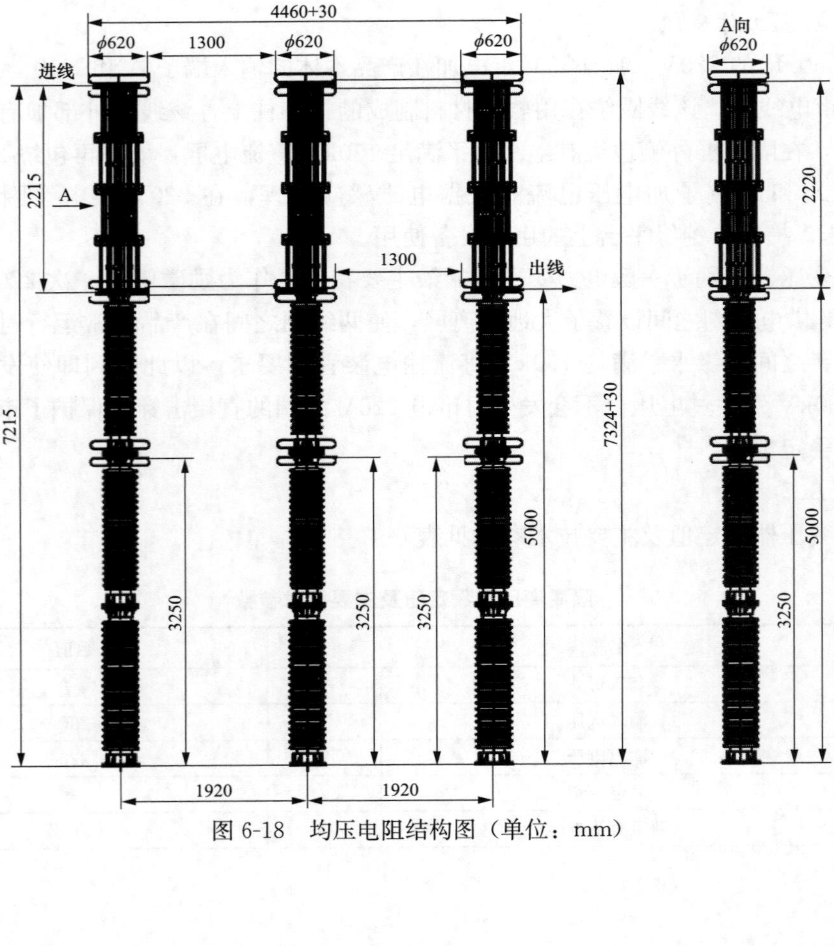

图 6-18　均压电阻结构图（单位：mm）

2. 电阻工作原理

根据消能装置单线图，设计固定元件两端的均压电阻时，固定元件和受控元件在持续运行电压的泄漏电阻、固定元件和受控元件的杂散电容、晶闸管触发开关 K0 的断态阻抗、晶闸管触发开关 K0 中的静态均压电阻和阻容回路、快速机械触发开关 K1 端口间的均压电阻、电子式电阻分压器的电容和电阻均需考虑，如图 6-19 所示。均压电阻的选取应综合考虑，选取合适的电阻值及其容量。

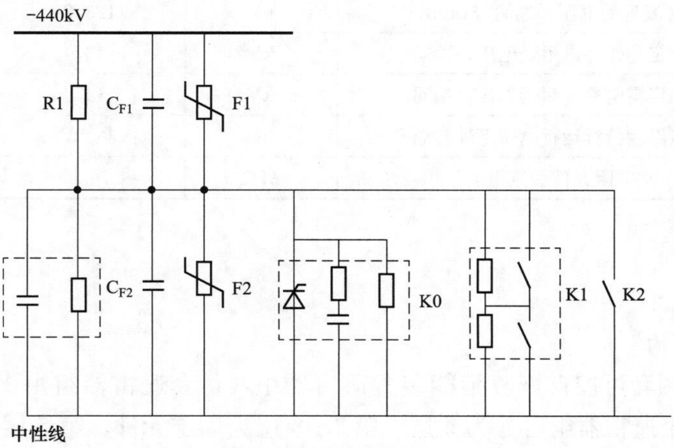

图 6-19 消能装置内各设备电阻和电容示意图

3. 电阻参数

均压电阻器（固定部分）技术参数见表 6-10。

表 6-10 均压电阻器（固定部分）技术参数

序号	项目	单位	要求值	响应值
1	额定电压	kV	440	440
2	持续运行电压	kV	363	363
3	额定电阻	MΩ	100	100
4	阻抗允许偏差		±2.5%	±2.5%
5	直流耐受电压，端间（3h）	kV	572	572
6	直流耐受电压，端间（1min）	kV	704	704
7	额定操作冲击耐受电压，端间	kV	642	642
8	额定雷电冲击耐受电压，端间	kV	680	680
9	环境温度持续运行电压下外套温升	K	≤20	≤20
10	电阻元件额定阻值	MΩ	33.33	33.33

均压电阻器（可控部分）技术参数见表 6-11。

表 6-11　　均压电阻器（可控部分）技术参数

序号	项目	单位	要求值	响应值
1	额定电压	kV	77	77
2	持续运行电压	kV	77	77
3	额定电阻	MΩ	25.6	25.6
4	阻抗允许偏差		±2.5%	±2.5%
5	直流耐受电压，端间（3h）	kV	100.1	100.1
6	直流耐受电压，端间（1min）	kV	123.2	123.2
7	额定操作冲击耐受电压，端间	kV	137	137
8	额定雷电冲击耐受电压，端间	kV	147	147
9	环境温度持续运行电压下外套温升	K	≤20	≤20
10	电阻元件额定阻值	MΩ	76.8	76.8

六、避雷器

1. 避雷器结构

本工程共有两套可控自恢复消能装置避雷器组，每套避雷器组由 136 柱（5 节/柱）避雷器组成。整个避雷器组可分为 5 层，第 1～4 层为固定元件，第 5 层为受控元件，每层共 136 节，共有 680 节，如图 6-20 所示。固定元件和受控元件采用 QA22（ϕ100×22μm）电阻片，整体 107 串 112 并，含 20%热备用 136 并。其中固定元件 88 串 112 并，含热备用 136 并；可控元件 19 串 112 并，含热备用 136 并。可控比 17.8%。

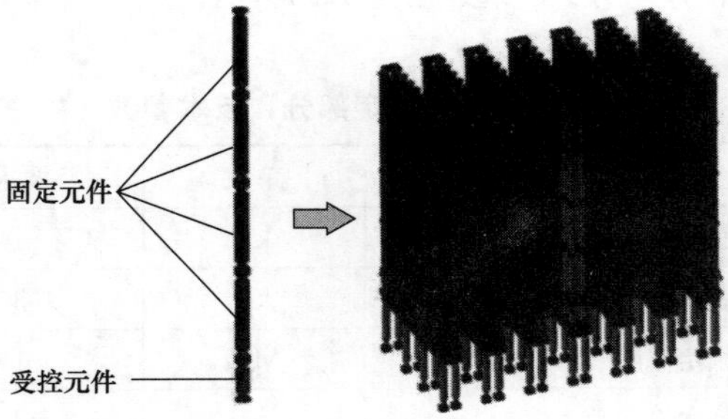

图 6-20　避雷器结构图

2. 避雷器工作原理

避雷器可以有效地保护电力设备，一旦出现过电压，避雷器起到保护作用。当被保护设备在正常工作电压下运行时，避雷器不会产生作用，避雷器视为断路。一旦出现高电压，且危及被保护设备绝缘时，避雷器立即动作，从而限制电压幅值，保护电气设备绝缘。当过电压消失后，避雷器迅速恢复原状，使系统能够正常供电。

3. 避雷器参数

避雷器参数见表 6-12。

表 6-12 避雷器参数

型号	TH20W-534/677
避雷器制造厂家	西安西电避雷器有限责任公司
出厂日期	2021-11
额定电压	534kV
持续运行电压	440kV
固定元件 4 节×136	
直流 1mA 参考电压	≥440kV（单节 110kV）
0.75 倍直流参考电压下的泄漏电流	≤50μA
可控元件（136）	
直流 1mA 参考电压	≥94kV
0.75 倍直流参考电压证的泄漏电流	≤50μA

第三节 设备检修与维护

一、K0 间隙开关试验

1. SF_6 气体密封性试验

为了验证产品密封结构装配程度，需要进行产品 SF_6 气体密封性试验。按 GB/T 11023—2018《高压开关设备六氟化硫气体密封试验方法》的要求，采用局部包扎法，对各密封部位进行包扎检漏，并将总漏气量折算至年漏气率。测试后的 SF_6 气体泄漏率折算至年漏气率，触发间隙年漏气率不大于 0.15%，供能变压器年漏气率不大于 0.5%，满足技术协议参数要求。

2. SF_6 气体微水测量

为了验证产品内充 SF_6 气体的质量性能是否满足标准要求，需对内充 SF_6 气体的水分含量进行测量。按 GB/T 11023—2018《高压开关设备六氟化硫气体密封试验方法》、GB/T 8905—2012《六氟化硫电气设备中气体管理和检测导则》的要求，用校验合格的微量水分测量仪进行 SF_6 气体水分含量测量。测试后的触发间隙和供能变压器的 SF_6 微量水分含量不大于 150μL/L，满足技术协议参数要求。

3. 气体混合比测量

为了验证产品内充 SF_6/N_2 气体的体积比是否满足技术参数要求。按 DL/T 1985—2019《六氟化硫混合绝缘气体混气比检测方法》的要求，用混合比综合检测仪对 SF_6/N_2 气体的体积比进行测量。测试后的 SF_6/N_2 气体的体积比为 3∶7（体积比变化范围 1%）。测试结果如图 6-21 所示，六氟化硫占比 29.14%。

图 6-21 SF_6/N_2 气体混合比测量结果

4. 间隙本体触发功能试验

用直流高压源在间隙本体两端施加正极性最低可触发电压。给控制器A和控制器B分别发送单次触发命令，重复试验3次，每次试验间隔3min。之后给控制器A和控制器B分别发送连续两次触发命令（间隔时间0.3s）。使用示波器监测间隙电压、触发信号，判断是否触通，触发性能是否正常。重复试验3次，每次试验间隔10min。

间隙在最低可触发电压50kV下，两个触发腔在单次触发试验中均能可靠触通，连续触发试验中均可实现0.3s内连续两次可靠触通。试验接线回路如图6-22所示。

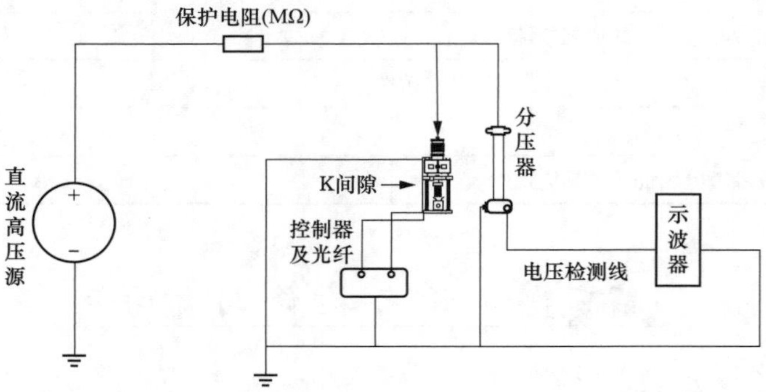

图6-22　试验接线回路

连接保护电阻及试验接线回路如图6-23所示，直流分压比为20000∶1，设置示波器通道为5V/格，则施加50kV时，50000V÷20000＝2.5V，间隙本体施加50kV直流电压触发功能试验，触发成功导通如图6-24所示。

(a)　　(b)

图6-23　连接保护电阻及试验接线回路

（a）保护电阻连接；（b）试验接线

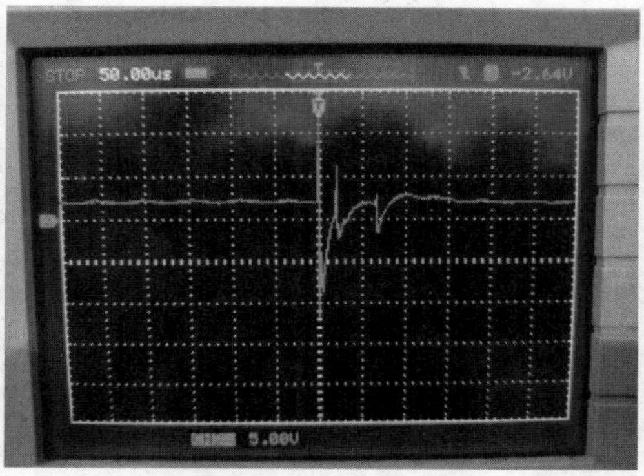

图 6-24　触发试验结果图

5. 绝缘试验

验证触发间隙绝缘性能，试验项目及方法见表 6-13。

表 6-13　　试验项目及方法

检验项目	技术要求		试验方法	测试设备及工具	备注
本体断口间绝缘试验	1min 直流耐受电压（正、负极性 1 次）	(117×80%)kV	按照 GB/T 25307—2010《高压直流旁路开关》、GB/T 311.1—《绝缘配合　第 1 部分：定义、原则和规则》和 GB/T 16927.1《高电压试验技术　第 1 部分：一般定义及试验要求》进行	直流电压发生器	内充最低气压 0.20MPa 的 SF_6/N_2 混合气体
绝缘平台绝缘试验	1min 直流耐受电压（正、负极性 1 次）	(225×80%)kV			

断口绝缘试验在间隙本体上接线端子与直流电压发生器高压端连接，下接线端子、控制箱可靠接地，施加直流耐受电压（117×80%）kV，试验持续时间 1min。试验接线示意如图 6-25 所示。

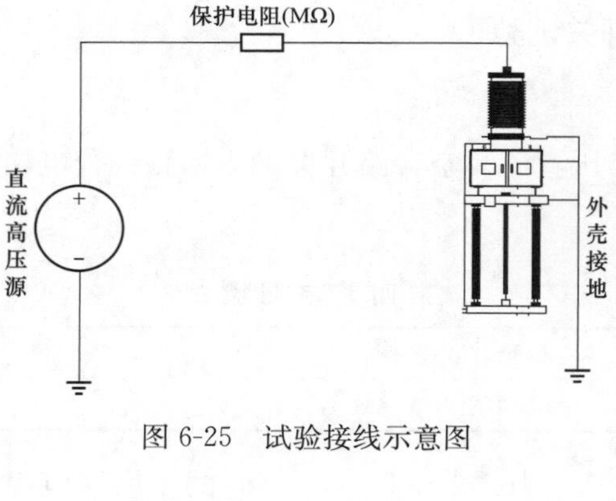

图 6-25　试验接线示意图

本体断口间直流耐压试验（117×80%）kV＝93.6kV/1min，试验合格。试验接线及结果如图 6-26 所示。

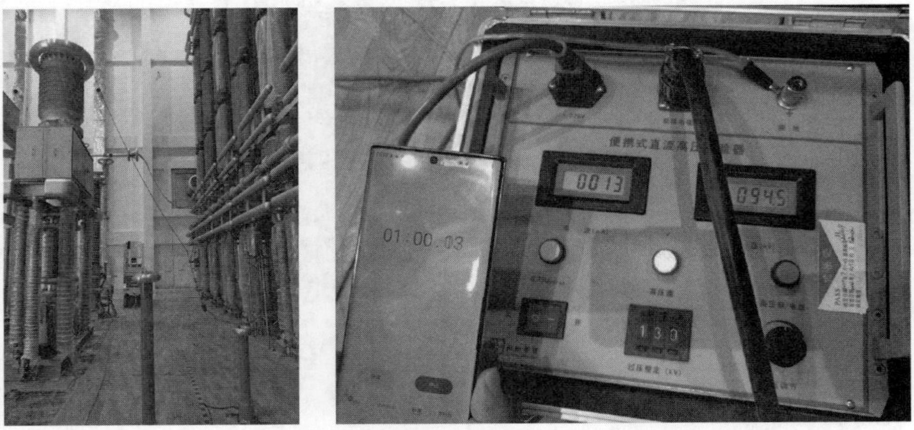

图 6-26　试验接线及结果

绝缘平台绝缘试验，间隙本体下接线端子与直流电压发生器高压端连接，绝缘平台下底架可靠接地，施加直流耐受电压（225×80%）kV，试验持续时间 1min。试验接线示意如图 6-27 所示。

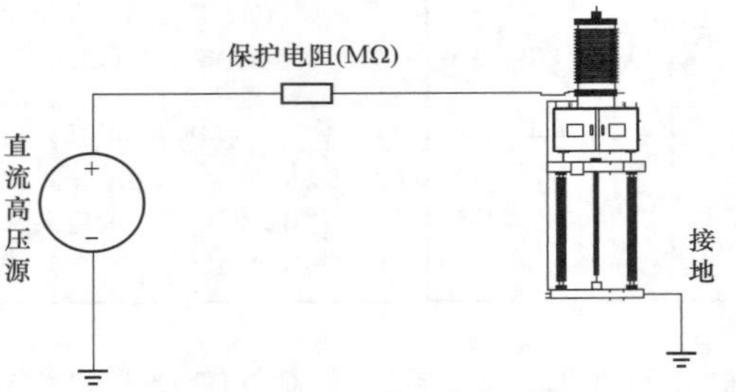

图 6-27　试验接线示意图

直流耐受电压试验后，非自恢复绝缘上无破坏性放电的发生，认为通过本试验。

二、K1 快速斥力开关试验

1. 主回路电阻测量

检查 ZPZW1-150 高压直流真空旁路开关的主回路部分电接触及导体部分的装配质量。主回路电阻测试见表 6-14。

表 6-14　　主回路电阻测试

序号	试验名称	试验参数
1	主回路电阻测试	≤50 μΩ

两端口处与合闸状态，测试端 A 和端 B 之间的主回路电阻，采用直流压降法，电流 100A，通过回路电阻测试仪进行主回路电阻测量。接线点如图 6-28 所示。

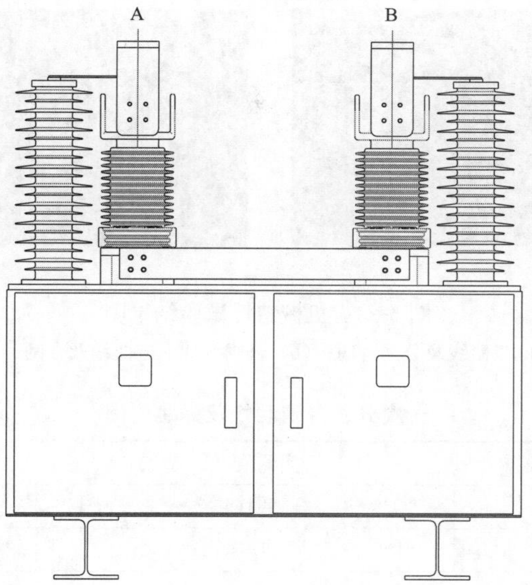

图 6-28　ZPZW1-150 高压直流真空旁路开关试验状态

实验结果见表 6-15。

表 6-15　　**主回路电阻测量结果**

试验状态	试验电流（A）	出厂值（μΩ）	实测值（μΩ）
QS1	100	≤30	20
QS2	100	≤30	19
总回路电阻	100	≤120	77.2
气候：阴		相对湿度：48%	环境温度：23℃

2. 机械特性试验

采用开关特性测试仪记录机械行程特性，并测得相应的分、合闸时间，进行 3 次循环，测得的分、合闸时间均需满足判据要求的值。机械特性要求见表 6-16。

表 6-16　　**机 械 特 性 要 求**

序号	试验项目	技术协议标准
1	合闸时间	≤5ms
2	分闸时间	≤20ms

通过示波器测量断口电流通断信号，通过罗氏线圈测量分、合闸及缓冲线圈的电流。从图 6-29 中可以读出断路器的分闸时间、合闸时间及弹跳时间，其中一次分、合闸动作及弹跳时间见表 6-17。

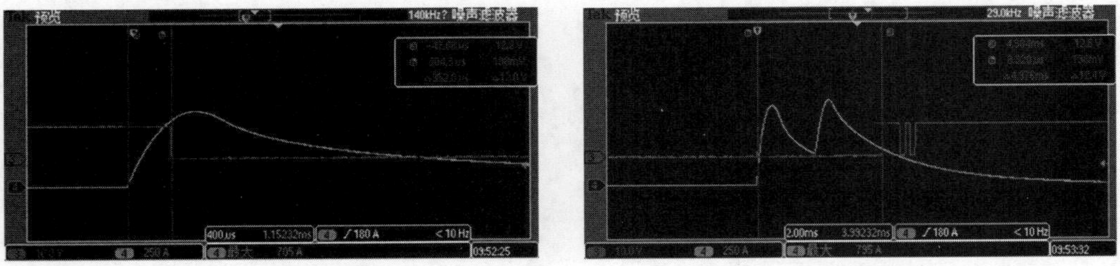

(a)　　(b)

图 6-29　机械特性试验结果图

(a) 分闸电流曲线及分闸时间；(b) 合闸缓冲电流曲线及合闸、弹跳时间

表 6-17　　**一次分、合闸动作及弹跳时间**

实测值		
分闸时间	合闸时间	弹跳时间
316 μs	4.71ms	3.80ms
相对湿度：48%		环境温度：23℃

3. 均压电阻测量

采用绝缘电阻表，对均压电阻器进行端子间电阻的测量，试验电压为 5kV，测量结果与出厂值相比应无明显差别，结果见表 6-18，内部均压电阻对额定阻值的相对偏差不大于±2%。

表 6-18　　**均 压 电 阻 测 量**

设备编号	额定值（MΩ）	试验电压（kV）	实测值（MΩ）	电阻误差（%）
QS1	200	5.0	198	−1.00
QS2	200	5.0	198	−1.00
气候：阴			相对湿度：48%	环境温度：23℃

4. 储能电容测量

快速机械开关储能电容配置为 4.5、4.5、8、8、5mF，储能电容要求误差范围为 0～3%。通过电容测试仪测试，结果见表 6-19，满足储能电容指标要求。

表 6-19　　**储 能 电 容 测 量 值**

电容	容值	快速开关端口 K11	快速开关端口 K12
合闸电容 1	4.5mF	4.558mF	4.506mF
合闸电容 2	4.5mF	4.535mF	4.509mF
缓冲电容 1	8mF	8.087mF	8.113mF
缓冲电容 2	8mF	8.088mF	8.169mF
分闸电容	5mF	5.118mF	5.116mF

5. 储能电容电压测量

快速机械开关储能电容电压配置为：分闸电压 810～815V、1 号合闸及缓冲电压

730～735V、2 号合闸及缓冲电压 730～735V。电容电压测试结果见表 6-20，满足储能电容电压要求。

表 6-20　储能电容电压测量值

储能电容电压	快速开关端口 K11		快速开关端口 K12	
	现场	后台	现场	后台
分闸电压	811	812	810	813
1 号合闸及缓冲电压	735	734	734	734
2 号合闸及缓冲电压	734	732	734	732

6. 分合闸电流测量

传统的氮气、碟簧、弹簧储能的断路器，断路器动作的整个过程中会持续地做功。斥力开关不同于传统的断路器，其能量来自电容对线圈的放电电流及斥力盘中感应的涡流之间的电磁斥力，随着断路器的运动电磁斥力衰减较快，电流的峰值及其波形对断路器的运动至关重要。因此在斥力开关试验中，分合闸线圈的电流非常重要，应要求测量分合闸线圈及缓冲线圈电流的峰值、峰值时间及半波时间来标定电流波形。

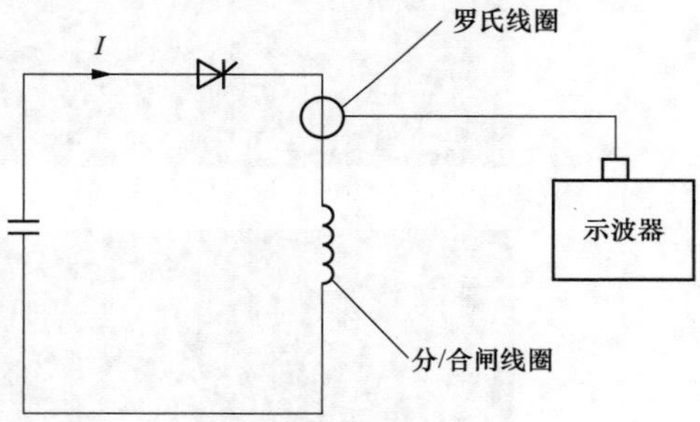

图 6-30　分合闸线圈电流测量图

将罗氏线圈套在斥力机构的合闸/分闸控制回路导线上，罗氏线圈探头与示波器连接，等效示意如图 6-30 所示。控制快速机械开关进行 3 次分合闸操作，通过示波器记录斥力机构分合闸控制回路中的电流波形并测量特征点数据。

线圈电流测量值见表 6-21。

表 6-21　线圈电流测量值

数据类型	K11	K12
分闸电流（峰值，A）	8000	7700
分闸电流峰值时间（ms）	0.478	0.504
分闸半波时间（ms）	1.298	1.22
合闸电流峰值（A）	8050	7850
合闸电流峰值时间（ms）	0.582	0.568
合闸半波时间（ms）	1.43	1.45
缓冲电流峰值（A）	7000	6550
缓冲电流峰值时间（ms）	0.55	0.54
缓冲半波时间（ms）	1.758	1.66

试验记录结果如图 6-31 所示。

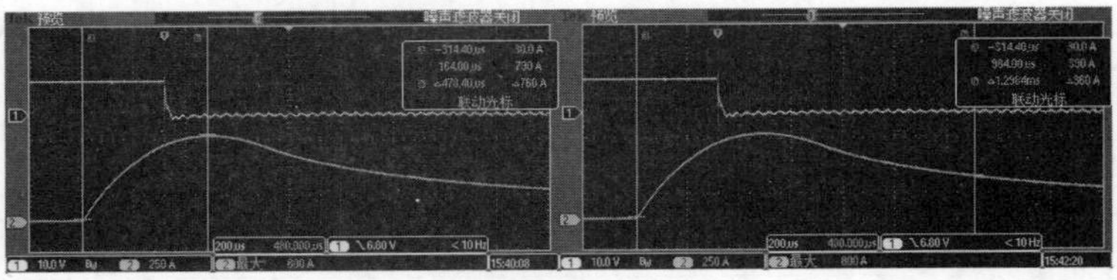

(a)

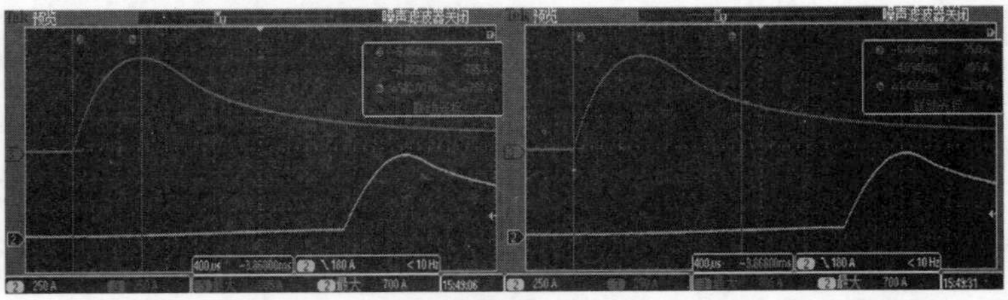

(b)

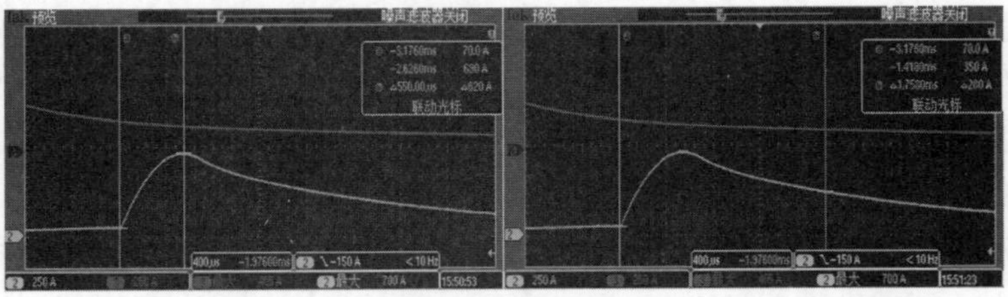

(c)

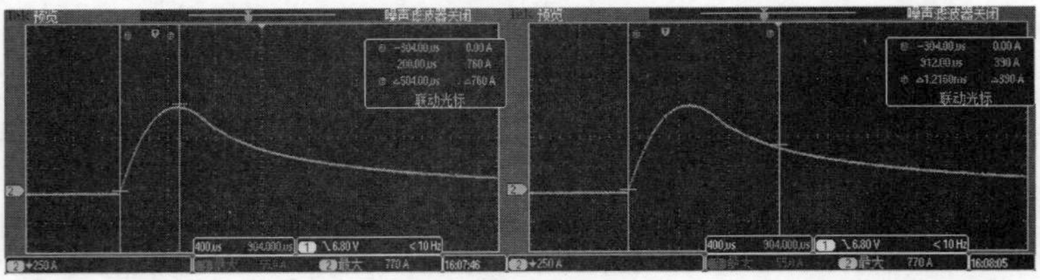

(d)

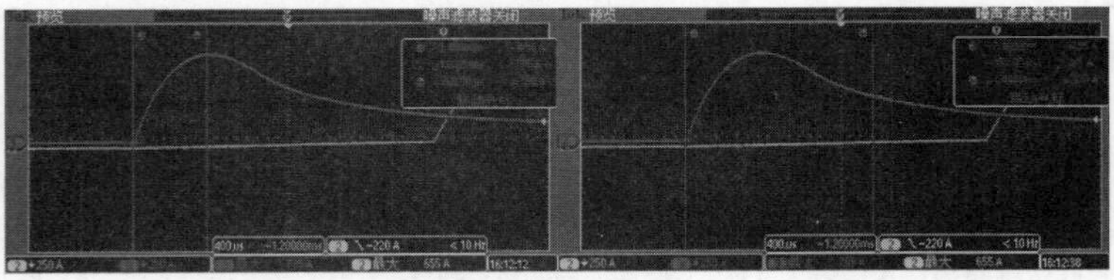

(e)

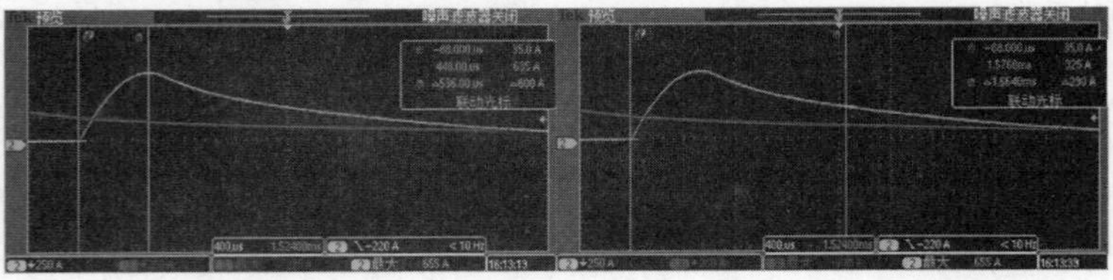

(f)

图 6-31　分合闸电流测量结果图

(a) K11 分闸电流数据；(b) K11 合闸电流数据；(c) K11 缓冲电流数据；(d) K12 分闸电流数据；(e) K12 合闸电流数据；(f) K12 缓冲电流数据

7. 极限电压测试

分闸储能电容正常范围为800～820V，充电控制范围为810～815V。合闸储能电容正常范围为720～740V，充电控制范围为730～735V。极限低压和高压下，快速机械开关能够正确执行分闸、合闸操作。机械性能满足设计要求：合闸时间不大于5ms、分闸时间不大于3ms。

（1）极限低压试验。

1）更新快速开关控制板卡程序，使得分闸储能电压为800～802V，合闸储能电容电压为720～722V。

2）触发回路上电，待储能电容充电完成后，记录储能电容电压。

3）依次遥控快速开关分闸和合闸，记录快速开关分闸时间和合闸时间。分合闸次数为3次。

实测电容电压见表6-22。

表6-22　　电容电压测量值

分闸电容电压	1号合闸电容电压	2号合闸电容电压
803V	724V	724V

分合闸时间测量值见表6-23。分、合闸时间及线圈电流波形如图6-32所示。

表6-23　　分合闸时间测量值

状态	第一次	第二次	第三次
分闸	0.35ms	0.35ms	0.35ms
合闸	4.99ms	4.98ms	4.97ms

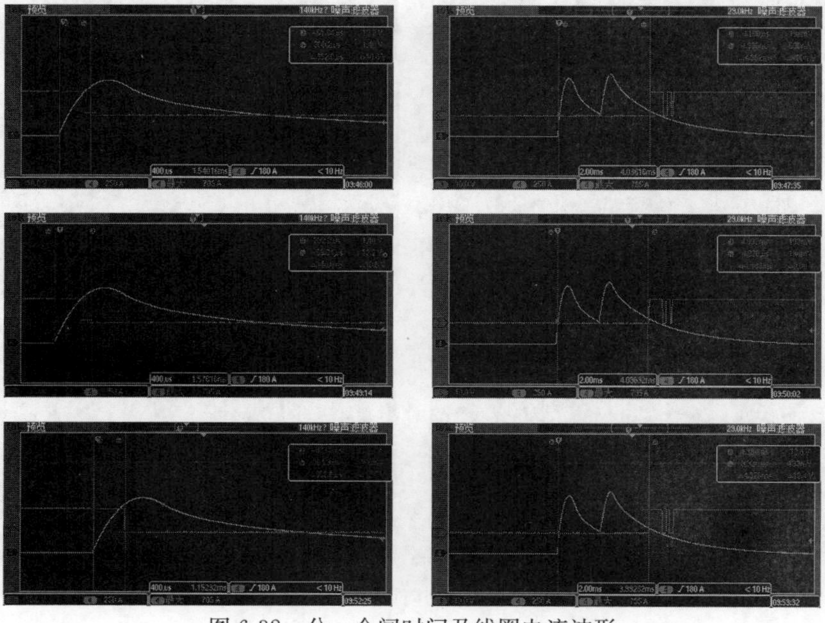

图6-32　分、合闸时间及线圈电流波形

(2) 极限高压试验。

1) 更新快速开关控制板卡程序，使得分闸储能电压为 818～820V，合闸储能电容电压为 738～740V。

2) 触发回路上电，待储能电容充电完成后，记录储能电容电压。

3) 依次遥控快速开关分闸和合闸，记录快速开关分闸时间和合闸时间。分合闸次数为三次。

实测电容电压数据见表 6-24。

表 6-24　　电容电压测量值

分闸电容电压	1 号合闸电容电压	2 号合闸电容电压
823V	743V	743V

分合闸时间测量值见表 6-25。分、合闸时间及线圈电流波形如图 6-33 所示。

表 6-25　　分合闸时间测量值

状态	第一次	第二次	第三次
分闸	0.34ms	0.35ms	0.36ms
合闸	4.26ms	4.30ms	4.36ms

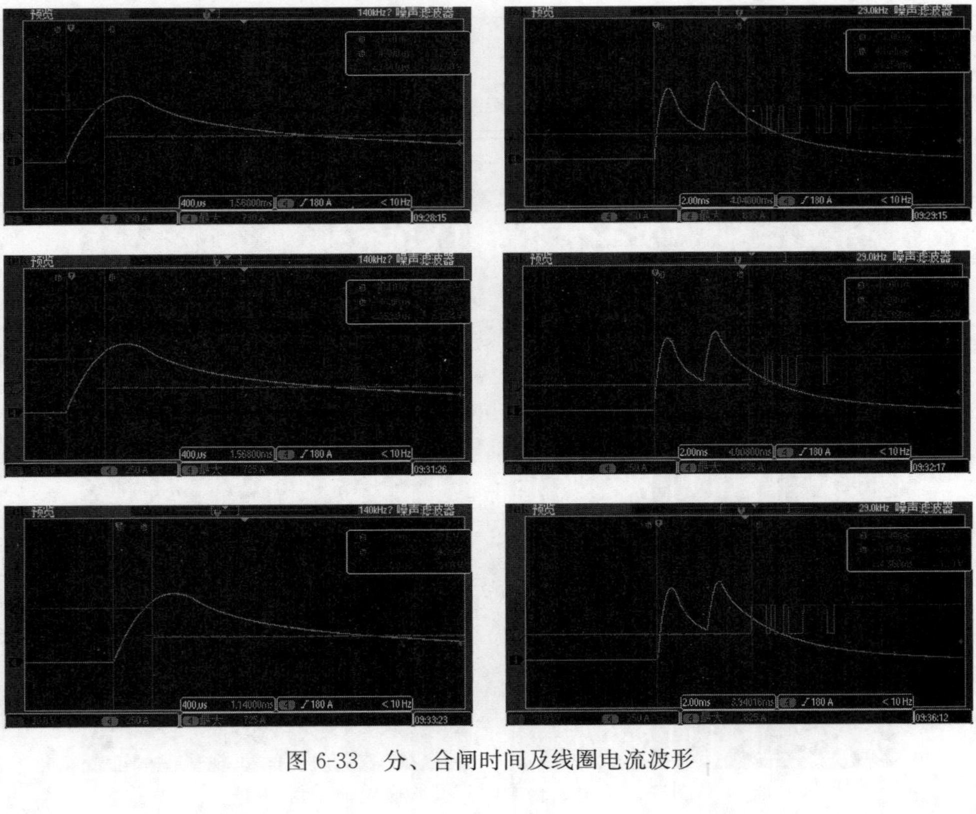

图 6-33　分、合闸时间及线圈电流波形

8. 分合闸到位偏差及缓冲器高度差测量

通过机械特性仪控制快速机械开关进行 3 组分合闸操作，记录开关分合闸时间及行程曲线。选定方便操作测量点并进行标定，每次分闸操作后在选定测量点处用量尺或塞尺测量斥力盘与合闸线圈间的距离，每次合闸操作后在选定测量点处用量尺或塞尺测量斥力盘与分闸线圈间的距离。分、合闸到位示意如图 6-34 所示，机械特性及合闸到位偏差见表 6-26。

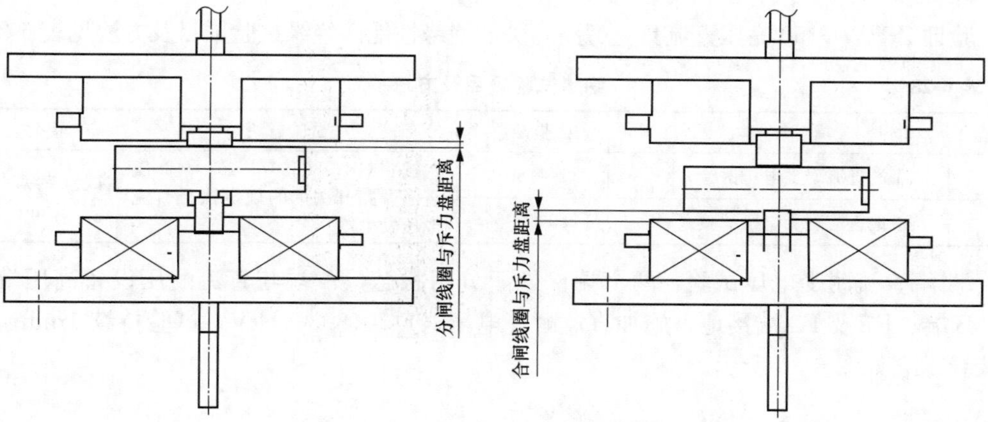

图 6-34　分、合闸到位示意图

表 6-26　分、合闸操作数据记录

序号	操作名称	时间（ms）	速度（m/s）	弹跳（ms）	到位偏差（mm）
1	合闸操作	4.8/4.8	4.7	3.5/4.3	0.2/0.1
	分闸操作	0.7/0.6	1.57	—	0.1/0.1
2	合闸操作	4.8/4.7	4.94	3.5/4.0	0.2/0.3
	分闸操作	0.7/0.6	1.58	—	0.1/0.2
3	合闸操作	4.7/4.8	4.76	4.4/4.2	0.3/0.2
	分闸操作	0.7/0.6	1.64	—	0.2/0.2

每次分闸操作后用量尺测量分闸缓冲器与减速板之间的距离，每次合闸操作后用量尺测量合闸缓冲器与减速板之间的距离，分、合闸缓冲器高度测量如图 6-35 所示，测量结果见表 6-27。

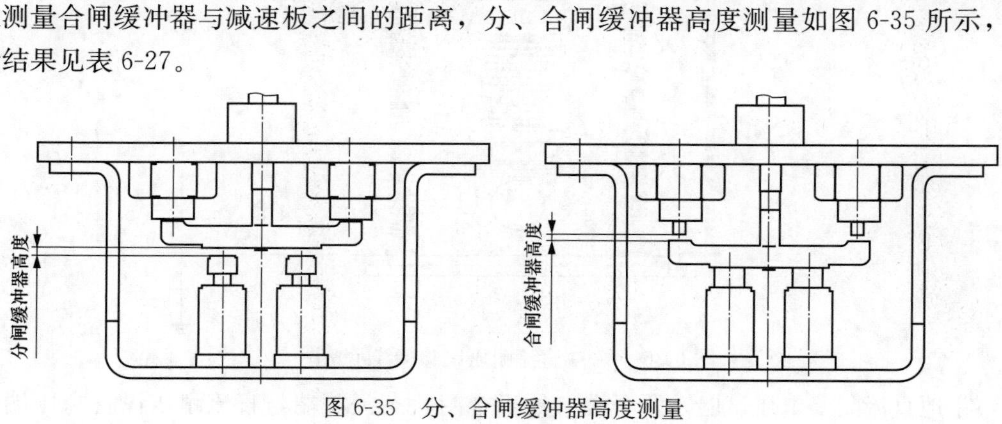

图 6-35　分、合闸缓冲器高度测量

表 6-27　　分、合闸缓冲器高度

序号	合闸缓冲器（mm）		分闸缓冲器（mm）	
	断口 1	断口 2	断口 1	断口 2
1	0.1	0.3	0.2	0.3
2	0.2	0.2	0.3	0.2
3	0.2	0.3	0.2	0.3

9. 绝缘试验

验证 ZPZW1-150 高压直流真空旁路开关的绝缘性能。绝缘试验项目及方法见表 6-28。

表 6-28　　绝缘试验项目及方法

序号	试验名称	试验参数	试验方法	备注
1	端-端直流耐受电压试验（kV）	117×80%	按照 GB/T 25307—2010《高压直流旁路开关》的规定执行直流电压发生器	试验持续时间 1min
2	端-地直流耐受电压试验（kV）	225×80%		

端-端直流耐受电压试验，两个端口处于分闸状态，A 端与直流耐压设备高压端连接，B 端、F1 及 F2 端接地，施加直流耐受电压（117×80%）kV，试验持续 1min。等效接线示意如图 6-36 所示。

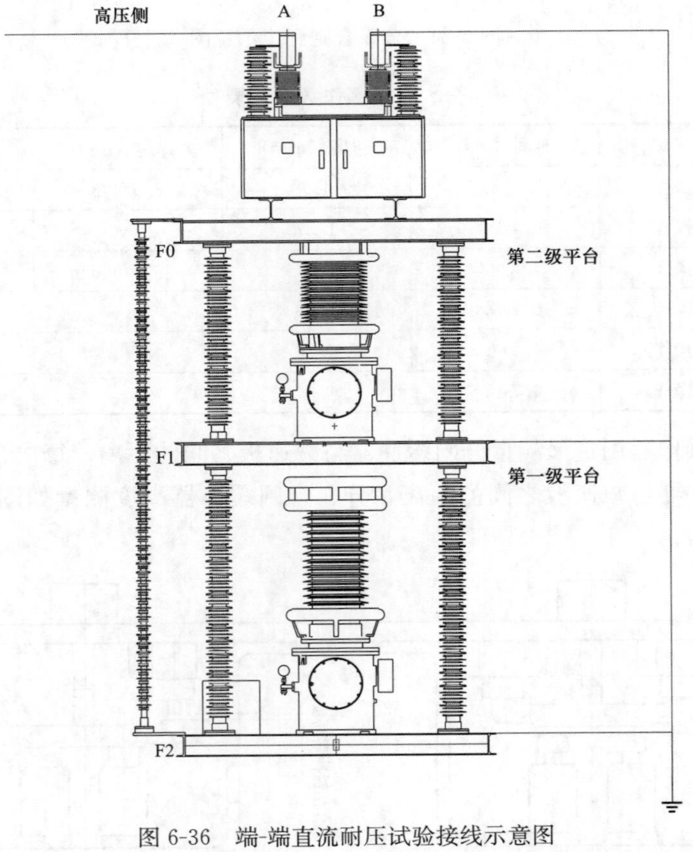

图 6-36　端-端直流耐压试验接线示意图

端-地直流耐受电压试验，两个端口处于合闸状态，A 端与直流耐压设备高压端连接，F2 端接地，施加直流耐受电压（225×80%）kV，试验持续 1min。等效接线示意如图 6-37 所示。绝缘试验结束后，非自恢复绝缘上不应发生破坏性放电，则通过绝缘试验。

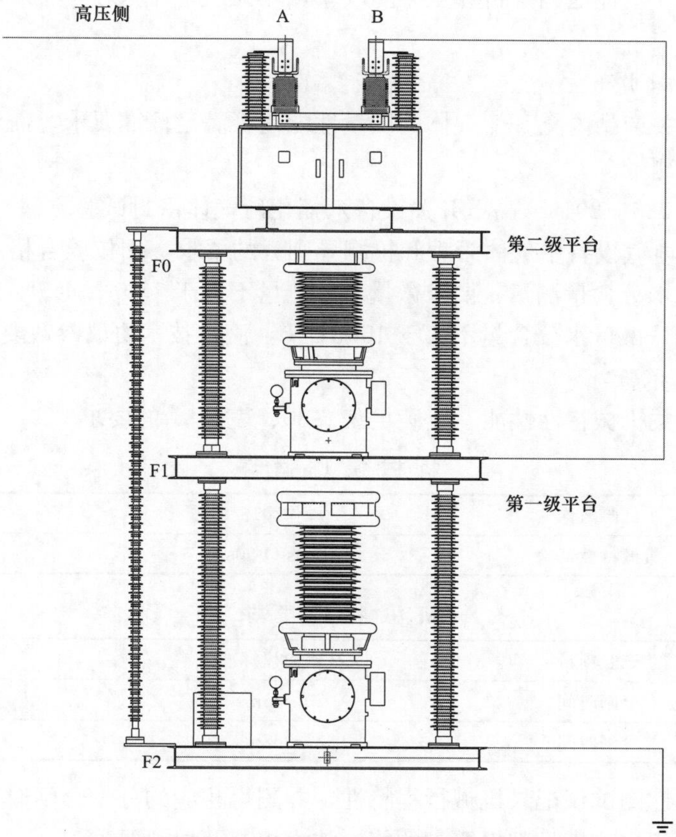

图 6-37　端-地直流耐压试验接线示意图

三、K2 机械开关试验

1. 主回路电阻测量

为了验证开关产品电接触的装配程度，应进行主回路电阻测量，主回路电阻测试见表 6-29。

表 6-29　　主回路电阻测试

序号	试验名称	试验参数	备注
1	主回路电阻测试	≤50μΩ	主回路整体参数

试验方法：两端口处于合闸状态，测试端 A 和端 B 之间的主回路电阻，试验电流取 100A 到额定电流之间的任意值，通过回路电阻测试仪进行主回路电阻测量。测试主回路电阻值，满足技术协议参数要求。

2. SF_6 气体密封性试验

为了验证开关产品密封结构装配程度，需要进行产品 SF_6 气体密封性试验。按 GB/T

11023—2018《高压开关设备六氟化硫气体密封试验方法》的要求，采用局部包扎法，对各密封部位进行包扎检漏，并将总漏气量折算至年漏气率。要求年漏气率不大于0.5%。

测试后的SF_6气体泄漏率折算至年漏气率，年漏气率不大于0.5%，满足技术协议参数要求。

3. SF_6气体微水测量

为了验证开关产品内充SF_6气体的质量性能是否满足标准要求，需对内充SF_6气体的水分含量进行测量。

按GB/T 11023—2018《高压开关设备六氟化硫气体密封试验方法》、GB/T 8905—2012《六氟化硫电气设备中气体管理和检测导则》的要求，用校验合格的微量水分测量仪进行SF_6气体水分含量测量，要求微量水分测量不大于150μL/L。

测试后的SF_6微量水分含量不大于150μL/L，满足技术协议参数要求。

4. 机械特性试验

验证旁路开关机械特性性能，应满足表6-30、表6-31的要求。

表6-30　　机械操作循环

序号	试验名称	操作循环	备注
1	机械特性试验	C-90s-O-90s	3次

表6-31　　机械特性要求

序号	试验项目	技术协议标准	备注
1	合闸时间	20～25ms	—
2	分闸时间	37～47ms	—

采用开关特性测试仪记录机械行程特性，并测得相应的分、合闸时间，进行3次循环，分、合闸时间均需满足判据要求的值、技术规范及协议要求。

5. 绝缘试验

验证旁路开关的绝缘性能，应满足表6-32的要求。

表6-32　　绝缘试验

检验项目	技术要求		试验方法	备注
额定直流耐受电压（1min）	对地（kV）	+341×80%	按照GB/T 25307《高压直流旁路开关》的规定执行直流电压发生器	内充闭锁压力0.5MPa气体
	断口（kV）	+117×80%		

端-端直流耐受电压试验，两个端口处于分闸状态，A端与直流电压发生器高压端连接，B端、F1接地，施加直流耐受电压（117×80%）kV，试验持续时间1min。旁路开关端间绝缘试验接线示意如图6-38所示。

直流耐受电压试验后，非自恢复绝缘上无破坏性放电的发生，则认为通过该试验。

端-地直流耐受电压试验，两个端口处于合闸状态，A端与直流电压发生器高压端连接，F1接地，施加直流耐受电压（341×80%）kV，试验持续时间1min。

旁路开关端对地绝缘试验接线示意如图6-39所示。

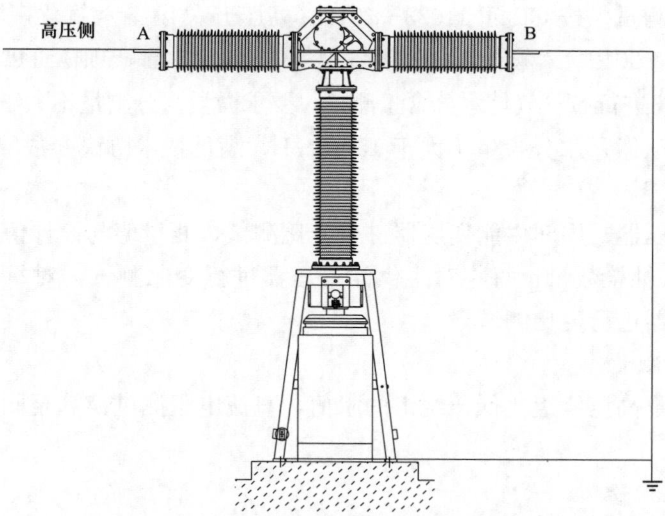

图 6-38　旁路开关端间绝缘试验接线示意图

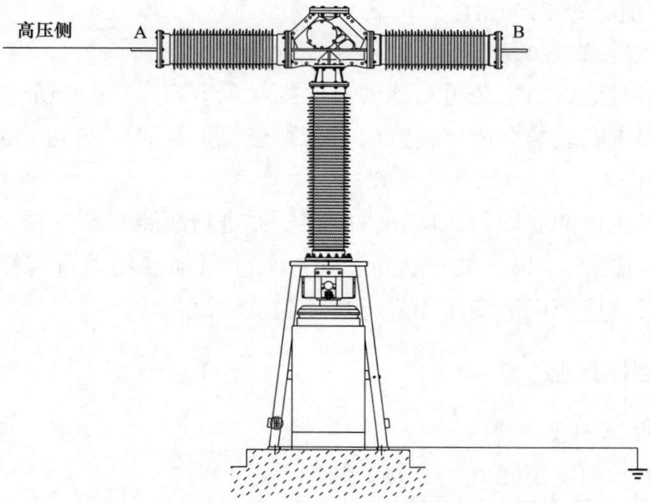

图 6-39　旁路开关端对地绝缘试验接线示意图

直流耐受电压试验后，非自恢复绝缘上无破坏性放电的发生，则认为通过该试验。

四、供能变压器试验

1. SF_6 气体密封性试验

为了验证供能变压器密封结构装配程度，需要进行产品 SF_6 气体密封性试验。按 GB/T 11023—2018《高压开关设备六氟化硫气体密封试验方法》的要求，采用局部包扎法，对各密封部位进行包扎检漏，并将总漏气量折算至年漏气率。要求年漏气率不大于 0.1%。

测试后的 SF_6 气体泄漏率折算至年漏气率，年漏气率不大于 0.1%，满足技术协议参数要求。

2. SF_6 气体微水测量

为了验证供能变压器内充 SF_6 气体的质量性能是否满足标准要求，需对内充 SF_6 气体的水分含量进行测量。按GB/T 11023—2018《高压开关设备六氟化硫气体密封试验方法》、GB/T 8905—2012《六氟化硫电气设备中气体管理和检测导则》的要求，用校验合格的微量水分测量仪进行SF_6气体水分含量测量，要求微量水分测量不大于150μL/L。

测试后的SF_6微量水分含量不大于150μL/L，满足技术协议参数要求。

3. 电压比测量

对主供能变压器、层间供能变压器进行变比测试，测量值与设计值的偏差应不超过设计值的±5%。抽检数量：每年对主供能变压器进行变比测试，对每个支路抽取一层的层间供能变压器进行变比测试。

4. 直流电阻测量

用万用表测量高压绕组、低压绕组的阻值，直流电阻测试换算至同温下同出厂值误差小于±2%。

5. 绝缘电阻测量

测量高压对低压及地、低压对高压及地、铁心对地的绝缘电阻值，根据制造厂要求：60s绝缘电阻值超过2000MΩ。

6. 介质损耗及电容量测量

测量一次绕组对地、二次绕组对地的介质损耗及电容量，受到杂散电容的影响，安装后的介质损耗和未安装的介质损耗无法比较。建议大修时以安装后的测试值作参考。

7. 短路阻抗测试

在低电压下对主供能变压器、层间供能变压器进行短路阻抗测试，测量值与设计值的偏差不超过设计值的±5%。抽检数量：每年对主供能变压器进行短路阻抗测试，对每个支路抽取一层的层间供能变压器进行短路阻抗测试。

五、均压电阻器试验

1. 单元冷态电阻测量

检测电阻器单元的冷态阻值，应满足偏差要求。

（1）要求测试环境干燥清洁，测试样品表面清洁、干燥，空气湿度不大于50%，电阻器应堆放到绝缘橡胶垫上。

（2）用高阻测试仪（精度不应大于1%）测量固定部分电阻单元和可控部分电阻单元的冷态电阻R_x。按以下公式将R_x折算到25℃标准值R_{25}。

$$R_{25}=\frac{R_x}{1+\alpha_{25}(t-25)}$$

式中 t——测试时的环境温度，℃；

R_x、R_{25}——测试值和25℃下的标准值，Ω；

α_{25}——电阻材料25℃时的温度系数。

合格判据如下：

（1）固定部分R_{25}范围应为100MΩ（1±2.5%）；

（2）可控部分R_{25}范围应为102.4MΩ（1±2.5%）。

2. 整机冷态电阻测量

检测电阻器整机的冷态阻值，应满足偏差要求。

(1) 要求测试环境干燥、清洁，测试样品表面清洁、干燥，空气湿度不大于50%，电阻器整机安装完毕后测试。

(2) 用高阻测试仪（精度不应大于1%）测量固定部分电阻器整机和可控部分电阻器整机的冷态电阻 R_x。按以下公式将 R_x 折算到25℃标准值 R_{25}。

$$R_{25}=\frac{R_x}{1+\alpha_{25}(t-25)}$$

式中 t——测试时的环境温度，℃；

R_x、R_{25}——测试值和25℃下的标准值，Ω；

α_{25}——电阻材料25℃时的温度系数。

合格判据如下：

(1) 固定部分 R_{25} 范围应为100MΩ（1±2.5%）；

(2) 可控部分 R_{25} 范围应为25.6MΩ（1±2.5%）。

六、避雷器试验（按供能变压器试验的结构重新编写）

根据GB/T 11032—2020《交流无间隙金属氧化物避雷器》的规定，避雷器的直流试验包括1mA直流参考电压、0.75倍直流参考电压下漏电流试验，是考核避雷器性能最为重要的指标。避雷器单元匹配、现场安装后以及运行维护过程中，均需要进行避雷器直流试验，且需要对装置组成的每一节避雷器单元进行性能试验，以保证整个设备安全运行。

1. 试验装置

大规模成组避雷器直流试验成套装置（简称“成套装置”）由直流高压试验电源（120kV/300mA）、集束式变阻抗测量单元（140台，电流测量范围为0～5mA，电压测量范围为0～10kV）、多功能测量单元储存柜（140台测量单元）、测量单元专用连接器、中控系统等组成。

成套装置为满足成组避雷器主体设备免拆装的情况下，5次试验即可完成该共680（136×5）节避雷器的直流试验，并精确给出每一节避雷器的试验数据及判断结果，主要技术特点如下：

(1) 将680节避雷器依次编号，5次试验即可完成精确测量每一节避雷器1mA直流参考电压与0.75倍参考电压的漏电流。

(2) 主设备避雷器不需要拆装连接铝排及顶部均压环，通过快速专用连接器，接入高压和集束式变阻抗测量单元，即可进行试验，试验准备工作量极大降低，工程周期显著缩短。

(3) 不少于136个的即插即用自供电集束式变阻抗测量单元（简称测量单元），通过无线组网技术，形成测控通信的局域网，试验过程中自动调节回路阻抗、测量回路直流电流和避雷器施加电压，传送至中控系统，加压施压过程不需要人工干预，智能快捷。

(4) 测量单元自带电池供电，工作时不需要外部供电电源，减少供电连接线，进一步降低试验准备的工作量，同时采用多功能测量单元储存柜，按照编号存储140个测量单元，测量单元工作方式为装柜充电、连接避雷器自动开机使用（类似无线耳机使用方式），测量单元电量实时显示并通过无线传输至中控系统。

（5）试验电源采用超大功率、高稳定度、低纹波、高调节分辨率的直流高压发生器（120kV/300mA），一次试验过程可完成整层 136 节避雷器试验，五次试验即可完成避雷器装置的全部试验。

（6）试验过程由中控系统进行集中控制，中控系统通过组建的测量单元无线通信局域网，实时与每一个测量单元进行通信，采集每一节避雷器的试验参数，存储于中控系统内，实时分析与记录试验结果。中控系统通过光纤实时控制直流高压发生器启停与升降压，0.75 试验功能也由中控系统控制实现，试验过程中若有避雷器绝缘性能破坏或者下降而不满足规程要求，则直接显示该故障避雷器编号，终止试验进程，可选的继续下一层避雷器试验或等待修复完成后继续该层试验。

2. 试验方案

大规模成组避雷器连接如图 6-40 所示，该图定义的测试点用于连接直流高压电源的输出或测量单元。D1～D5 分别代表五层避雷器，以单柱避雷器连接为例。特别地，每一次试验前需检查测量单元电量，每一次更换接线需放电并将高压侧“挂地线”。每层试验过程如下：

（1）第 1 层。试验准备：136 个测量单元正极测试夹，分别连接于第一层避雷器，

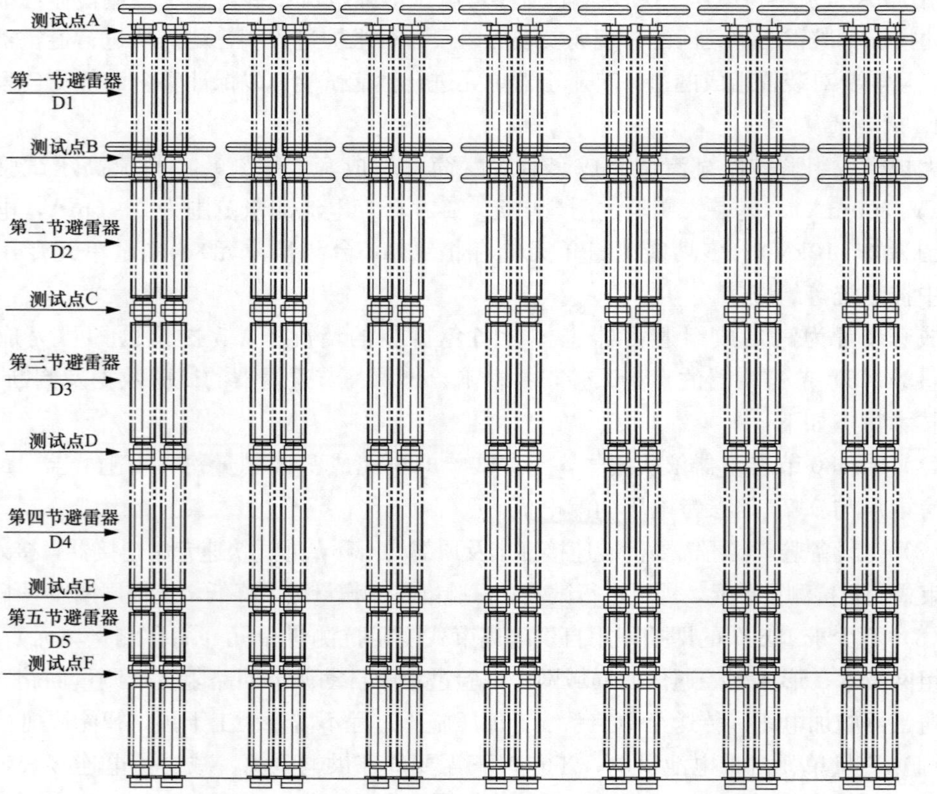

图 6-40　大规模成组避雷器连接图

即 D1 的下端，测量单元负极连接大地线，将直流高压电源高压输出端连接于测试点 A 即避雷器装置顶部，测试点 F 即第五层避雷器 D5 的下端连接大地。绝缘与安全：由于 D2～D5 为串联关系，且 D2 的上端为地电位，因此仅第一层试验电流较大，其他层无电压也无悬浮电位，如图 6-41（a）所示。

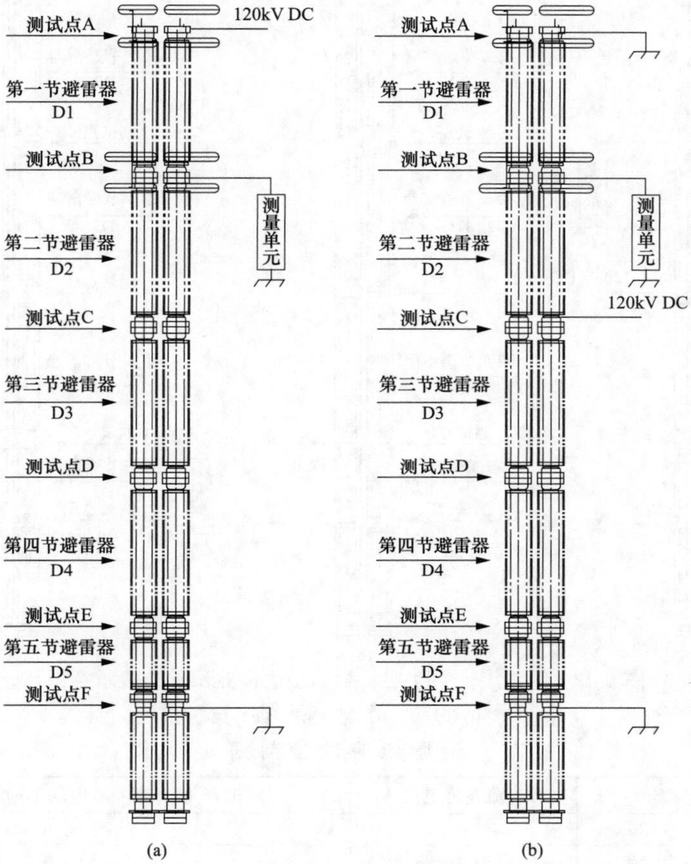

图 6-41　第 1 层、第 2 层避雷器试验连接示意图

（a）第 1 层避雷器试验连接；（b）第 2 层避雷器试验连接

（2）第 2 层。试验准备：测试点 C 通过导线将整层短路连接在一起，将直流高压电源高压输出端连接于测试点 C，测试点 A 即第一层避雷器 D1 的上端连接大地。测量单元接线及位置保持不变，测试点 F 接线保持不变。绝缘与安全：避雷器 D1 上端为地电位，下端通过测量单元连接至电位，因此无电压；D3～D5 为串联关系，其参考电压远高于 D1 参考电压，因此仅第二层试验电流较大，其他层泄漏电流可以忽略不计，且无悬浮电位，如图 6-41（b）所示。

采用类似方式，第 3～5 层接线如图 6-42 所示。

3. 试验判据

直流参考电压及 0.75 倍直流参考电压下的泄漏电流试验判据见表 6-33。

避雷器及底座绝缘电阻试验判据见表 6-34。

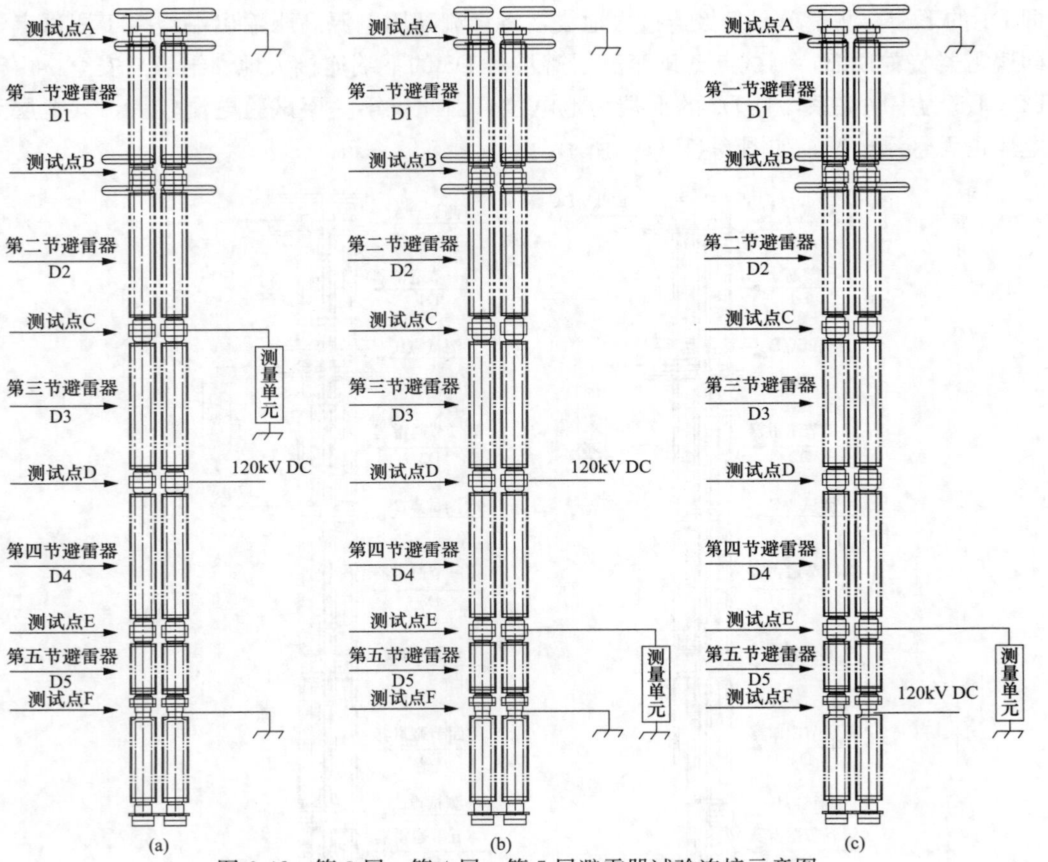

图 6-42　第 3 层、第 4 层、第 5 层避雷器试验连接示意图

(a) 第 3 层；(b) 第 4 层；(c) 第 5 层

表 6-33　泄漏电流试验判据

层数	编号	直流参考电压	0.75 倍直流参考电压下的泄漏电流
1	1-136	⩾110kV	⩽50μA
2	1-136	⩾110kV	⩽50μA
3	1-136	⩾110kV	⩽50μA
4	1-136	⩾110kV	⩽50μA
5	1-136	⩾94kV	⩽50μA

表 6-34　避雷器及底座绝缘电阻试验判据

层数	编号	绝缘电阻
1	1-136	⩾5GΩ
2	1-136	⩾5GΩ
3	1-136	⩾5GΩ
4	1-136	⩾5GΩ
5	1-136	⩾5GΩ
底座	1-136	⩾3GΩ

4. 试验结果

部分避雷器伏安特性曲线试验结果如图 6-43 所示。部分避雷器底座绝缘电阻试验结果如图 6-44 所示。

避雷器试验报告

测量部位	极1第1层																
编号	1	2	3	4	5	6	7	8	9	10	11	12	13	14	15	16	17
1mAU	112.30kV	112.90kV	112.30kV	112.49kV	112.78kV	112.90kV	112.99kV	112.50kV	112.49kV	112.70kV	112.69kV	112.50kV	112.60kV	112.70kV	112.59kV	112.49kV	112.48kV
0.75I	0000μA	0000μA	0000μA	0000μA	0000μA	0000μA	0000μA	0000μA	0000μA	0000μA	0000μA	0000μA	0000μA	0000μA	0000μA	0000μA	0000μA
编号	18	19	20	21	22	23	24	25	26	27	28	29	30	31	32	33	34
1mAU	112.90kV	112.60kV	112.89kV	112.80kV	112.80kV	112.30kV	112.59kV	112.60kV	112.90kV	112.79kV	112.79kV	112.70kV	112.80kV	113.00kV	112.80kV	112.70kV	112.80kV
0.75I	0000μA	0000μA	0000μA	0000μA	0000μA	0000μA	0001μA	0000μA	0000μA	0000μA	0000μA	0000μA	0000μA	0000μA	0000μA	0000μA	0000μA
编号	35	36	37	38	39	40	41	42	43	44	45	46	47	48	49	50	51
1mAU	112.80kV	112.49kV	112.99kV	112.60kV	112.40kV	112.39kV	113.00kV	112.60kV	112.50kV	112.50kV	112.49kV	112.70kV	112.50kV	112.70kV	112.60kV	112.60kV	112.39kV
0.75I	0000μA	0000μA	0000μA	0000μA	0000μA	0000μA	0000μA	0000μA	0000μA	0000μA	0000μA	0000μA	0000μA	0001μA	0000μA	0000μA	0000μA
编号	52	53	54	55	56	57	58	59	60	61	62	63	64	65	66	67	68
1mAU	112.79kV	112.50kV	112.49kV	112.70kV	113.00kV	112.70kV	112.90kV	112.60kV	112.80kV	112.80kV	113.00kV	112.50kV	112.50kV	112.70kV	112.90kV	112.80kV	112.60kV
0.75I	0000μA	0001μA	0000μA	0000μA	0000μA	0000μA	0000μA	0000μA	0000μA	0000μA	0000μA	0000μA	0000μA	0000μA	0000μA	0000μA	0000μA
编号	69	70	71	72	73	74	75	76	77	78	79	80	81	82	83	84	85
1mAU	113.00kV	112.70kV	112.70kV	112.50kV	112.70kV	112.70kV	112.59kV	112.90kV	113.00kV	113.00kV	112.50kV	112.80kV	112.90kV	112.90kV	112.90kV	112.69kV	112.80kV
0.75I	0000μA	0001μA	0000μA	0000μA	0000μA	0000μA	0000μA	0000μA	0000μA	0000μA	0000μA	0000μA	0000μA	0000μA	0000μA	0000μA	0000μA
编号	86	87	88	89	90	91	92	93	94	95	96	97	98	99	100	101	102
1mAU	113.00kV	113.00kV	113.00kV	112.10kV	112.30kV	112.90kV	112.50kV	112.70kV	112.50kV	112.49kV	112.40kV	112.59kV	112.70kV	112.80kV	112.60kV	113.00kV	112.90kV
0.75I	0000μA	0000μA	0000μA	0000μA	0000μA	0000μA	0000μA	0000μA	0000μA	0000μA	0000μA	0000μA	0000μA	0000μA	0000μA	0000μA	0000μA
编号	103	104	105	106	107	108	109	110	111	112	113	114	115	116	117	118	119
1mAU	113.10kV	112.60kV	112.51kV	112.59kV	112.60kV	113.00kV	112.89kV	112.80kV	112.90kV	113.00kV	113.00kV	113.10kV	113.10kV	112.80kV	113.00kV	113.10kV	112.91kV
0.75I	0000μA	0001μA	0000μA	0000μA	0000μA	0000μA	0000μA	0000μA	0000μA	0000μA	0000μA	0000μA	0000μA	0000μA	0000μA	0000μA	0000μA
编号	120	121	122	123	124	125	126	127	128	129	130	131	132	133	134	135	136
1mAU	112.91kV	112.60kV	112.60kV	112.60kV	112.59kV	113.01kV	112.81kV	112.80kV	112.79kV	112.60kV	112.60kV	112.80kV	112.90kV	113.10kV	112.90kV	112.60kV	112.79kV
0.75I	0001μA	0000μA	0000μA	0000μA	0000μA	0000μA	0000μA	0000μA	0000μA	0000μA	0000μA	0000μA	0000μA	0000μA	0000μA	0000μA	0000μA

图 6-43　部分避雷器伏安特性曲线试验结果

避雷器底座绝缘电阻试验																本体：2.5kV	
极1底座																	单位
1	2	3	4	5	6	7	8	9	10	11	12	13	14	15	16	17	编号
37.9	38.4	44.3	37.1	46.4	46.2	51.2	47.3	43.9	36.2	37.3	40.3	54.9	45.5	42.6	45.7	51.8	GΩ
18	19	20	21	22	23	24	25	26	27	28	29	30	31	32	33	34	编号
43.3	42.4	39.1	55.0	41.5	39.8	44.0	44.4	47.6	39.6	44.8	51.5	50.4	52.8	40.4	54.4	44.9	GΩ
35	36	37	38	39	40	41	42	43	44	45	46	47	48	49	50	51	编号
40.6	35.8	52.4	52.3	44.0	53.3	40.0	46.6	45.7	37.4	47.0	41.6	41.3	43.1	39.3	46.3	36.0	GΩ
52	53	54	55	56	57	58	59	60	61	62	63	64	65	66	67	68	编号
47.0	49.2	47.0	47.3	46.6	51.5	54.1	53.2	42.7	37.0	36.8	53.8	36.2	47.1	47.7	39.4	50.6	GΩ
69	70	71	72	73	74	75	76	77	78	79	80	81	82	83	84	85	编号
35.7	47.8	35.5	35.5	36.5	43.9	37.9	42.5	52.5	52.8	54.6	39.9	35.9	36.9	51.0	52.2	43.5	GΩ
86	87	88	89	90	91	92	93	94	95	96	97	98	99	100	101	102	编号
36.3	38.5	53.0	41.5	36.1	54.6	45.3	39.6	41.0	35.7	48.1	54.1	51.3	41.7	39.2	52.2	40.6	GΩ
103	104	105	106	107	108	109	110	111	112	113	114	115	116	117	118	119	编号
41.5	36.2	44.1	44.3	41.0	46.6	54.4	43.5	43.0	51.8	44.2	45.2	43.2	37.9	52.9	41.3	41.7	GΩ
120	121	122	123	124	125	126	127	128	129	130	131	132	133	134	135	136	编号
37.0	43.1	36.2	37.0	45.4	39.7	48.0	40.5	45.4	45.1	52.3	46.3	42.7	39.9	49.9	41.5	42.3	GΩ

图 6-44　部分避雷器底座绝缘电阻试验结果

第四节　典型问题分析——极1可控自恢复消能装置K1开关合闸储能电容电压异常

一、缺陷概况

2022 年 10 月 18 日，站内监控后台显示快速斥力开关 K1 轻微故障及报警。EDC A/B 套主要事件：14 时 10 分 12 秒报：控制器 A/B 套合闸 1 充电电源异、开关充电电源异常、断口 1 合闸回路 1 电容电压异常；100 秒后报：K1 合闸回路异常；14 时 18 分报：控制器 A/B 套断口 2 合闸回路 1 电容电压异常。导致断口 1 及断口 2 的合闸回路 1 均不可用。2022 年 12 月 4 日，相同故障再次出现。K1 开关后台事件如图 6-45 所示。

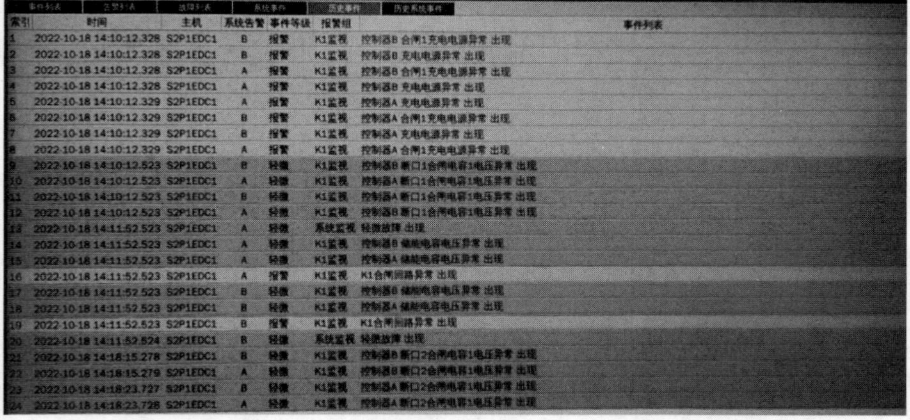

索引	时间	主机	系统告警	事件等级	报警组	事件列表
1	2022-10-18 14:10:12.328	S2P1EDC1	B	报警	K1监视	控制器B 合闸1充电电源异常 出现
2	2022-10-18 14:10:12.328	S2P1EDC1	B	报警	K1监视	控制器B 充电电源异常 出现
3	2022-10-18 14:10:12.328	S2P1EDC1	A	报警	K1监视	控制器B 合闸1充电电源异常 出现
4	2022-10-18 14:10:12.328	S2P1EDC1	A	报警	K1监视	控制器B 充电电源异常 出现
5	2022-10-18 14:10:12.329	S2P1EDC1	A	报警	K1监视	控制器A 充电电源异常 出现
6	2022-10-18 14:10:12.329	S2P1EDC1	B	报警	K1监视	控制器A 合闸1充电电源异常 出现
7	2022-10-18 14:10:12.329	S2P1EDC1	B	报警	K1监视	控制器A 充电电源异常 出现
8	2022-10-18 14:10:12.329	S2P1EDC1	A	报警	K1监视	控制器A 合闸1充电电源异常 出现
9	2022-10-18 14:10:12.523	S2P1EDC1	B	轻微	K1监视	控制器B 断口1合闸电容1电压异常 出现
10	2022-10-18 14:10:12.523	S2P1EDC1	A	轻微	K1监视	控制器A 断口1合闸电容1电压异常 出现
11	2022-10-18 14:10:12.523	S2P1EDC1	B	轻微	K1监视	控制器A 断口1合闸电容1电压异常 出现
12	2022-10-18 14:10:12.523	S2P1EDC1	A	轻微	K1监视	控制器B 断口1合闸电容1电压异常 出现
13	2022-10-18 14:11:52.523	S2P1EDC1	A	轻微	系统监视	轻微故障 出现
14	2022-10-18 14:11:52.523	S2P1EDC1	A	轻微	K1监视	控制器B 储能电容电压异常 出现
15	2022-10-18 14:11:52.523	S2P1EDC1	A	轻微	K1监视	控制器A 储能电容电压异常 出现
16	2022-10-18 14:11:52.523	S2P1EDC1	A	报警	K1监视	K1合闸回路异常 出现
17	2022-10-18 14:11:52.523	S2P1EDC1	B	轻微	K1监视	控制器B 储能电容电压异常 出现
18	2022-10-18 14:11:52.523	S2P1EDC1	B	轻微	K1监视	控制器A 储能电容电压异常 出现
19	2022-10-18 14:11:52.523	S2P1EDC1	B	报警	K1监视	K1合闸回路异常 出现
20	2022-10-18 14:11:52.524	S2P1EDC1	B	轻微	系统监视	轻微故障 出现
21	2022-10-18 14:18:15.278	S2P1EDC1	B	轻微	K1监视	控制器B 断口2合闸电容1电压异常 出现
22	2022-10-18 14:18:15.279	S2P1EDC1	A	轻微	K1监视	控制器B 断口2合闸电容1电压异常 出现
23	2022-10-18 14:18:23.727	S2P1EDC1	B	轻微	K1监视	控制器A 断口2合闸电容1电压异常 出现
24	2022-10-18 14:18:23.728	S2P1EDC1	A	轻微	K1监视	控制器A 断口2合闸电容1电压异常 出现

图 6-45　K1 开关后台事件

二、缺陷分析

姑苏换流站极 1 可控消能装置 K1 开关生产厂家为西安西电高压开关有限责任公司，产品型号：ZPZW1-150，机构类型：电磁斥力机构。双断口真空断路器采用 U 形结构，断口 1 和断口 2 分别配置：2 个合闸回路和 1 个分闸回路。电容充电电源采用双电源冗余设计，两个电源同时对断口 1 和 2 的合闸电容 1 进行充电。K1 快速斥力开关触发控制回路原理如图 6-46 所示。

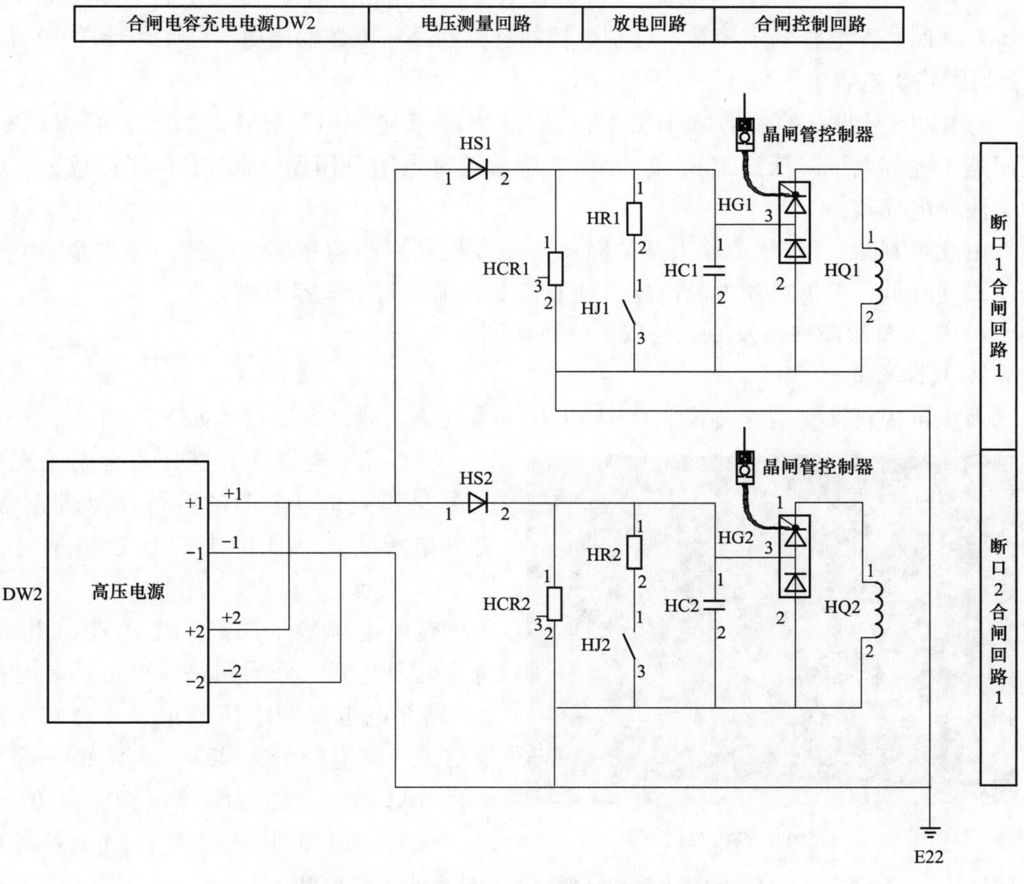

图 6-46 K1 快速斥力开关触发控制回路原理图

其中，DW 表示高压电源；HS 表示二极管；HCR 表示分压器 50MΩ；HR 表示放电电阻 5kΩ；HJ 表示继电器；HC 表示储能电容；HG 表示晶闸管、二极管组件；HQ 表示电磁线圈。

通过控制晶闸管导通控制电容器对斥力线圈放电，从而驱动斥力机构实现分闸/合闸操作。为了保证电磁斥力机构能可靠动作并满足动作特性要求，分别对储能电容电压进行监测，监测回路为电阻分压器。同时，为了检修的安全性，在二次控制回路中配置了放电回路。

1. 报文分析

分、合闸回路储能电容电压额定值分别为3900、4800V，额定值容量均为249.5μF。

某储能回路电容电压低于额定5%，高压电源会发出回路充电电源异常信号，2个合闸回路、1个分闸回路，任意回路储能电容低于额定电压5%，则报充电电源异常。

储能电容电压低于额定10%，通过电压测量回路检测，会发出储能电容电压异常信号，持续100s后，报系统轻微故障、回路异常。储能电容电压低于额定100V开始充电，高于额定100V停止充电。

14时10分12秒报：控制器A/B套合闸1充电电源异常、开关充电电源异常和断口1合闸回路1电容电压异常，分别由控制器判断高压电源输出电压低于4560V和断口1合闸回路1电容电压低于4320V发出。

14时18分报：控制器A/B套断口2合闸回路1电容电压异常。8分钟后断口2合闸回路1电容电压降低到4320V，是由于电容通过电阻分压器（50MΩ）缓慢放电，电源无法充电导致。

由此可判断，K1快速斥力开关断口1触发控制回路的零部件故障，导致储能电容电压瞬间降低，拉低高压电源电压，使断口2合闸回路1电容无法充电。

12月4日故障事件及原因与以上分析相同。

2. 故障检查

极1可控自恢复消能装置K1电容电压异常检查、测试方案具体如下：

图6-47　充电电源状态指示灯

检查充电电源运行状态，合闸1充电电源及其他充电电源的运行指示灯正常，充电电源正常。充电电源状态指示灯如图6-47所示。

充电电源显示的高压电源输出电压、电流见表6-35，分闸回路充电电源和合闸2回路充电电源的电压值正常，合闸1充电电源一路电压值为25V，电流值一路为20.4mA；另一路为33V，电流值为20.3mA。可判断快速开关合闸1触发控制回路有元件故障，储能电容无法建立电压，回路处于导通状态。

表6-35　高压电源电压、电流输出表

电源	输出电压（kV）		输出电流（mA）	
DW1-分	3.910	3.890	0	0
DW2-分	0.025	0.033	20.4	20.3
DW3-分	4.829	4.806	0.3	0

通过放电回路释放电容储存电能，确保电容电压为零后，进一步检查机构向内部。外观检查正常。

检测合闸1触发控制回路，合闸1触发控制回路如图6-48所示。用万用表测量合闸1触发控制回路HC1接线端子1和接线端子2之间电阻，处于导通状态。检查其他触发控制回路，电阻均约5kΩ（放电电阻5kΩ），由此判断合闸1触发控制回路元件故障。

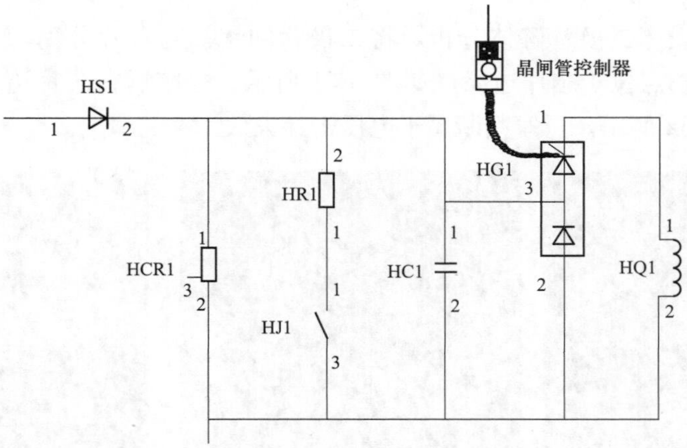

图6-48 合闸1触发控制回路

单个元器件参数检查。解开电容器、晶闸管与二极管压接套件之间的连接导线，单独测量各元件参数。

合闸1触发控制回路电容器电容值正常，如图6-49所示，均约250μF。

合闸1触发控制回路的晶闸管正相不导通，电阻约16.5MΩ，二极管反向处于导通状态，如图6-50所示，电阻约0.07Ω。判断电容器、晶闸管正常，二极管反向击穿。

图6-49 电容量测量

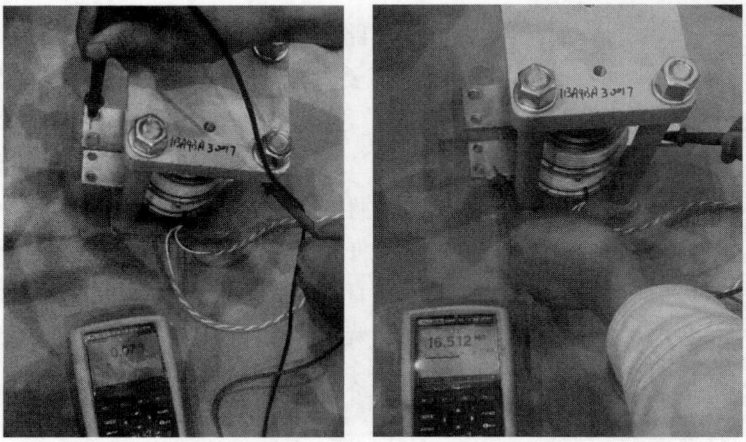

图6-50 二极管、晶闸管检查

检查其他控制回路电容器电容量满足要求，晶闸管与二极管正常。

储能电容及电磁分合闸线圈回路的晶闸管、二极管由西安派瑞供货。核查生产记录，该只二极管主要技术参数原始记录符合技术规范要求，同批次相比无差异，工艺记录无异常。

西安派瑞对损坏二极管解体分析，将二极管的钼片与芯片分离，分离时二者有粘连。检查发现损伤点位于芯片边缘，如图 6-51 所示。去胶后在芯片边缘可看到明显击穿损伤，如图 6-52 所示。厂家判断属于电压击穿失效。

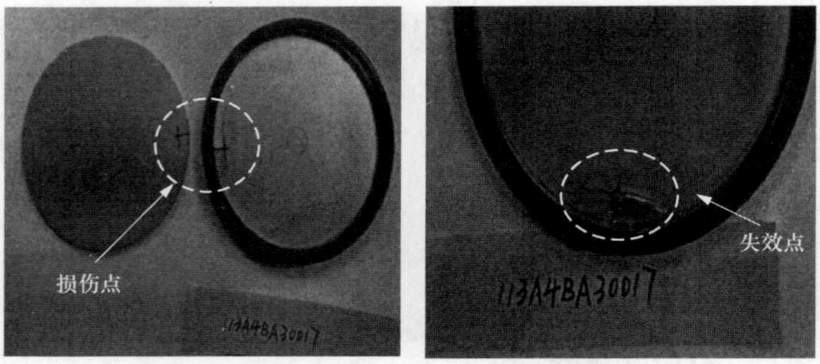

图 6-51　二极管解体图

图 6-52　二极管边缘失效点

晶闸管与二极管阻断特性参数见表 6-36。

表 6-36　　晶闸管与二极管阻断特性参数

晶闸管阻断特性参数（KP10KY8500）	
参数名称	电压（kV）
断态和反向不重复峰值电压 U_{DSM}/U_{RSM}	8.5
断态和反向重复峰值电压 U_{DRM}/U_{RRM}	8
二极管阻断特性参数（ZP25KY6500）	
参数名称	电压（kV）
反向不重复峰值电压 U_{RSM}	6.5
反向重复峰值电压 U_{RRM}	6

图 6-53　故障二极管测量

合闸回路储能电容电压 4800kV，晶闸管正向及二极管反向都要长期承受该静态电压。晶闸管设计裕量约 1.67 倍，二极管设计裕量约 1.25 倍。造成该事故的原因是：二极管设计裕量不足，且器件阻断特性存在一定分散性。

12 月 4 日再次故障后，打开极 1 可控消能装置控制屏柜，关闭 K1 快速机械开关供能变供电电源空开，打开快速机械开关机构箱门，根据触发控制回路原理图，用万用表检查断口 2 合闸 1 触发控制回路二极管状态，故障二极管阻值实际测量为 29Ω，可以判断为该器件故障。故障二极管测量如图 6-53 所示。

三、处理结果

10 月 14 日故障后，更换断口 1 合闸回路 1 的晶闸管与二极管压接组件，检查搭接面直阻合格。检查更换零部件二次接线，确保各导线连接正确、可靠。由于只更换了晶闸管与二极管压接组件，不会影响其机械特性，仅做遥控和状态检查。快速斥力开关重新上电，检查快速斥力开关各监视状态。通过控制系统操作开关进行分/合闸动作，并监视每次操作后的状态报文。开关各监视状态及操作后的状态报文均正常。

12 月 4 日，再次出现相同故障后，将所有晶闸管更换为裕度更高的晶闸管。改用 ZP20KY8500 型二极管，其参数见表 6-37，该二极管通流能力满足要求。需更换 K1 开关断口 1/2 合闸回路 1/2 的续流二极管，共 4 个。更换完二极管后，测量了快速开关的合闸时间，合闸时间不大于 5ms，并通过控制系统操作开关进行一次分闸动作和一次合闸动作，并监视了每次操作后的状态报文，均满足要求。

表 6-37　　二极管（ZP20KY8500）阻断特性参数

二极管阻断特性参数（ZP20KY8500）	
参数名称	电压（kV）
反向不重复峰值电压 U_{RSM}	8.5
反向重复峰值电压 U_{RRM}	8

考虑器件选型裕量较小的问题，仅更换故障器件，并不能有效避免故障发生。给出两种后续整改方案。

方案 1：更改设计回路，如图 6-54 所示。更改后二极管不承受静态反向电压。该方案具有较好的可行性。

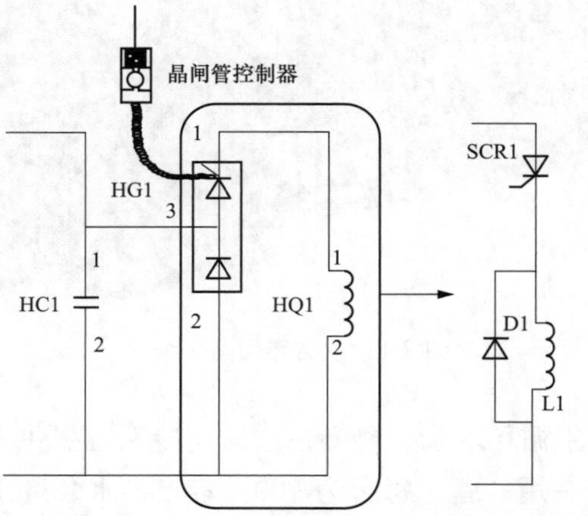

图 6-54　合闸线圈放电回路变更图

方案 2：增大储能电容容量，降低电容电压值。需重新设计合闸线圈参数（匝数、高度、内径、外径等），降低电感值，从而可以在增大电容容量的同时，可以保证放电电流的峰值大小及时间，提高能量利用效率，同时可以优化开关结构，降低拉杆重量，降低动质量。

第七章 阀冷却系统

第一节 阀冷却系统概述

一、内冷系统

阀内冷系统主循环冷却回路包括主循环水泵、主过滤器、脱气罐等主要设备。主循环回路三维图如图 7-1 所示。

图 7-1 主循环回路三维图

(1) 主循环水泵。主循环水泵是离心泵，为阀冷系统提供密闭循环流体所需动力，采用集装式机械密封，一用一备，每台为 100%容量。水泵进出口设置柔性接头减振，并设置软启动器和旁路相结合的方式，可对软启动器进行在线检修。主循环水泵采用软启动加工频旁路的配置方式，以防止单一元件故障后导致主循环水泵不可用。主循环水泵配置如图 7-2 所示。

每台主循环泵底部均设置有主泵轴封漏水检测装置，主泵前后均设置检修阀门，一旦出现主循环泵漏水，阀冷系统将及时给出报警，提醒运行、检修人员进行问题处理，

图 7-2　主循环水泵配置

保证主循环泵安全、可靠运行。主泵漏水检测装置如图 7-3 所示。

(2) 主过滤器。为防止循环冷却水在快速流动中可能冲刷脱落的刚性颗粒进入阀体，在阀体进水管路设置精度为 100μm 机械过滤器，采用网孔标准水阻小的不锈钢滤芯。过滤器设置压差开关，提示滤芯污垢程度。过滤器采用 T 形结构，可方便地通过拆卸法兰进行滤芯更换和维护。主过滤器配置两台，可对单台主过滤器实现在线检修。主过滤器滤芯如图 7-4 所示。

图 7-3　主泵漏水检测装置

图 7-4　主过滤器滤芯

(3) 脱气罐。置于主循环冷却回路水泵进口处，罐顶设自动排气阀，彻底排出冷却水中气体。脱气装置如图 7-5 所示。

（4）去离子水处理回路。去离子水处理回路并联于主循环回路，主要由混床离子交换器及相关附件组成，对阀冷系统主循环回路中的部分介质进行纯化。离子交换器设两台，一用一备，其中一台更换时不影响系统运行。离子交换器设电导率传感器，检测到高值时，提示更换离子交换树脂。同时设流量计，监视回路堵塞情况。离子交换器出口设置精密过滤器，共两套，一用一备，滤芯可清洗。去离子水处理回路外形如图 7-6 所示。

图 7-5　脱气装置

图 7-6　去离子水处理回路外形图

（5）氮气稳压系统。在水处理回路上设有氮气稳压系统，由氮气瓶、氮气管路、膨胀罐等组成。在膨胀罐的顶部充有稳定压力的高纯氮气，以保持管路的压力恒定和冷却介质的充满。膨胀罐可缓冲冷却水因温度变化而产生的体积变化。

氮气密封使冷却介质与空气隔绝，对管路中冷却介质的电导率及溶解氧等指标的稳定起着重要的作用。氮气稳压回路如图 7-7 所示。

（6）膨胀罐。配置 3 台电容式液位传感器和 1 台就地显示的磁翻板式液位计，当液位到达低点时，发出报警信号，并自动补水。当液位到达超低点时，发出跳闸报障信号，提示操作人员检修系统。膨胀罐的液位传感器为线性连续信号，如下降速率超过整定值，则系统判断管路可能有泄漏。辅机中的膨胀罐如图 7-8 所示。

图 7-7　氮气稳压回路

图 7-8　辅机中的膨胀罐

(7) 补水装置。补水装置包括补水用原水罐、补水泵、原水泵及补水管道等。补水泵根据膨胀罐液位自动进行补水，也可根据情况手动补水。补水装置外形如图 7-9 所示。

(8) 原水罐。原水罐采用密封式，以保持补充水水质的稳定。原水罐设磁翻板液位计。当原水罐液位低于设定值时，提示操作人员启动原水泵补水，保持原水罐中补充水的充满。

原水罐配置可自动开关的电磁阀，在补水泵和原水泵启动时自动打开，以保持原水的纯净度。

图 7-9 补水装置外形图

(9) 水泵及原水泵。原水泵设 1 台，补水泵设 2 台，自动补水时互为备用。原水泵出水设置过滤器和进出口压力表。

二、外冷系统

(1) 闭式冷却塔。在换流阀水路内被加热升温的冷却水进入室外蒸发式冷却塔内的换热盘管，喷淋水泵从室外地下水池抽水均匀喷洒到冷却塔的换热盘管表面，喷淋水吸热后变成水蒸气通过风机排至大气，在此过程中，换热盘管内的冷却水将得到冷却，降温后的内冷却水由循环水泵再送至换流阀，如此周而复始地循环。

闭式冷却塔由换热盘管、换热层、动力传动系统、水分配系统、检修门及检修通道、集水箱、底部滤网等部分组成。

(2) 喷淋水系统。喷淋水系统主要由喷淋水泵、喷淋水输送管道及管道附件（阀门、弯头、波纹管等）、喷淋水分配管道、喷头等组成。

每台闭式冷却塔均配置两台喷淋循环水泵，每台水泵均为 100%的容量，互为备用。水泵采用基坑式安装，前后设置阀门，以便在不停运外冷系统的情况下进行喷淋泵故障检修。喷淋泵外形及剖面如图 7-10 所示。

图 7-10 喷淋泵外形及剖面图

（3）补充水处理装置。为严格控制喷淋水的水质，延长闭式冷却塔盘塔使用寿命，减少运行期间冷却塔的维护量，补充水处理装置采用原水预处理设备和反渗透处理设备相结合的方式设计。反渗透处理设备则由保安过滤器、高压泵、加药装置、反渗透膜及相应的管道阀门等组成，其主要流程：原水进水—微孔过滤器—石英砂过滤器—活性炭过滤器—保安过滤器—高压泵—反渗透—加药装置—喷淋水池。

反渗透系统主要由保安过滤器、反渗透升压泵、反渗透膜元件及化学清洗单元等组成。运用高压水泵，使原水在压力的作用下渗透过孔径只有 0.0001μm 的反渗透膜。化学离子、细菌、真菌、病毒体不能通过，随废水排出，只允许体积小于 0.0001μm 的水分子通过。反渗透系统是喷淋水处理系统主要的脱盐装置，采用膜分离手段去除水中的离子、有机物及微细悬浮物（细菌、病毒和胶体微粒），以达到水的脱盐纯化目的。

阀外冷系统反渗透装置外形如图 7-11 所示。

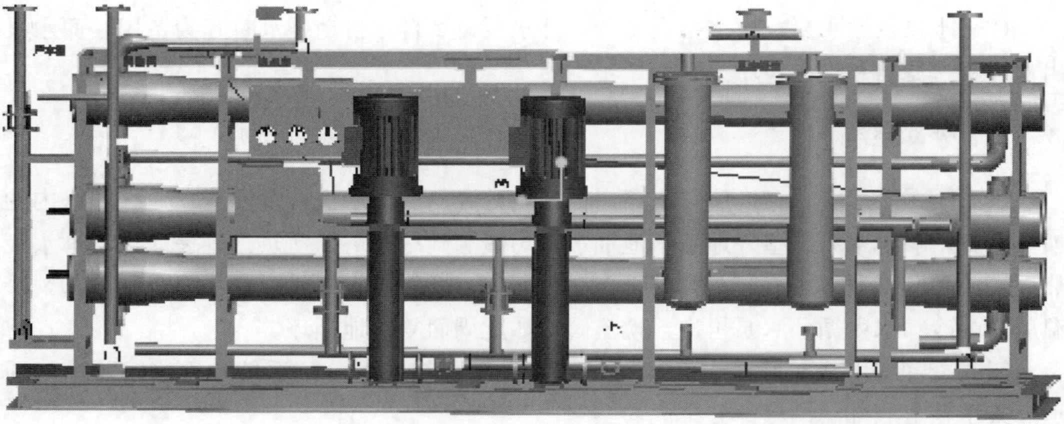

图 7-11　阀外冷系统反渗透装置外形图

（4）喷淋水自循环旁路过滤系统。喷淋水反复不停地经过闭式冷却塔的蒸发而被浓缩，为了避免因喷淋水中杂质过多、菌类的滋生，喷淋缓冲水池的水通过旁路循环管道进行过滤。系统主要由循环水泵、过滤器、管道、阀门及其他附件组成。旁路循环处理回路流量不小于喷淋水循环流量的 5%。旁路循环处理回路设置排水阀，旁路循环水泵采用卧式离心不锈钢泵，PLC 系统控制水泵定期自动运行，当水质传感器检测到水质的浓缩倍数达到 10 时，将信号反馈给控制系统，排水阀打开排水，浓缩倍数达标后则关闭排水阀，以保证喷淋水的水质在要求的范围内。砂滤器示意如图 7-12 所示。

（5）喷淋水加药系统。喷淋水中要求投加杀菌灭藻剂，杀菌灭藻剂采用氧化性杀生剂与非氧化性杀生剂交替使用的方式。喷淋水加药系统如图 7-13 所示。

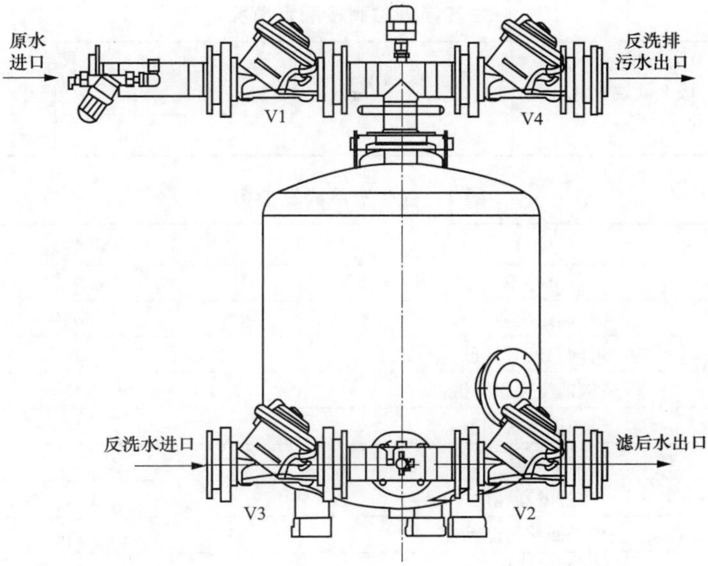

图 7-12 砂滤器示意图

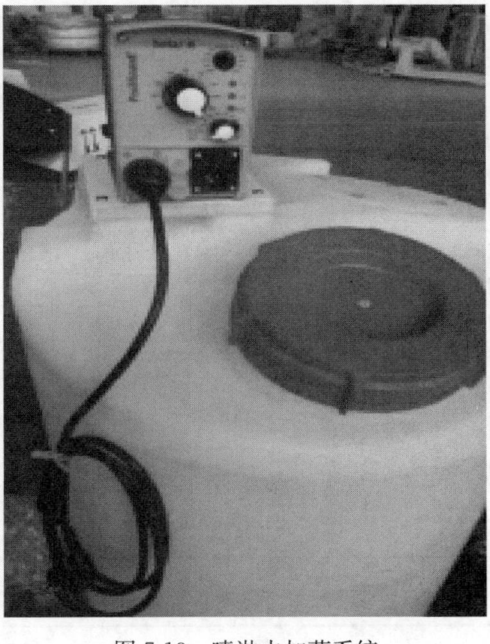

图 7-13 喷淋水加药系统

三、设备参数

姑苏站全站阀厅配置 14 套阀内外冷系统，每个高端阀厅配置 1 套阀冷系统，其余每个柔性直流阀厅配备 2 套阀冷系统，由 4 个阀冷厂家供货。姑苏换流站阀冷配置情况见表 7-1。4 个厂家的阀冷系统设计参数有所不同，具体详见表 7-2～表 7-6。

表 7-1　　姑苏换流站阀冷配置情况

位置	极 1、极 2 高端，极 2 低端 VSC1	极 1 低端 VSC1	极 1、极 2 低端 VSC2	极 1、极 2 低端 VSC3
阀冷套数	4	2	4	4

表 7-2　　极 1、极 2 高端阀冷参数

序号	项目	参数
1	电导率	≤0.3μS/cm
2	额定流量	108L/s
3	进阀温度额定值	43℃
4	进阀温度高报警值	45℃
5	进阀温度跳闸值	48℃
6	pH 值	6～8
7	主过滤器精度	100μm
8	去离子回路过滤精度	5μm
9	阀塔压差	0.54MPa
10	额定容量	5212kW
11	试验压力	1.6MPa

表 7-3　　极 2 低端 VSC1 阀冷参数

序号	项目	参数
1	进阀最高运行温度	40℃
2	进阀温度高报警设定值	42℃
3	进阀温度高跳闸设定值	44℃
4	进阀最低运行温度	20℃
5	进阀温度低报警设定值	15℃
6	进阀温度低跳闸设定值	10℃
7	阀厅进出水温差	≤12℃
8	进阀额定流量	8600L/min
9	进阀流量低报警设定值	8200L/min
10	进阀流量低跳闸设定值	7800L/min
11	阀塔水路压差	0.45MPa
12	额定冷却容量	5300kW

表 7-4　　极 1 低端 VSC1 阀冷参数

序号	项目	参数
1	进阀最高运行温度	40℃
2	进阀温度高报警设定值	42℃
3	进阀温度高跳闸设定值	44℃
4	进阀最低运行温度	20℃
5	进阀温度低报警设定值	15℃
6	进阀温度低跳闸设定值	10℃
7	阀厅进出水温差	≤12℃

续表

序号	项目	参数
8	进阀额定流量	8600L/min
9	进阀流量低报警设定值	8200L/min
10	进阀流量低跳闸设定值	7800L/min
11	阀塔水路压差	≤0.45MPa
12	设计湿球温度	29℃
13	额定冷却容量	5300kW

表 7-5　　极 1、极 2 低端 VSC2 阀冷参数

序号	项目	参数
1	冷却系统额定冷却容量	5500kW
2	主循环冷却水额定流量	10752L/min
3	去离子水处理回路额定流量	333.3L/min
4	阀体额定流量时压降	≤0.45MPa
5	进阀温度设计值	40℃
6	进阀温度高报警值	42℃
7	进阀温度跳闸值	44℃

表 7-6　　极 1、极 2 低端 VSC3 阀冷参数

序号	项目	参数
1	额定冷却容量	5125kW
2	主循环额定流量	125L/s
3	水处理回路额定流量	4.17L/s
4	额定进阀温度	40℃
5	进阀温度高报警值	42℃
6	进阀温度超高跳闸值	44℃
7	最小进阀温度	20℃
8	设计压力	1.0MPa
9	测试压力	1.5MPa
10	设计压力	1.2MPa

第二节　阀冷却系统差异性

一、散热控制目标

极 1、极 2 低端 VSC2 阀冷管路系统中配置三套阀冷回水温度，用于控制阀冷散热风机的运行频率，从而有效控制阀冷的进阀温度在合理的范围，以回水温度控制目标值的阀冷系统流程如图 7-14 所示。而其余阀冷系统的进阀温度控制方法均以进阀温度为控制目标值，以进阀温度控制目标值的其余阀冷系统流程如图 7-15 所示。

正常情况下，极 1、极 2 低端 VSC2 阀冷三个冗余冷却器出水温度均未故障时，采用冷却器出水温度作为外冷控制温度，当三个冷却器出水温度均故障且三个冗余进阀温

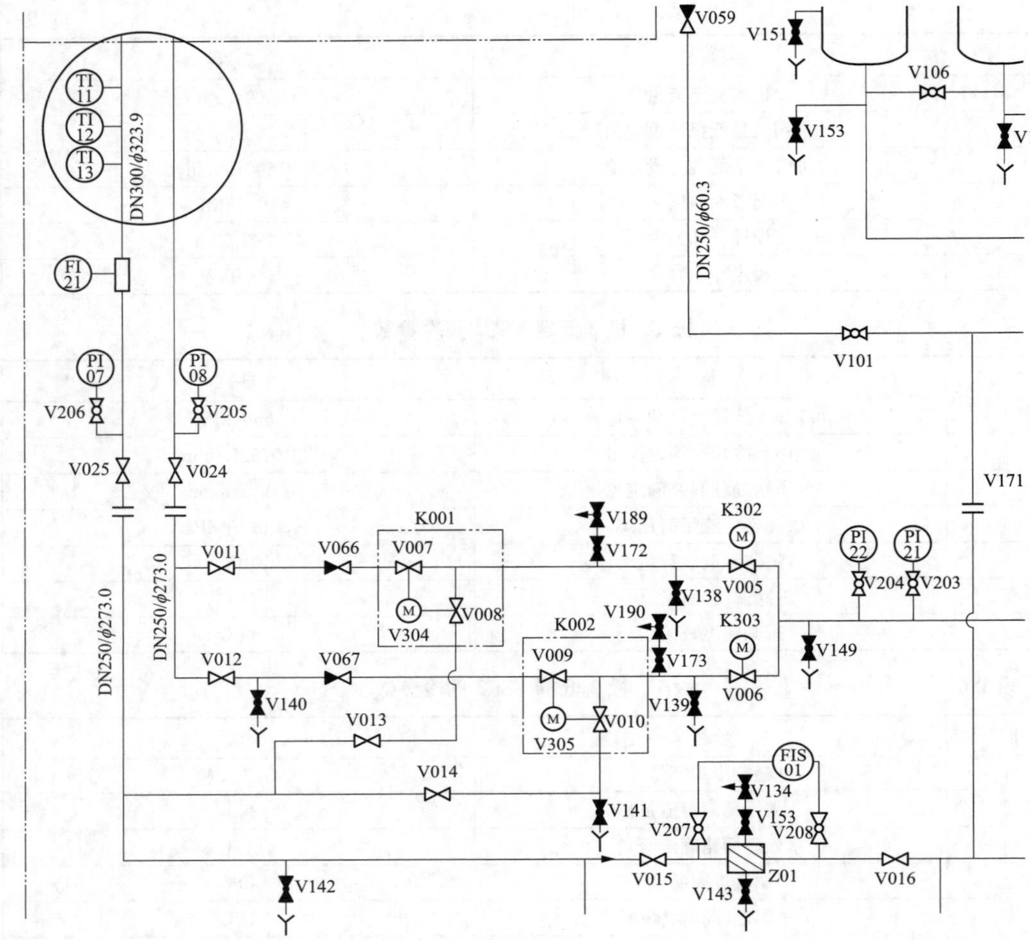

图 7-14 以回水温度控制目标值的阀冷系统流程图

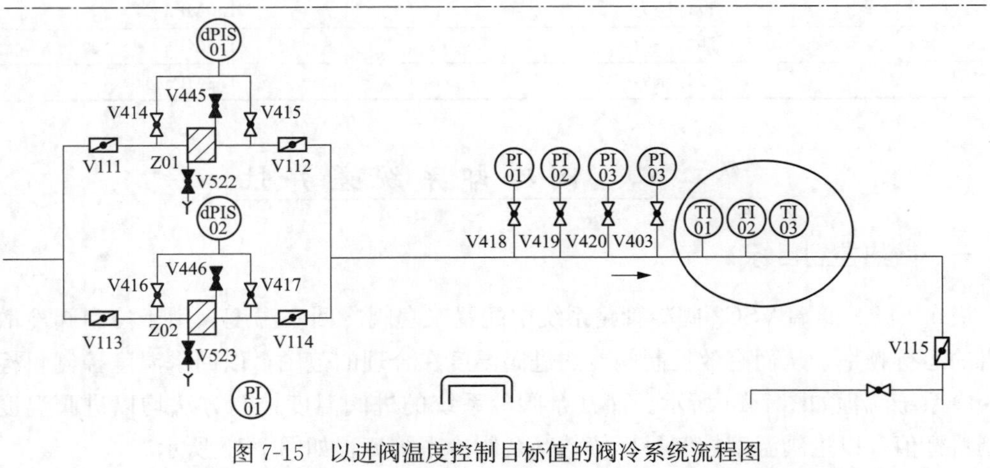

图 7-15 以进阀温度控制目标值的阀冷系统流程图

度均未故障时，采用进阀温度作为风机控制温度。

二、三通阀控制

极 1、极 2 低端 VSC2 阀冷三通阀采用软件关限位，控制系统给定三通阀最低开启的开度为 70%，三通阀采用双配，两个三通阀采用同步控制，根据冷却水进阀温度对电动三通阀进行相应的控制，通过蝶阀控制冷却介质的流向，故只有一个三通阀及对应蝶阀开通，当监视到运行的三通阀回路故障时，系统切换到另一路三通阀回路，对应的蝶阀打开，原三通阀对应的蝶阀关闭。在进阀温度不断的变化中，三通阀根据进阀温度的区间进行固定位控制。

其余阀冷三通阀采用机械限位，通过机械调节最低开度位置，设置其最低开度的控制信号“关”位置，控制方法上其余阀冷有所不同，极 1、极 2 高端，极 2 低 VSC1 阀冷根据冷却水进阀温度对电动三通阀进行相应的控制，每到一定温度值，其三通阀开度固定；极 1、极 2 低端 VSC3 阀冷采用脉冲式开启和关闭，根据进阀温度的变化趋势在开启和关闭的行程中切换，较灵活；极 1 低端 VSC1 阀冷根据冷却水进阀温度对电动三通阀进行相应的控制，但只有全开和全关两种状态，控制方式单一。三通阀及三通阀执行机构如图 7-16 所示。

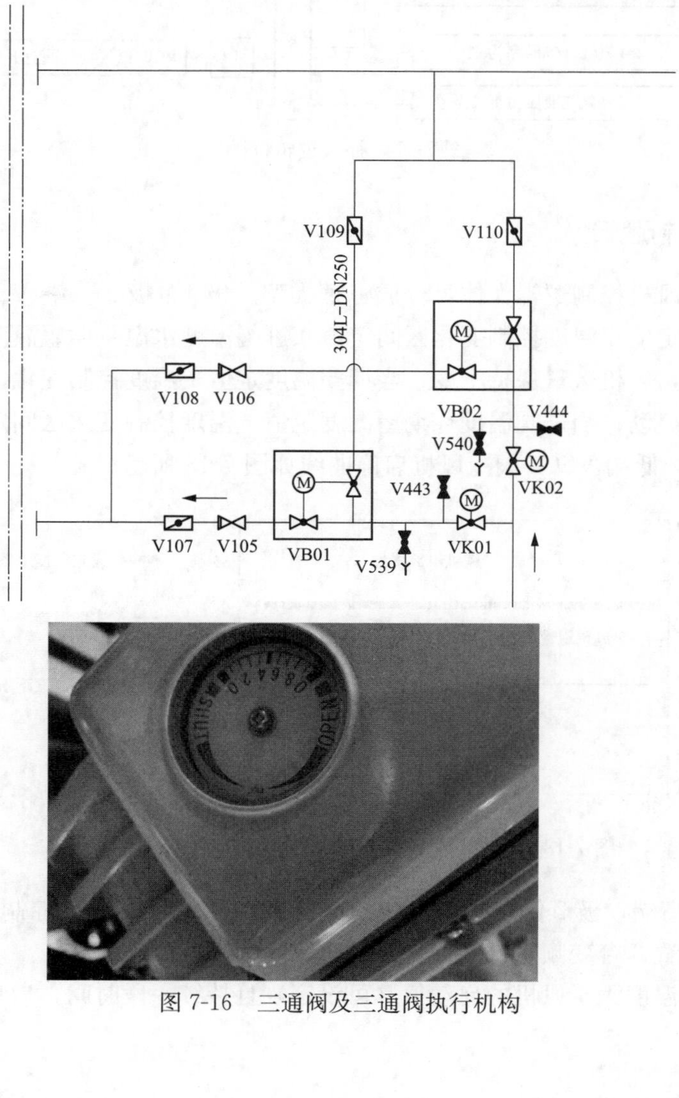

图 7-16　三通阀及三通阀执行机构

三、补排气控制

姑苏站阀冷氮气补排气控制逻辑如下：当膨胀罐压力小于打开补气阀压力定值时，打开氮气补气阀进行补气；当膨胀罐压力大于等于关闭补气阀压力定值时，关闭补气阀停止补气；当膨胀罐压力大于打开排气阀压力定值时，打开膨胀罐排气阀；当膨胀罐压力小于等于关闭排气阀压力定值时，关闭膨胀罐排气阀，停止排气。但极 1、极 2 低端 VSC3 阀冷采用是脉冲式补气方法，其余阀冷采用直补方式，直至系统压力达到停止值。补气逻辑框图如图 7-17 所示。

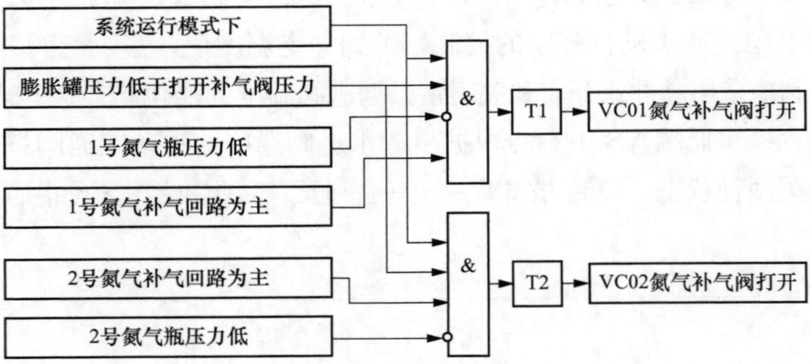

图 7-17　补气逻辑框图

四、风机控制逻辑

姑苏站阀冷风机控制逻辑大体可分成三种类型。极 1、极 2 低端 VSC2 阀冷逻辑如下：当期望温度定值－温度控制变化区间定值＜进阀温度水温＜期望温度定值＋温度控制变化区间定值，风机数量保持不变；当期望温度定值＋温度控制变化区间定值＜进阀温度，风机依次启动；当进阀温度＜期望温度定值－温度控制变化区间定值，风机依次停止。极 1、极 2 低端 VSC2 阀冷风机启停曲线如图 7-18 所示。

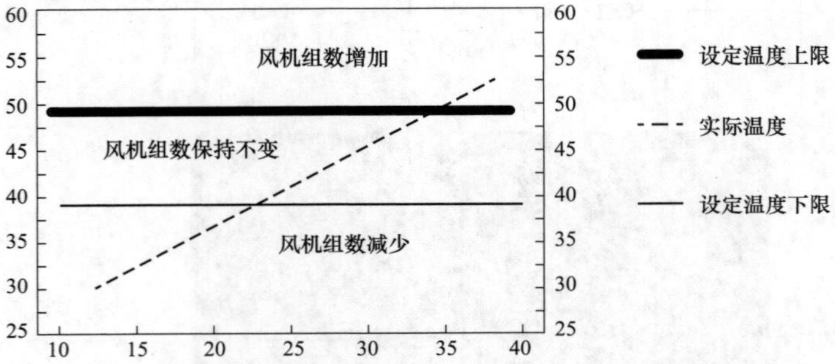

图 7-18　极 1、极 2 低端 VSC2 阀冷风机启停曲线图

极 1、极 2 高端，极 2 低端 VSC1 和极 1 低端 VSC1 阀冷风机控制逻辑略有不同，阀外冷系统共配置 6 台变频风机，分为两组具体控制逻辑如下：

(1) 当进阀温度大于风机的启动值（可设定）且持续一段时间，启动一组风机，然后根据PID调节的温度值进行控制；当有一组风机以最大频率运行，且进阀温度大于进阀温度给定值$+n$（单位为℃），持续一定时间，启动另一组风机，两组风机全部运行，然后根据PID调节的温度控制风机频率。

（2）当所有可运行风机以最低频率运行，且进阀温度小于进阀温度给定值$-n$（单位为℃），持续一定时间，停止一组风机，另一组风机根据PID调节的温度值进行控制。

（3）当进阀温度小于风机停止温度持续时间超过一定时间，停止所有运行的风机。

极1、极2低端VSC3阀冷每台冷却塔配置三台风机，因此一套阀外冷系统共配置9台风机，分三组进行控制。当进阀温度超过风机启动设定值时，风机启动，根据进阀温度的变化进行PID调节。当进阀温度持续低于风机启动温度$-n$（单位为℃）且风机频率达到20Hz，则延时5min停运风机。单台风机变频故障自动切换至工频运行。每台风机配置变频回路和工频回路，当前运行风机变频故障时，切换至该台风机工频运行。

第三节 设备检修与维护

一、主泵

1. 机封更换

在选型合理、正确使用情况下，使用介质为纯水时，机械密封的使用寿命一般不小于1年，使用介质为腐蚀性介质时，机械密封的使用期一般为6个月到1年，可根据实际使用情况对机械密封进行更换。

机械密封更换前需对其进行检查：密封环的密封端面不应有裂纹、划伤等缺陷。弹簧表面不得有裂纹、折叠和毛刺等缺陷。支撑圈磨平的弹簧，磨平部分不少于圆的3/4，端头厚度不小于丝径的1/3，将弹簧竖放在平板上应无晃动。密封圈不得有杂质，表面应光滑、平整。

机械密封故障原因有机械密封本身问题：安装不到位或不平整、端面比压设计不合理、密封面不平、密封面过宽或过窄、材质选用不当；应量选型碳化硅/碳化硅机械密封。辅助性系统问题：冷却管故障，导致机械密封温度升高而磨损。介质问题：系统内部存在微小颗粒，导致密封面失效而漏水；水泵进水无有效排气，有气体进入，破坏机械密封形成的水膜，导致漏水。

2. 润滑油更换

泵体轴承：应定期检查蓄油杯油量，定期添加。泵体轴承采用矿物油润滑轴承，更换润滑油的间隔时间和用量见表7-7（泵端轴承正常运行温度不高于70℃，联轴器端直径60mm）。

表7-7 更换润滑油的间隔时间和用量

轴承温度	首次换油	随后的换油
不高于70℃	400h后	第4400h
轴承类型	联轴器直径（mm）	油的近似用量（mL）
滚珠和角接触球轴承	60	1350

更换润滑油的具体操作步骤如下：

（1）在轴承支架下放置一个适当的容器，用来收集用过的润滑油。

（2）取下加注塞和排出塞。

（3）轴承支架中的油排空后，塞上排出塞。

（4）取下恒液位注油器，通过注油孔注入机油，直至油面达到连接弯头中图7-19所示的液位。

（5）向恒液位注油器的蓄油杯中加注机油，然后将其装回操作位置。之后机油将被注入轴承支架中。在此过程中，可在蓄油杯中看到气泡。继续本步骤直到油位达到图7-19所示。

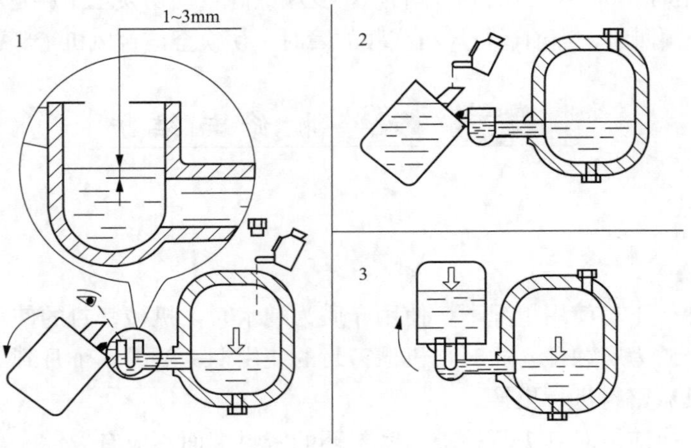

图7-19　滑润滑油油位

（6）当蓄油箱中的气泡完全消失后，然后将其装回操作位置，加注塞和排放塞复位如图7-20所示。

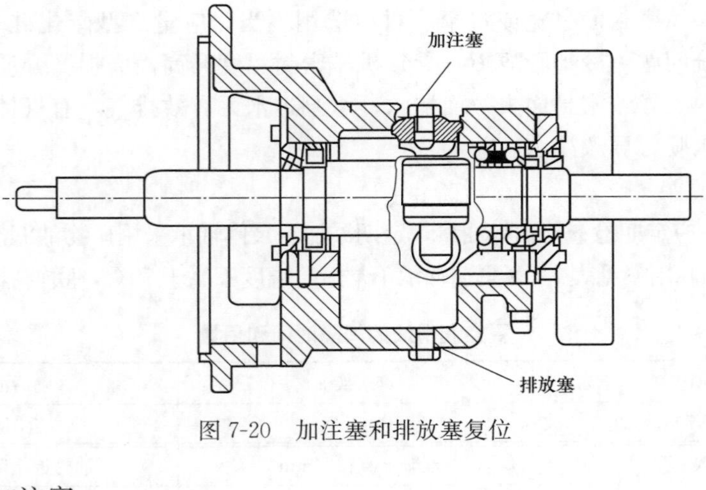

图7-20　加注塞和排放塞复位

（7）装上加注塞。

3. 漏水检测装置检修

每台主循环泵下方设置有漏水检测装置，当主循环泵机封出现漏水时，流入检测装置内，达到一定量时发出预警信号，提示操作人员进行检修。当出现机械密封漏水报警时，经就地查看情况属实后，可手动切换至备用泵运行，如漏水量较大，必须切断该泵电源及前后阀门，由运行泵长期（备用泵）运行。单台主循环水泵可在线检修。

4. 出口止回阀更换

每台主循环泵出口设置两件止回阀，防止介质回流。止回阀采用机械密封，当阀板或弹簧损坏时会导致运行泵的介质回流，造成当前工作泵流量、压力无法满足要求，止回阀可以在线进行更换。主循环出口止回阀外形如图 7-21 所示，止回阀等元件位置编号如图 7-22 所示。

图 7-21 主循环出口止回阀外形图

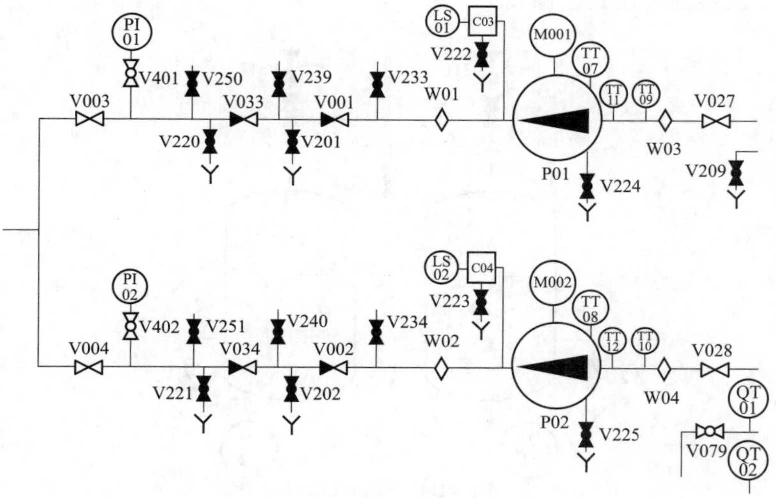

图 7-22 止回阀等元件位置编号

更换出口止回阀的具体操作步骤如下：

（1）通过操作面板中的控制键屏蔽阀冷系统泄漏保护。

（2）断开故障止回阀对应的主循环水泵电源，如该主循环泵正在运行，则切换至备用泵。

（3）关闭 V003、V027 蝶阀，关闭前对阀位做好标记。

（4）连接好 V201、V220 至回收桶间的软管，打开 V201、V220 球阀排水。

（5）待排水管无水出时拆下止回阀两端法兰螺栓，取出故障止回阀，关闭 V201、V220。

（6）清理并检查止回阀内部，看弹簧是否完好，双瓣轴磨损是否严重，如出现异常现象，需更新为新的备件。

(7) 按相反顺序安装新的止回阀，注意止回阀的安装方向，止回阀两端均需加装密封圈。

(8) 缓慢打开 V027，再打开 V201、V220 进行排气，有水溢出时关闭。

(9) 缓慢打开 V003、V027 至设定阀位。

(10) 更换完成后，止回阀两端法兰应无水渗漏，工作泵的压力和流量应正常，合上对应的主循环水泵电源，可手动切换至该止回阀对应的水泵，检查阀门开闭是否正常。

(11) 待系统稳定运行 30min 后，通过操作面板中的控制键解除阀冷系统泄漏屏蔽。

(12) V002、V034 止回阀的维护与 V001 相同，操作与之相对应的阀门及部件即可。

二、离子交换器树脂

离子交换器元件位置编号如图 7-23 所示，每套水处理设备离子交换器设两台，可对单台离子交换器进行在线检修。

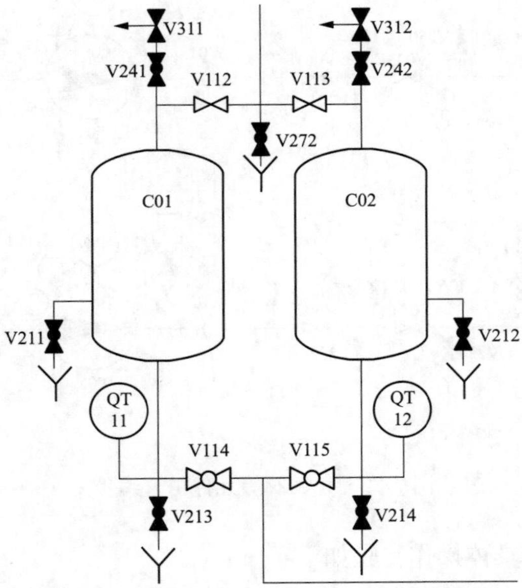

图 7-23 离子交换器元件位置编号

树脂泄空（以 C01 运行 C02 检修为例）操作步骤如下：

(1) 打开 V133，启动原水泵 P21，补充原水罐 C21 液位至高液位，检查膨胀罐液位是否在正常运行值处，如液位较低则手动启动补水泵 P11/P12 补至设定液位。

(2) 通过操作面板中的控制键屏蔽阀冷泄漏保护。

(3) 关闭 V115，V113 小心开启大约 30°，连接好 V212 至树脂回收桶间的透明软管。

(4) 手动启动补水泵 P11 或 P12，缓慢打开 V212 手柄，开度为 60°～90°，离子交换器中的树脂被排入到树脂回收桶，在树脂排放过程中，如缓冲罐液位不大于 600m 应立即关闭 V212，启动补水泵 P11 或 P12，当缓冲罐液位达设定值处时，再开启 V212，直至 C02 离子交换树脂被排空。

(5) 关闭 V113、V214。

充入新的树脂（以 C01 运行 C02 检修为例）操作步骤如下：

(1) 确认 V113、V115 完全关闭；拆除 C02 上部管段卡箍。

(2) 拆除 C02 上部离子交换器法兰封头。

(3) 仔细检查滤帽情况，如有损坏，应更换。

(4) 如离子交换器内还有树脂，可加入纯水将内部树脂合部清除；然后关闭 V214、V212。

(5) 用漏斗和勺子充入新的树脂，至图 7-24 中所示位置高度处。注意：滤帽应位于树脂上方，而不应埋在树脂内，罐体法兰面应清理干净，严禁有任何的残留树脂和其他杂质。

(6) 恢复并安装好法兰封头和管道法兰等，注意螺栓的紧固，保证法兰密封处严密无渗漏。

(7) 小心打开 V113，为 20°～30°，此过程中如出现缓冲罐液位低或原水罐液位低等情况，应补充冷却介质后再缓慢开启 V113 为 20°～30°，待排气阀 V311 或 V312 中无气体排出时，关闭 V113。

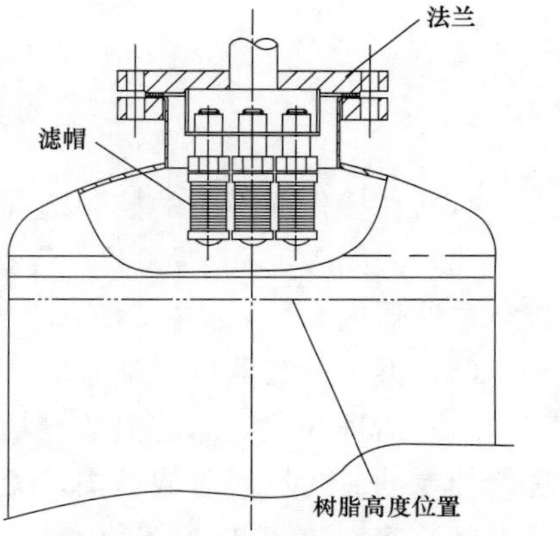

图 7-24　离子交换器树脂液位示意图

(8) 连接好 V214 泄空软管，打开 V214，排掉离子交换器内的冷却介质。

(9) 循环操作以上（7）和（8）步骤 2～3 次。

(10) 关闭 V214，重复以上步骤（7），使离子交换器再次充满冷却介质，然后全部开启 V115。

(11) 切换 V113 与 V112 开关状态，使离子交换器 C02 为主运行，记录去离子水电导率和冷却水电导率数据，如电导率可满足设计要求，保持 C02 离子交换器主运行 24h。

(12) 再次切换 V112 与 V113 开关状态，使离子交换器 C01 为主运行，并开启 V113 约 15°，保持离子交换器 C02 有少量的介质流过。

启动补水泵，使用缓冲罐液位恢复至正常液位，待缓冲罐液位稳定，系统稳定运行 30min 后，通过操作面板中的控制键解除阀冷系统泄漏屏蔽保护。

三、过滤器

1. 主过滤器

主过滤器结构如图 7-25 所示。主过滤器 Z01、Z02 检修维护如下：

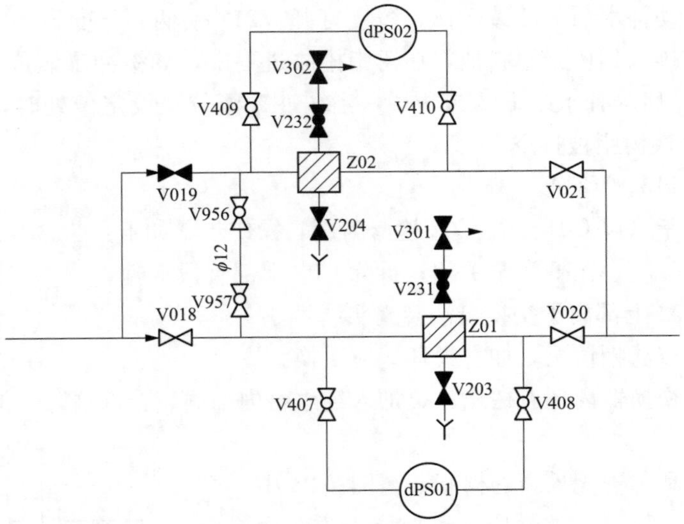

图 7-25　主过滤器结构图

（1）在操作面板中的控制键屏蔽阀冷系统泄漏保护。

（2）关闭 V018 与 V020，连接排放阀门 V203 泄空软管，依次打开 V203、V301，排空过滤器内介质，排空后应无介质流出。

（3）拆下过滤器进水端管段，拆下过滤器滤芯。

（4）清理并检查滤芯上的异物，可通过 0.5MPa 的高压水枪对滤芯从内至外进行冲洗，如果滤芯污垢严重或破损，无法清理干净，则需更换备用滤芯。

（5）将安装滤芯的管道内部冲洗干净，然后按相反方向安装过滤器及拆下的管段，注意法兰和滤芯密封面间的密封圈，紧固螺栓，保证各连接处严密无渗漏。

（6）关闭排放阀门 V203，保持 V301 开启。

（7）缓慢开启 V018 约 15°，直到阀门 V301 有水溢出时，关闭 V301。

（8）恢复 V018 与 V020 正常阀位。

（9）待系统稳定运行 30min 后，通过操作面板中的控制键解除阀冷系统泄漏屏蔽。

2. 精密过滤器

精密过滤器外形如图 7-26 所示，其检修维护如下：

（1）通过操作面板中的控制键屏蔽阀冷泄漏保护。

（2）关闭精密过滤器进、出口球阀 V117 与 V118，连接排放阀门 V215 泄空软管，依次打开 V215，排空过滤器内介质。

（3）松开图 7-26 中连接卡箍，拆卸泄水阀封头部分，用套筒扳手拆下滤芯。

（4）清理并检查图 7-26 中滤芯外部的异物，可以通过 0.5MPa 的高压水枪对滤芯从内至外进行冲洗，如果滤芯的滤网污垢严重或破损，无法清理干净，则需更换新的备用滤芯。

（5）安装清理好的或更新的滤芯，用套筒扳手进行紧固，过程中注意安装滤芯螺纹部分的密封圈，如有损坏也应更换。

（6）安装图 7-26 中泄水阀和连接卡箍，紧固好连接卡箍，保证连接处严密无渗漏。

（7）关闭 V215，缓慢依次开启 V117 与 V118。

（8）使检修后的过滤器在运行状态，观察接口处是否有渗漏。

（9）待系统稳定运行 30min 后，通过操作面板中的控制键解除阀冷系统泄漏屏蔽。

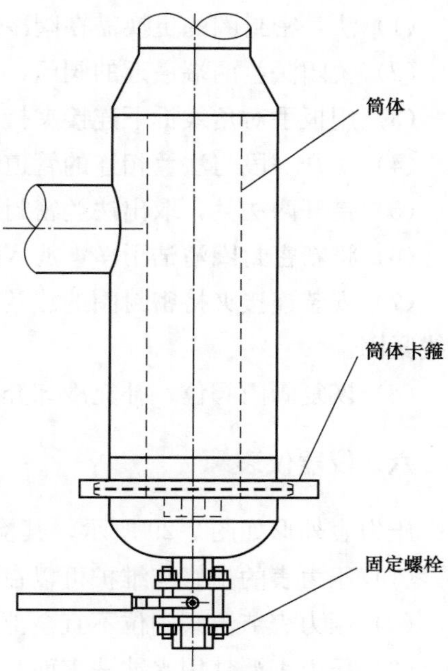

图 7-26 精密过滤器外形图

四、蝶阀

蝶阀结构如图 7-27 所示，其检修维护如下：

（1）蝶阀的更换应在系统停运时进行。

（2）排空需要检修蝶阀管段内的冷却介质，注意回收介质。

（3）置蝶阀为全关闭状态。

（4）对角线松开蝶阀法兰螺栓。

（5）松开该蝶阀管道管段的管码。

（6）向外移动管道，松开蝶阀法兰密封环，水平或垂直取出蝶阀。

（7）更换并安装新蝶阀，调节蝶阀中心轴线与管中心轴线一致，最大偏差不得大于 3mm。

（8）对角线紧固好蝶阀法兰螺栓，保证法兰密封处无渗漏。

（9）恢复蝶阀正常运行时初始阀位。

五、法兰密封圈

法兰密封圈如图 7-28 所示，其检修维护如下：

图 7-27 蝶阀结构图

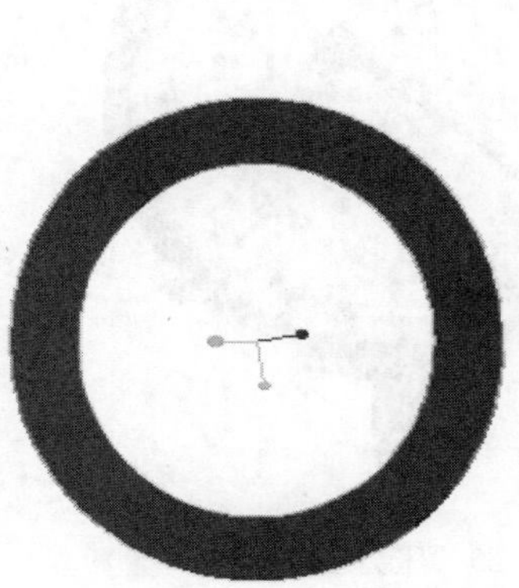
图 7-28 法兰密封圈

（1）法兰密封圈的更换需在阀冷系统停运时进行。

（2）关闭法兰两端最近的阀门，并排空该管段介质，注意回收。

（3）用扳手对角线拆下连接夹持密封圈的法兰螺栓。

（4）松开一段与法兰相连的管道螺栓，不需完全拆下螺栓。

（5）错开两法兰，取出法兰密封圈。

（6）将新密封圈清洁干净，放入两法兰间，边缘均匀。

（7）安装连接夹持密封圈的法兰螺栓，注意活套法兰距离管道的距离应均匀，并对角线紧固。

（8）恢复阀门阀位，补充冷却介质，排除气体。

六、仪器仪表

压力表外形如图 7-29 所示，其检修维护如下：

（1）压力表的检修与维护可以在线进行。

（2）压力表节流阀阀位不宜全部开启，开度约为 30%。

（3）压力表严禁用水冲洗表面灰尘。

（4）每月巡检时，应检查充油压力表是否漏油或渗油。

（5）关闭压力表节流阀。

（6）用一把扳手固定节流阀的卡位，另一把扳手卡住压力表的卡位。

（7）逆时针缓慢转动扳手，待压力表与节流阀的连接完全松动后，再手动拆下压力表。

（8）清理节流阀内螺纹里的生料带。

（9）将新的压力表外螺纹处缠绕生料带。

（10）安装好压力表后，应保证各连接口无渗漏，再开启节流阀。

压差表压差开关外形如图 7-30 所示，其检修维护如下：

图 7-29　压力表外形图

图 7-30　压差表压差开关外形图

（1）压差表（压差开关）的检修与维护可以在线进行。

(2) 压差表(压差开关)节流阀阀位不宜全部开启，开度约为30%。

(3) 压差表(压差开关)严禁用水冲洗表面灰尘。

(4) 关闭压差表(压差开关)进出口节流阀。

(5) 先用一把扳手固定螺钉接头的卡位，另一把扳手卡住快速接头螺母的卡位。

(6) 逆时针缓慢转动扳手，待螺丝接头与快速接头螺母的连接完全松动后，再手动移开快速接头螺母及ϕ6mm管道。再用一把扳手卡住转换接头的卡位，另一把扳手卡住的压差表(压差开关)卡位。

(7) 逆时针缓慢转动扳手，待压差表与转换接头的连接完全松动后，再手动移开压差表(压差开关)。

(8) 用扳手拆下压差表(压差开关)上的对丝接头。

(9) 清理各接头内螺纹里的生料带，将新的压差表(压差开关)外螺纹处缠绕生料带。

压力变送器外形如图7-31所示，其检修维护如下：

(1) 压力变送器的检修与维护可以在线进行。

(2) 有节流阀的压力变送器，节流阀阀位不宜全部开启，开度约为30%。

(3) 断开控制柜内该仪表接线端子。

(4) 关闭压力变送器节流阀。

(5) 用螺钉旋具将直角电缆连接器螺钉拧松，并拆下连接器。

(6) 用一把扳手卡住节流阀卡位，另一把扳手卡住压力变送器的卡位。

(7) 逆时针缓慢地将压力变送器拆下；注意缓慢泄压。

(8) 清理节流阀内螺纹生料带。

(9) 将新的压力变送器螺纹顺时针缠绕生料带。

(10) 按与拆卸相反的程序，将新压力变送器安装上。

温度传感器分解如图7-32所示，其检修维护如下：

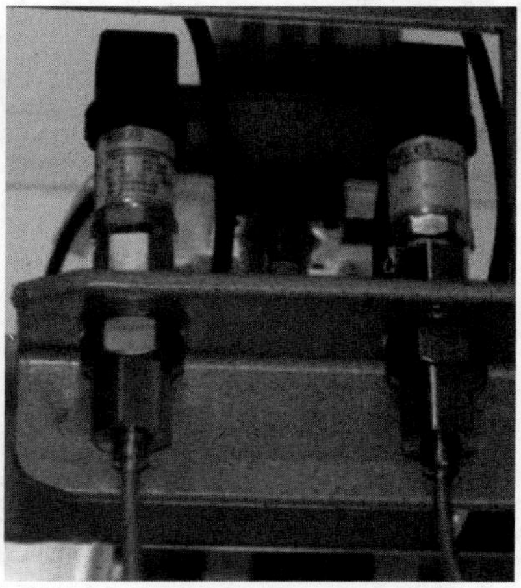

图7-31 压力变送器外形图

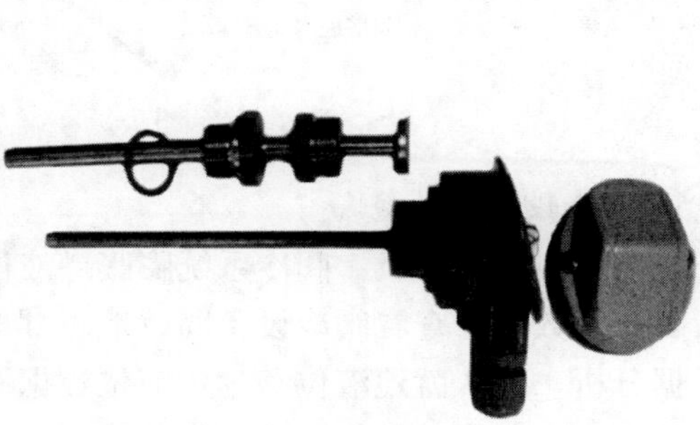

图7-32 温度传感器分解图

（1）温度传感器的检修与维护可以在线进行。

（2）断开控制柜内该故障仪表接线端子（过程中会有故障预警）。

（3）用螺钉旋具将电缆连接器螺钉拧松，并拆下连接器。

（4）用一把扳手卡住温度传感器上端六角卡位，另一把扳手卡住温度传感器上的卡位。

（5）逆时针缓慢地将温度传感器探头拆下，拆装过程中注意不可旋转传感器活套螺纹。

（6）按相反顺序装入新的温度传感器，接线，合上控制柜内该故障仪表接线端子。

第四节　典型问题分析——极1高端Y/Y B相阀塔分支水管漏水检查处理分析报告

一、缺陷描述

2022 年 7 月 12 日至 21 日，姑苏站极 1 高端阀组运行期间监视到对应阀内水冷系统膨胀罐液位从 70%下降至 44%，10 天液位合计下降 26%，且膨胀罐液位下降速率有加剧趋势。

二、缺陷分析

运检人员现场排查发现 Y/Y-B 相阀塔对应的内冷阀塔分支进水管压力传感器区域存在漏水情况（见图 7-33），为避免漏水情况加剧导致邻近阀塔电气设备损坏，阀组跳闸，会商后于 7 月 23 日凌晨申请极 1 高端阀组临停，对该漏水部位进行检查处理。

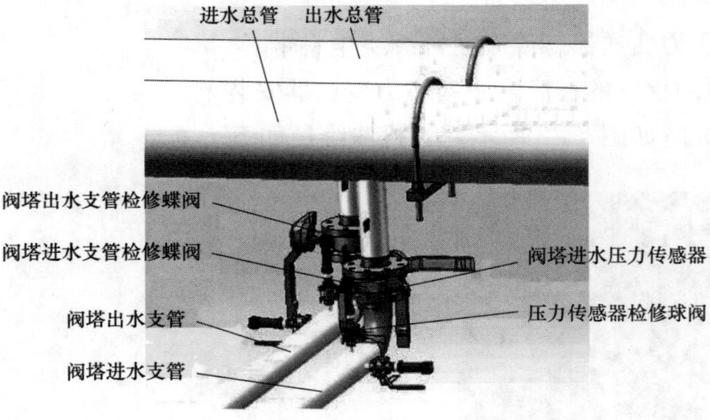

图 7-33　漏水部位结构

1. 阀冷设备间检查

检修班组持续对极 1 阀冷系统膨胀罐液位进行跟踪，多次比对投运以来的就地数据与后台液位数据、查看阀冷设备间就地磁翻板液位，调取相关历史数据曲线。结合双极间数据分析，确认就地液位和远传液位数据一致，就地显示与数据上传无误，膨胀罐液位虽然还未达到自动补水定值，但数值呈连续下降趋势，近日连续两天有加剧下降的现象，检修人员确认存在漏点的工况，紧密开展排查工作，发现极 1 端阀厅内冷分支水管管路存在漏水，膨胀罐液位曲线如图 7-34 所示。

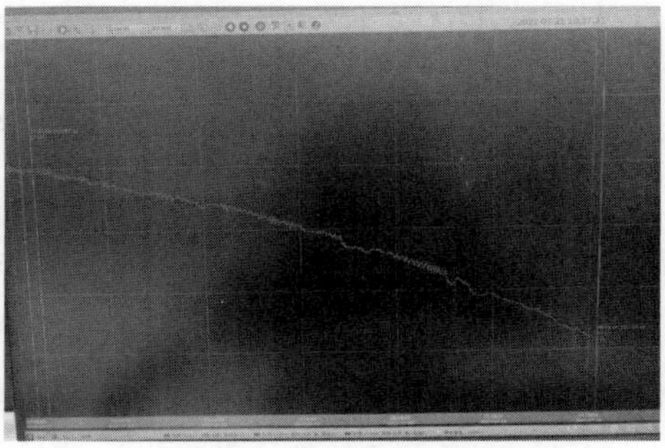

图 7-34　膨胀罐液位曲线

阀冷设备间检查就地屏柜人机界面的膨胀罐液位计示数，发现数据均为 43%左右，和远传 OWS 后台数据液一致，对比阀冷膨胀罐磁翻板液位计就地数值 70cm（70×170×100%=42%），经计算和后台液位基本一致。

2. 阀冷设备间及室外管道检查

对阀冷设备间及室外内冷管道的焊缝、法兰盘及地面进行现场检查，未发现渗水点。

3. 主控室监控对阀厅内情况检查

检修人员通过主控室监控发现，极 1 高阀厅内 YYB 相、YYC 相阀塔底部中间部分与周边环境存在反光现象，进一步观察确认地面有一定的积水。通过阀厅机器人视频进一步确认发现，极 1 高端阀厅 YYB 相阀塔进阀分支水管管路的压力变送器附近有连续滴水现象。漏水现象及部位如图 7-35 所示。人机界面数据如图 7-36 所示。膨胀罐磁翻板液位计如图 7-37 所示。

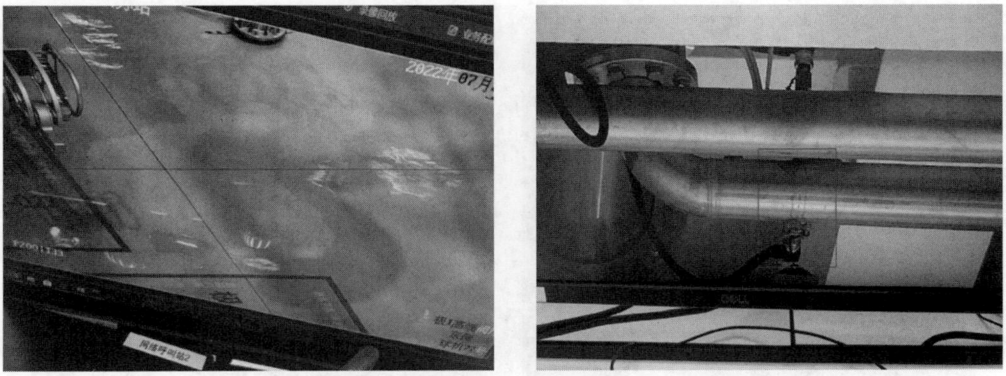

图 7-35　漏水现象及部位

图 7-36　人机界面数据

图 7-37　膨胀罐磁翻板液位计

7 月 21 日 12 时 23 分，现场就地手动屏蔽泄漏保护后采取手动补水的方式，将膨胀罐液位补至 62.3%，同时将移动水车的水补至补水罐，并保持移动水车有充足的补充水。补水完成后至 18 时 2 分，膨胀罐液位下降至 61.1%，膨胀罐液位下降速度有增大的趋势，为避免阀冷系统管道漏水进一步加剧导致极 1 高端阀组闭锁风险，建议尽快现场申请停电对漏水点进行处理。

4. 后续处理

经查找设备试验记录、验收记录，确认前期水压试验数据正常。

三、处理结果

1. 现场处理

7 月 23 日 3 时 45 分，对极 1 高端 YYB 相阀塔分支管道渗水处进行检查，发现漏水部位为压力传感器与其检修球阀对接端面处，检查该端面使用密封圈，发现该密封圈密封面存在明显磨损痕迹，已无法对该端面进行有效密封，导致该端面漏水，后将该处密封垫圈更换成四氟乙烯材质密封圈，受损的合金垫圈及更换的四氟乙烯垫圈如图 7-38 所示。为杜绝后期漏水隐患，现场将极 1 高端所有阀塔支管压力变送器检修阀门关闭，结束后对阀冷控制保护系统传感器进行维护操作，屏蔽控制对传感器的报警信息，如图 7-39 所示。

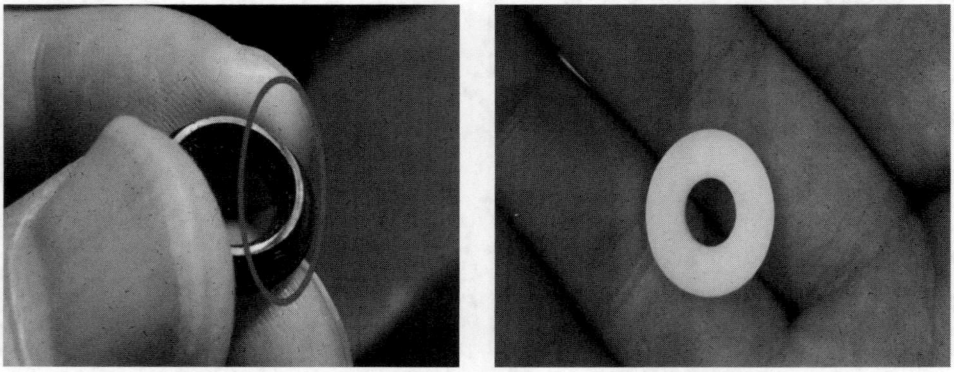

图 7-38　受损的合金垫圈及更换的四氟乙烯垫圈

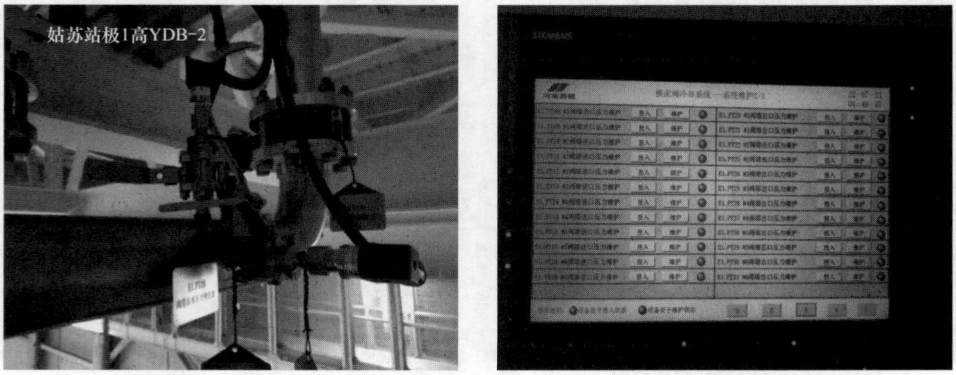

图 7-39　关闭所有压力变送器检修阀门及维护所有阀塔压力传感器

双极高端阀塔进出阀塔分支水管分别配置2个压力变送器，其目的一是为了监视阀塔分支管路检修隔离阀门的开闭状态，防止设备投运时此位置阀门未打开；二是通过进出水管压差监视判断阀塔内部流体路径有无堵塞情况，防止阀塔内部电气设备因得不到有效冷却导致损坏；此种设计在南网直流工程多有应用，国网直流工程除张北直流有应用外，建苏直流为第二个应用工程，通过现场检查分析本次压力传感器与其检修球阀对接端面渗漏的直接原因为压力传感器密封垫圈磨损，该传感器现场安装时，未察觉垫圈实际磨损情况而直接安装，或在安装传感器时，垫圈未正确安装，在阀厅设备投运存在长期设备振动的环境下，最终导致存在磨损的垫圈密封失效而引发该部位渗漏水。

2. 后续处理

检修班组后续持续观察膨胀罐液位变化，日常巡检时关注阀冷各参数情况及比对分析。关闭极2高端阀塔支管压力变送器检修阀门，杜绝了阀冷漏水的可能性。制定了计划取消双极高端所有阀塔支管压力变送器，将压力变送器安装口采用堵头封死。同时取消阀冷所有阀塔支管压力变送器测点硬接线、阀塔支管检修阀门开闭信号线及其软件画面。

第八章　混合级联输电换流站调试

第一节　分系统调试

一、通用性调试

检查所有单体情况，包括屏柜接地、屏柜密封、防火封堵、内部接线，装置板卡外观及型号与设计相符，各部件安装牢固，接线与设计图纸一致，切换开关、按钮、键盘操作灵活，端子牢固、可靠，保护定值与下发的定值单完全一致。

1. 屏柜外观及参数检查

（1）检查屏柜清洁、无积尘，电路板及屏柜内端子排无积尘；检查装置横端子排螺栓紧固、可靠。

（2）检查屏柜与设计相符合，包括装置配置、型号、额定参数等。

（3）检查屏柜标志正确、完整、清晰，与图纸和运行规程相符。

2. 二次回路绝缘检查

新安装的二次设备应进行绝缘试验检查。在屏柜端子排内侧分别短接交流电压回路、交流电流回路、直流电源回路、跳闸和合闸回路、开关量输入回路、厂站自动化系统接口回路及信号回路的端子。

装置内所有互感器的屏蔽层应可靠接地。在测量某一组回路对地绝缘电阻时，应将其他各组回路都接地。用 1000V 绝缘电阻表对二次回路进行绝缘检查，各回路对地绝缘电阻值和各回路之间的绝缘电阻值均应大于 10MΩ。

3. 屏柜电源检查

检查屏柜内照明正常；检查直流工作电压幅值和极性正确；检查直流屏内直流空气开关名称与对应保护装置屏柜一致；检查屏柜内加热器工作正常。

保护装置断电恢复过程中无异常，通电后工作稳定、正常。

在保护装置通电断电瞬间，装置不应发异常数据，继电器不应误动作。

4. 屏柜通信检查

检查光纤、网线、总线等通信接线正确；任一路通信断开，后台应有报警信息。检查屏柜同步对时功能正常。

5. 信号及二次联调

开展遥信、遥测、遥控功能调试，遥信联调为按照二次设计图纸模拟设备开关量动作信号，并核对与图纸、监控系统配置相符；遥测联调为根据设计图纸模拟电流电压等模拟量在二次装置、监控系统核对采样正确；遥控功能调试为在控制系统人机界面操作或软件模拟发出信号，检查目标设备的响应正确与否，试验时尽量直接检查目标设备响应，如目标设备无法响应，也需要在目标设备端子处测量该开出信号是否正确。

开展二次控制保护系统跳闸传动，根据控制保护系统逻辑在各系统分别触发跳闸出口，验证冗余跳闸回路。

二、特殊性调试

特殊性调试分系统调试包括换流阀、换流变压器、交流场、交流滤波器、直流场、站用电、辅助系统、控制保护系统，其中重点关注换流阀和控制保护系统部分。

1. 阀控系统接口试验

根据控制保护逻辑核实 CCP 与 VBE 的值班/备用状态对应和切换关系。逐一核对 CCP 到 VBE、VBE 到 CCP 的接口信号，LCC 阀组接口信号应按照通用接口规范核对，VSC 阀组接口信号根据设计规范核对。

2. 阀冷系统接口试验

根据设计图纸开展控制保护与阀冷接口功能调试。

（1）换流阀 Block 闭锁/换流阀 Deblock 解锁信号测试。

1）将阀冷设置在运行状态。

2）在工程师工作站上通过置数模拟“换流阀解锁”，观察阀冷控制柜上的控制器确认信号值。若“换流阀 Deblock 解锁”状态信号置 1，试验通过，进行下一项试验；若“换流阀 Deblock 解锁”状态信号置 0，则进行查线，找到原因并更正后，重复进行上述步骤。

3）在阀冷控制器上“换流阀 Deblock 解锁”状态信号置 1 状态下，对该阀冷进行停止操作。若阀冷系统不动作，试验通过，进行下一项试验；若阀冷系统动作，则进行查线，找到原因并更正后，重新进行上述步骤。

4）在工程师工作站上通过置数模拟“换流阀闭锁”，观察阀冷控制柜上的控制器确认信号值。若“换流阀 block 闭锁”状态信号置 1，试验通过，进行下一项试验；若“换流阀 block 闭锁”状态信号置 0，则进行查线，找到原因并更正后，重复进行上述步骤。

5）在阀冷控制器上“换流阀 block 闭锁”状态信号置 1 状态下，对该阀冷进行停止操作。若阀冷系统动作，试验通过，进行下一项试验；若阀冷系统不动作，则进行查线，找到原因并更正后，重新进行上述步骤。

（2）阀控制保护系统 Active 信号调试。

1）在工程师工作站上把 CCP 主机切至 A 系统值班，检查 VCT 主机是否同步切换至 A 系统值班。若正确切换，试验通过，进行下一项试验；若没正确切换，则进行查线，找到原因并更正后，重新进行上述步骤。

2）在 CCP 主机 A 系统值班情况下，观察阀冷控制器上“阀控制保护 A 系统 Active”信号是否置 1。若阀冷控制器上“阀控制保护 A 系统 Active”信号置 1，试验通过，进行下一项试验；若阀冷控制器上“阀控制保护 A 系统 Active”信号置 0，则进行查线，找到原因并更正后，重新进行上述步骤。

3）在阀冷控制器上“阀控制保护 A 系统 Active”信号置 1 状态下，在运工程师工作站进行该阀冷任意遥控命令，观察阀冷系统能否正确执行。若正确执行，试验通过，进行下一项试验；若没正确执行，则进行查线，找到原因并更正后，重新进行上述步骤。

4）在阀冷控制器上“阀控制保护 A 系统 Active”信号置 1 状态下，在工程师工作站通过置数模拟 B 系统对该阀冷的任意遥控命令，观察阀冷系统能否正确执行。若不执行，试验通过，进行下一项试验；若执行，则进行查线，找到原因并更正后，重新进行上述步骤。

5）在工程师工作站上把 CCP 主机切至 B 系统值班，重复上述四个步骤。

（3）远程切换主循环泵。

1）将阀冷设置在运行状态。

2）在运行人员工作站上进行阀冷主循环泵切换操作，观察阀冷主循环泵是否正确切换。若正确切换，试验通过，进行下一项试验；若没正确切换，检查是否回切为原主循环泵；若不动作，则进行查线，找到原因并更正后，重新进行上述步骤。

（4）就地切换主循环泵。

1）将阀冷设置在运行及正常状态。

2）就地将阀冷运行主循环泵打至停运状态，观察主循环泵是否正确切换。若正确切换，试验通过，进行下一项试验；若没正确切换/不动作，则进行查线，找到原因并更正后，重新进行上述步骤。

（5）阀冷跳闸信号联调。

1）将阀冷设置在运行状态。

2）在阀冷控制柜上通过软件模拟阀冷跳闸信号，观察工程师工作站信号事件列表上是否有该信号事件。若工程师工作站上出现信号事件，试验通过，进行下一项试验；若工程师工作站上没有信号事件，则进行查线，找到原因并更正后，重复进行上述步骤。

3. 换流变压器 TEC/PLC 接口试验

按照设计图纸，逐一验证控制保护与换流变压器 TEC/PLC 接口信号，试验结果应满足图纸和工程实际要求。

（1）依次验证控制保护至换流变压器 TEC/PLC 接口信号：远方强投/强退信号（含复位信号）、换流变压器差动及重瓦斯保护动作全切冷却器（含泵和风机）、换流变压器充电等信号的正确性。

（2）依次验证换流变压器 TEC/PLC 至控制保护接口信号：冷却器运行状态（各组投退状态及故障信息），本台换流变压器是否具备过负荷能力，分接开关挡位、绕组温度、油温等信号的正确性。

4. 阀厅火灾报警接口试验

按照设计图纸，逐一核对火灾报警探头发出的报警信号及故障信号的正确性。

（1）条件具备时，使 VESDA 品牌的火灾报警探头实际发出信号，条件不具备时，模拟发出信号，观察工程师工作站信号事件列表上是否有该信号事件。若工程师工作站上出现信号事件，试验通过，进行下一项试验；若工程师工作站上没有信号事件，则进行查线，找到原因并更正后，重复进行上述步骤。

（2）条件具备时，使紫外火灾报警探头实际发出信号，条件不具备时，模拟发出信号，观察工程师工作站信号事件列表上是否有该信号事件。若工程师工作站上出现信号事件，试验通过，进行下一项试验；若工程师工作站上没有信号事件，则进行查线，找到原因并更正后，重复进行上述步骤。

（3）在阀塔周围不同部位点燃明火，观察工程师工作站上火灾报警报文与工程实际是否一致。若正确，进行下一项试验；若不正确，则进行查线，找到原因并更正后，重复上述步骤。

（4）验证阀厅火灾跳闸逻辑和闭锁条件，与设计图纸比较。若逻辑正确，进行下一项试验；若逻辑不正确，则进行查线，找到原因并更正后，重复上述步骤。

5. 换流阀低压加压试验

低压加压试验接线如图 8-1 所示。

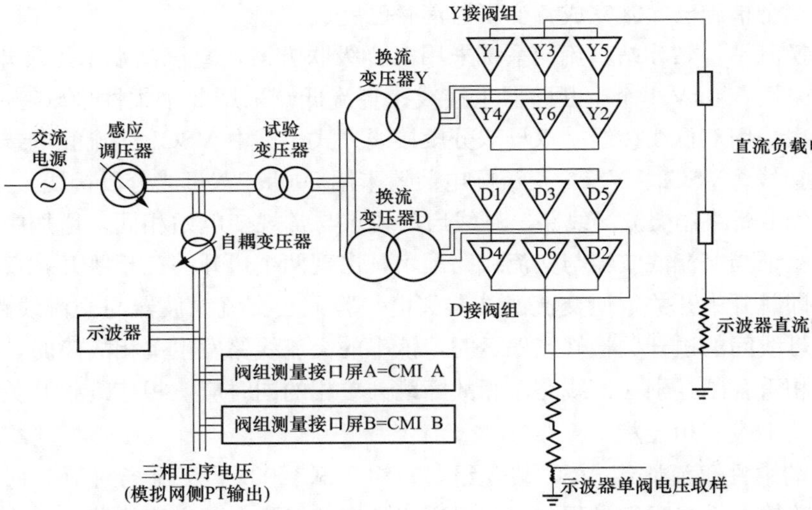

图 8-1 低压加压试验接线图

（1）在一个桥臂中选择单只晶闸管或多只晶闸管参与试验，其他晶闸管短接。换流变压器进线断路器、隔离开关，直流场阀厅出线隔离开关均处于断开位置。试验准备过程中，换流变压器进线侧的接地开关和阀组的接地开关必须合上；试验过程中接地点必须解除，接地解除后视作是主电路已经充电。

（2）将换流器控制模式置于测试状态，退出换流变压器交流侧交流低电压保护、换流器开路保护、直流低电压保护和脉冲丢失保护等。

（3）换流变压器加压及阀侧套管末屏电压检查。将试验电压逐步升至要求电压，同步电压调整到 100V。检查换流变压器本体无异常，在后台录波系统中检查同步电压大小、相序正确，检查换流变压器阀侧套管末屏电压大小、相序正确。

（4）换流阀解锁试验。在工作站中选择换流器控制A系统为值班系统，B系统为备用状态或退出备用，在值班系统中选择α角为120°解锁换流阀；检查直流电压幅值与波形正确；检查阀控回报信号正常；检查试验期间控制系统是否有与试验相关的异常报警信号；如无异常，继续进行90°、60°、45°、30°触发角试验。试验数据合格后切换B系统作为值班系统，A系统为备用状态或退出备用，重复上述试验。

（5）波形检查。在各触发角度下，分别录取直流电压波形，并将波形附在低压加压试验报告内。

第二节　系统调试

一、交流部分调试

交流部分带电调试开始前，确认工程所有投运设备安装调试已结束，保护已按调度定值整定完毕，线路两侧搭接完毕，通道对调、线路参数测试试验结束，通信、照明、安全设施、消防设施已具备条件。与非启动区域的电气连接已断开，并确保绝缘安全距离，二次回路安全措施已实施完成，变压器消磁已完成。

相比常规换流站，姑苏站直流侧系统采用混合级联方案，直流高端采用常规LCC，交流配电装置采用500kV 1个半断路器主接线；直流低端采用3个柔性VSC并联，交流配电装置首次采用双母线接线、双母双分段接线方式，其中VSC1交流配电装置采用500kV双母线接线，VSC2、VSC3交流配电装置采用500kV双母线分段接线。

500kV 1个半断路器交流场线路、母线启动要求与常规变电站相同，增加中开关联锁验证试验，验证当交流滤波器与交流线路配串，出现两个边开关三相跳开，仅中开关运行时，应立即跳开中开关，使交流滤波器失电，验证当交流滤波器与交流线路配串，交流滤波器与母线间的边开关检修或停运时，该串的交流线路发生单相故障时，如果该线路投入了单相重合闸，则在该线路单相故障跳开单相的同时应三相连跳中开关，与线路相连的边开关不应三相连跳。

姑苏站低端柔性直流阀组VSC共3组，每组VSC 500kV交流场对应2回交流出线，在高压直流输电系统运行过程中，如果逆变站突然切除全部交流线路，逆变器的电流将造成换流站交流侧及其他部分过电压，导致交、直流设备绝缘损坏。针对逆变站突然切除全部交流线路的情况，高压直流输电系统中通常在逆变站设置断面失电装置，以尽量降低逆变站的过电压幅值和持续时间，保护一次设备安全。

为了验证受端交流系统发生接地故障后直流控制保护系统的响应情况，以及直流传输功率能否在规定的时间内平稳地恢复，同时考核交流系统故障时，交流系统继电保护动作性能，了解交流系统发生故障后整个交、直流系统的运行稳定性，建苏直流姑苏站柔性VSC交流出线进行人工接地故障试验。

2023年3月26日03：40：09.238（故障0时刻）5230线C相人工短路试验时，9ms线路两侧共2套差动保护动作；41.1ms故障切除（故障电流消失时间）；1463ms重合闸成功。保护具体动作行为见表8-1。

表 8-1　　换流站保护动作记录表

序号	主机	时间	事件	故障电流	测距结果
1	姑苏换流站 5230 线第一套线路保护	03：40：09.238	保护启动	14000A	0.0km
2		03：40：09.247	差动保护动作跳 C 相		
3		03：40：10.592	重合闸动作		
4	姑苏换流站 5230 线第二套线路保护	03：40：09.238	保护启动	14000A	0.0km
5		03：40：09.243	差动保护动作跳 C 相		
6		03：40：10.583	重合闸动作		
7	姑苏换流站 5123 开关第一套开关保护	03：40：10.283	C 相跟跳动作	—	—
8	姑苏换流站 5123 开关第二套开关保护	03：40：10.291	C 相跟跳动作	—	—
9	木渎变电站 5230 线第一套线路保护	03：40：09.246	差动保护动作跳 C 相	9240A	45.2km
10	木渎变电站 5230 线第二套线路保护	03：40：09.245	差动保护动作跳 C 相	9268A	45.6km
11	木渎变电站 5021 开关保护	03：40：09.267	C 相跟跳动作	—	—
12		03：40：10.637	重合闸动作成功	—	—
13	木渎变电站 5022 开关保护	03：40：09.267	C 相跟跳动作	—	—
14		03：40：09.272	沟通三跳	—	—

二、直流部分调试

混合级联系统的 LCC 阀组和 VSC 阀组系统调试部分需要开展顺序控制试验、最后跳闸试验、换流变压器带电试验、开路试验、抗干扰试验等。根据混合级联方式下的不同运行方式，系统调试还需开展极 1 和极 2 送高受低换流器、双极送高受低单换流器、单极双换流器系统、双极系统调试、单换流器投入/退出运行试验。

每种运行方式下，需要开展功率正送下，保护跳闸 X、Y、Z 闭锁，联合电流控制、联合功率控制、独立电流控制、不同方式启停及功率升降、大地/金属回线转换、控制点变化、主控权转移、极跳闸的功率补偿、接地极平衡、可控消能装置试验、丢脉冲故障、VSC 无功功率、功率互济、频率控制、双极不平衡换流器解闭锁、有/无通信换流器在线投切、交直流线路故障、大功率、热运行和过负荷试验。

白江特高压直流工程因受端姑苏站采用 LCC 和 VSC 混合级联的拓扑结构，与常规特高压直流工程相比，在直流系统调试项目上有如下不同点：不进行功率反送试验和降压运行相关试验；增加可控自恢复消能装置验证试验、STATCOM 方式试验、功率互济相关试验、不同接线方式相关试验（白江特高压 252 种接线方式，试验验证 112 种，常规特高压直流 45 种接线方式）。针对姑苏站 VSC 特点开展特殊试验项目，受端单极低端 3 个 VSC 失去 2 个 VSC 后，低端换流器自动闭锁试验；受端站内接地时，受端低端换流器闭锁试验；受端直流滤波器退出运行时，高端换流器闭锁试验；单极 VSC 半压运行，直流线路故障试验；一键退出 3 个 VSC 功能验证试验；无站间通信时，单极双换流器功率回降试验，首台首套可控自恢复消能装置验证试验效果如图 8-2 所示。可控自恢复消能装置合闸波形及其动作效果如图 8-3 所示。

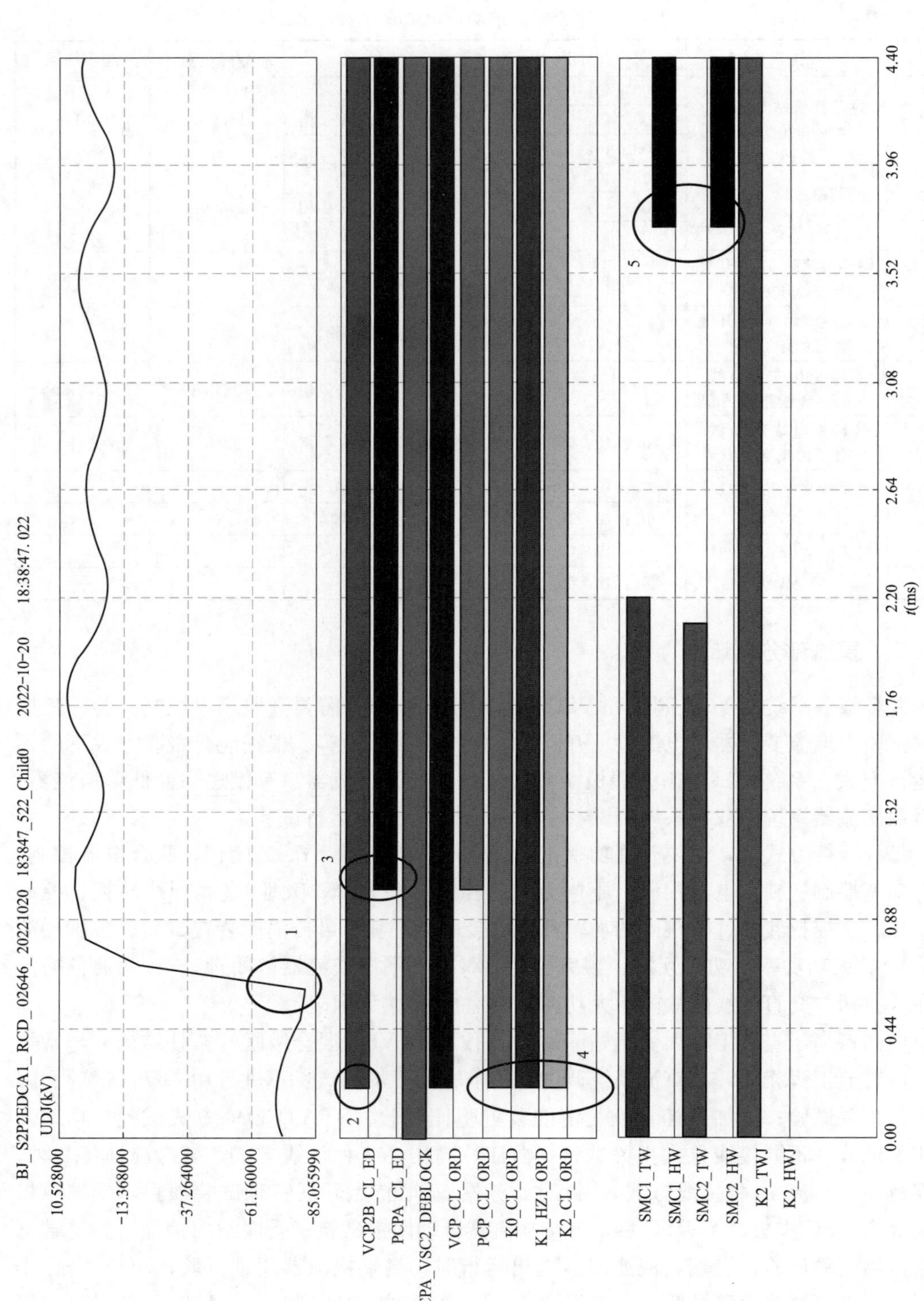

图 8-2 可控自恢复消能装置验证试验效果

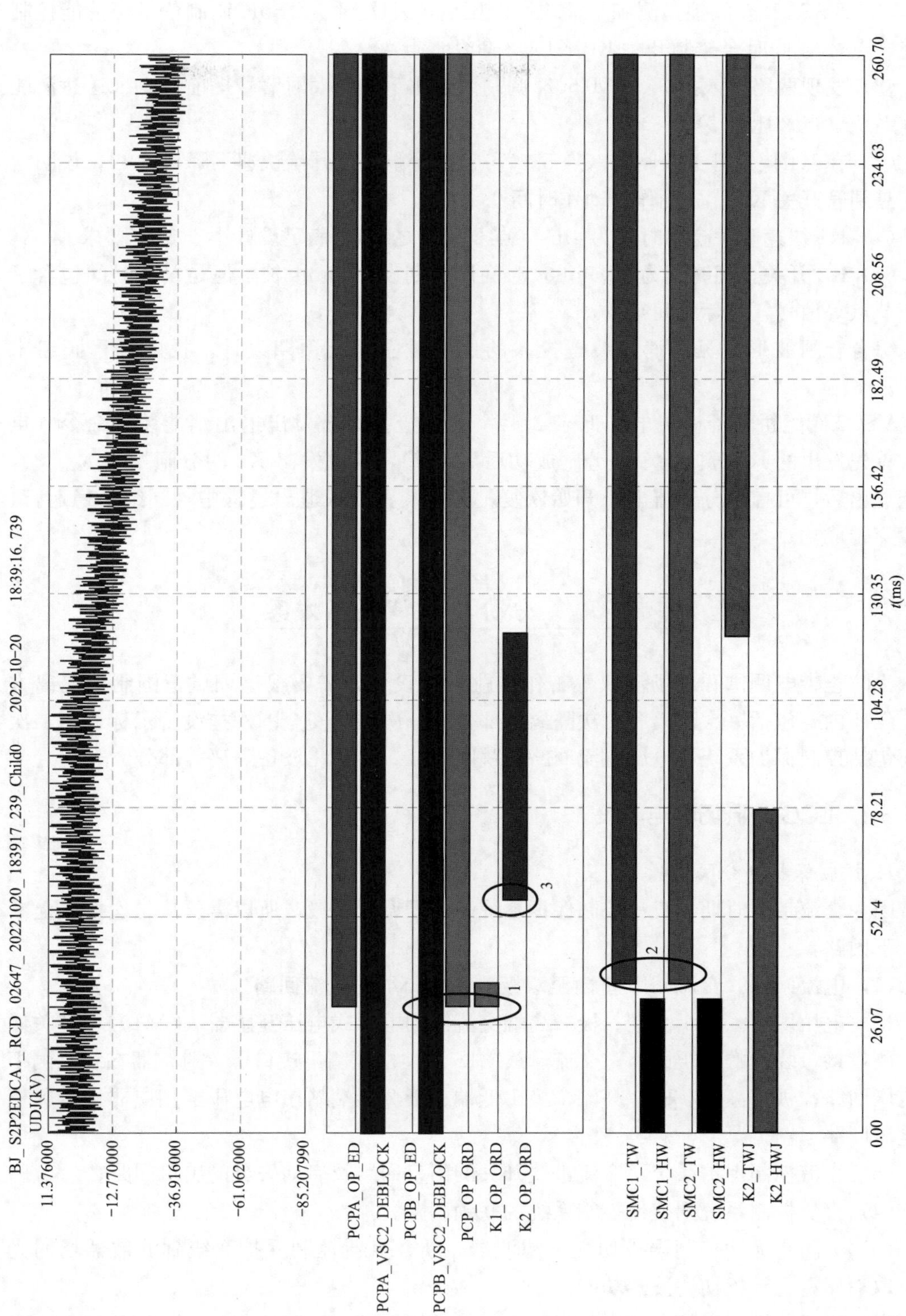

图 8-3 可控自恢复消能装置合闸波形及其动作效果

（1）VSC2 B套阀控检测到子模块过电压后，发送调5M/50K调制信号至消能控制系统（点2），同时合控制开关K0 K1 K2命令（点4）。

（2）发现两路投入指令，5M/50K调制信号比千兆以太网信号提前800μs送达消能控制系统（点2比点3）。

（3）在K1快速开关合闸前（点5），可控部分电压已开始快速下降（点1），说明一定是晶闸管开关K0优先动作，动作时间0.4ms。

（4）K1快速开关合闸时间为4ms（点2点5之间），满足设计小于5ms要求。

（5）K2开关合闸时间为50.9ms，时间比预期设计25ms长，但是录波时间包含了动作节点等信号，实际时间减少。

综合合闸波形可见，消能装置投入的控制时序满足预期设计，投入过程阀组未闭锁。

VSC2阀组桥臂子模块电压低于2.1kV后，极控系统发出退出消能装置命令（点1），首先发出的K1分闸指令并分闸成功后（点2），验收发出K2的分闸指令（点3），消能退出后，可控部分直流电压开始恢复，消能装置投入退出过程中，阀组平稳运行，故障穿越成功。

第三节　分阶段调试隔离方案

为防止带电调试和现场消缺等工作误跳运行设备，需要根据调试范围制定隔离方案，隔离内容包括一次隔离和二次隔离两部分。一次硬质安全围栏挂设警示标识，二次隔离包括控制保护系统、电压电流回路、跳闸回路、自动化设备隔离等部分。

一、LCC交流场带电阶段

1. 控制保护部分隔离

因为交流带电时期，直流控制保护系统尚处于调试阶段，所以需要从二次接线上断开以下回路：

（1）电流回路。交流GIS室内至双极测量接口屏的电流回路。

（2）电压回路。极1高端、极2高端交流侧的电容式电压互感器（CVT）至开关保护，测量接口装置的电压回路；交流母线GIS汇控柜至测量接口屏、避雷器在线监测柜的电压回路；极1高端、极2高端、极1低端、极2低端站用电电压至相应非运行屏柜的电压回路。

（3）直流控制保护系统跳交流进线开关的出口回路及启动失灵的出口回路。

（4）直流控制系统到交流控制系统的联锁回路。

（5）为防止无功控制误投切交流滤波器，断开直流控制保护系统到滤波器场的光纤，取消所有自动投切滤波器功能。

安稳装置与直流极控系统有数据交换，故需要屏蔽安稳装置与直流极控的通信。安全隔离措施为在极1及极2控制柜A/B、系统监视接口柜A/B断开其与安全稳定控制系统直流主机屏 A/B 的光缆，同时在安全稳定控制系统直流主机屏 A/B 断开与极控制柜的光缆。

软件隔离方面，在交流场控制保护 ACC 主机、交流滤波器控制主机 AFC 中置数隔离隔离场影响，在站用变压器 ATC 主机置数隔离直流场影响。

2. 自动化设备隔离

（1）同步相量测量单元（PMU）隔离。第一阶段 LCC 交流部分启动后，PMU 主机与各级调度保持正常通信，在后续 VSC 交流场、极 1 高端、极 2 高端直流部分站内调试阶段，可分阶段向各级调度主站上送 PMU 采集信息，具体内容如下：

1）LCC 交流场采集信息；

2）VSC 交流场采集信息；

3）极 1 高端、极 2 高端直流采集信息。

（2）远动系统隔离。远动系统接入站内 SCADA 网，根据调度需求上送全站的信息。在第一阶段启动后，站内远动系统应已完成站内所有信号的核对工作并且接入相关调度，站内无法实现在不影响其他区域正常调试验收工作的情况下，隔离 RB2 小室及主辅控楼的上送各级调度的信号，需申请调度对非投运区域的数据挂牌封锁。

（3）监控系统隔离。主控台固定 OWS1/OWS2/OWS3 用于运行人员监盘，其余工作站用于调试验收工作并且删除第一阶段投运相关的画面，如 500kV 交流场 1、滤波器场、低压并联电抗器及站用电（仅在 OWS1/2/3 显示）。同时为了方便运行人员监盘，在 OWS1/OWS2/OWS3 上的事件列表设置过滤条件，只显示第一阶段涉及的主机相关事件。另外，为了加强账户管理，删除超级管理员账户的遥控权限，同时专门设置调试人员账户。

二、LCC 阀组带电阶段

高端阀组带电调试时，需要恢复高端阀组控制保护、极控制保护的相关功能，包括电压电流回路、跳闸出口回路、LCC 交流场的软件隔离、交流滤波器场的软件隔离、安稳系统接口、远动系统的 LCC 部分，并执行与低端阀组及交流场的隔离。

姑苏换流站双极低端直流控制保护系统尚处于调试阶段，故需要从二次接线上断开相关跳闸和操作信号：

（1）断开两个极的 PCP 主机低端阀组的电量保护跳闸和非电量保护跳闸压板。

（2）断开两个极的 PCP 主机对 80121、00122、80221、00222 的分合指令信号。

（3）断开两个极 PPR 内 P2F 主机低端阀组的电量保护跳闸压板。

（4）断开极 1 低端 1/2/3 CVT 端子箱至 PMI1A、PMI1B 测量电压，断开极 2 低端 1/2/3 CVT 端子箱至 PMI2A、PMI2B 测量电压。

（5）断开 PMI 至两个极的 UDM（极中性母线分压器）非电量信号开入端子。

（6）断开 PMI 至两个极的消能室穿墙套管 X1 和 X2 非电量信号开入端子。

（7）断开 PSI 至消能装置紧急门 1、2，消能室主门联锁设备，WP22. Q24、WN22. Q23 接地开关，WP21. Q1、WN21. Q1、WP22. Q1、WN22. Q1、WP23. Q1、

WN23. Q1 开关位置信号开入端子。

（8）断开 PMI 至 WP21. Q11、WN21. Q11、WP22. Q11、WN22. Q11、WP23. Q11、WN23. Q11 隔离开关，WP21. Q1、WP22. Q1、WP23. Q1 开关分合闸位置信号开入端子。

（9）阀组检修功能投入，通过以下步骤操作双极低端进行检修状态：

将极 1 低端 VSC1、极 1 低端 VSC2、极 1 低端 VSC3、极 2 低端 VSC1、极 2 低端 VSC2、极 2 低端 VSC3 阀组检修开关操作至“检修”状态。

后台遥控将极 1 低端 VSC1、极 1 低端 VSC2、极 1 低端 VSC3 阀组和极 2 低端 VSC1、极 2 低端 VSC2、极 2 低端 VSC3 阀组切换到检修状态。

（10）断开极 1 极保护至极 1 低端 VSC1、极 1 低端 VSC2、极 1 低端 VSC3 的 VMU 的数据光纤，断开极 2 极保护至极 2 低端 VSC1、极 2 低端 VSC2、极 2 低端 VSC3 的 VMU 的数据光纤。

三、 VSC 交流场带电阶段

VSC1、VSC2、VSC3 投运时，双极低端换流变压器、直流控制保护系统处于验收阶段，故需要从二次接线上断开电流、电压回路，以及相关启失灵、解复压安全措施：

（1）换流变压器间隔电流互感器回路至 500kV 双母线的母差保护短接退出。

（2）打开极 1、极 2 VSC 间隔换流变压器保护屏电量保护跳闸压板及解除网侧断路器复压闭锁压板。

（3）打开极 1、极 2 VSC 阀组保护屏电量保护跳闸压板及解除网侧断路器复压闭锁压板。

（4）短接退出 GIS 汇控柜至 CTPA/B/C 电流回路，断开 CVT 端子箱至 CTPA/B/C 电压回路。

控制保护系统软件置数隔离 VSC 交流场 ACC 主机与直流部分控制保护主机之间的通信连接。

第四节 典型问题分析——极1 VSC2开路试验阀控系统请求跳闸分析

一、故障概况

2022 年 9 月 29 日 22 时 15 分，姑苏换流站监控后台 S2P1VCP A/B 系统报“阀控系统请求跳闸出现”。故障发生时，姑苏换流站处于双极低端站系统启动调试阶段，进行试验为“姑苏站极 1 低端换流器 VSC2 站系统调试极 1 低端换流器 VSC2 不带线路开路试验（手动）”。故障时南瑞阀控后台主要事件记录见表 8-2。因本次故障事件较多，且无因主备系统切换引发的故障，故 A/B 系统记录在一个事件内。接近跳闸时刻由于 VCP 已经跳闸，链路延时导致部分事件未上传阀控后台。

表 8-2　　　　南瑞阀控后台故障主要事件记录

时间	事件来源	事件描述
22：15：04.068	S2P1BCP15 A/B	子模块开关频繁保护 2 段标志出现
22：15：04.069	S2P1VCP A/B	B 相下桥臂故障模块轻微报警出现
	S2P1VCP A/B	B 相下桥臂故障模块增加到 2 个
22：15：04.077	S2P1BCP15 A/B	VBC 的 SM34 code［旁路开关合位］出现 VBC 的 SM168 code［旁路开关合位］出现
22：15：04.088	S2P1BCP12 A/B	子模块开关频繁保护 2 段标志出现
22：15：04.089	S2P1VCP A/B	B 相上桥臂故障模块轻微报警出现
	S2P1VCP A/B	B 相上桥臂故障模块增加到 6 个
22：15：04.094	S2P1BCP12 A/B	VBC 的 SMC29 code［旁路开关合位］出现 VBC 的 SMC96 code［旁路开关合位］出现 VBC 的 SMC80 code［旁路开关合位］出现 VBC 的 SMC114 code［旁路开关合位］出现 VBC 的 SMC153 code［旁路开关合位］出现 VBC 的 SMC191 code［旁路开关合位］出现
22：15：04.169	S2P1BCP15 A/B	子模块开关频繁保护 2 段标志 恢复
22：14：04.189	S2P1BCP12 A/B	子模块开关频繁保护 2 段标志 恢复
22：15：05.560	S2P1BCP15 A/B	VBC 的 SMC2 code［SM 欠压］出现
22：15：05.561	S2P1VCP A/B	B 相下桥臂故障模块增加到 3 个
22：15：05.563	S2P1BCP15 A/B	VBC 的 SMC2 code［SM 欠压；旁路开关合位］出现
22：15：05.618	S2P1VCP A/B	B 相下桥臂故障模块增加到 4 个
	S2P1BCP15 A/B	VBC 的 SMC216 code［SM 欠压］出现 VBC 的 SMC216 code［SM 欠压；旁路开关合位］出现 VBC 的 SMC190 code［SM 欠压］出现
22：15：05.661	S2P1VCP A/B	B 相下桥臂故障模块增加到 5 个
22：15：05.664	S2P1BCP15 A/B	VBC 的 SMC190 code［SM 欠压；旁路开关合位］出现 VBC 的 SMC80 code［SM 欠压］出现
22：15：05.723	S2P1VCP A/B	B 相下桥臂故障模块增加到 6 个
22：15：05.739	S2P1VCP A/B	桥臂子模块故障频发出现
	S2P1VCP A/B	B 相下桥臂子模块故障频发出现
	S2P1VCP A/B	B 相下桥臂故障模块增加到 7 个
22：15：05.740	S2P1VCP A/B	阀控系统 VBC _ FAULT 信号出现
22：15：05.843	S2P1VCP A/B	B 相下桥臂故障模块增加到 8 个 B 相下桥臂故障模块增加到 9 个 B 相下桥臂故障模块增加到 10 个
22：15：06.403	S2P1VCP A/B	B 相下桥臂故障模块严重报警
	S2P1VCP A/B	B 相下桥臂故障模块增加到 11 个 B 相下桥臂故障模块增加到 12 个

续表

时间	事件来源	事件描述
22：15：06.551	S2P1VCP A/B	B相上桥臂故障模块增加到7个
	S2P1BCP12 A	VBC的SMC27 code［SM欠压］ VBC的SMC27 code［SM欠压；旁路开关合位］ VBC的SMC133 code［SM欠压］
22：15：06.611	S2P1VCP A/B	B相上桥臂故障模块增加到8个
22：15：06.615	S2P1BCP12 A	VBC的SMC133 code［SM欠压；旁路开关合位］ VBC的SMC65 code［SM欠压］
22：15：06.733	S2P1VCP A/B	B相上桥臂故障模块增加到9个
	S2P1BCP12 A	VBC的SMC65 code［SM欠压；旁路开关合位］
22：15：06.790	S2P1VCP A/B	B相上桥臂故障模块增加到10个
22：15：06.819	S2P1VCP A/B	B相下桥臂故障模块紧急报警出现
	S2P1VCP A/B	B相下桥臂故障模块增加到13个 B相下桥臂故障模块增加到14个
22：15：06.930	S2P1VCP A/B	B相上桥臂故障模块增加到11个
	S2P1VCP A/B	B相上桥臂故障模块严重报警出现
	S2P1VCP A/B	B相上桥臂子模块故障频发出现
22：15：07.003	S2P1VCP A/B	阀控系统请求跳闸出现

二、故障分析

阀控系统具有子模块短期内故障个数越限保护逻辑，即主用系统判断在30min之内故障个数大于5个，则请求切换系统；切换系统后若子模块仍出现连续故障，超过冗余14个，阀控请求跳闸。查阅子模块相关旁路事件可以判断B相下桥臂子模块连续故障冗余超限引起跳闸，“阀控系统VBC _ FAULT信号出现”与“阀控系统请求跳闸出现”均为正确动作。

故障发生后，查看南瑞继保阀控后台中的B相上桥臂与B相下桥臂子模块故障列表发现，B相上桥臂共旁路11个子模块，分别为第29、80、96、114、153、191、27、131、65、94和120号子模块，其中5个报SM欠压；B相下桥臂共旁路15个子模块，分别为第34、168、2、216、190、177、222、182、217、185、73、192、63、85和80号子模块，其中80号为第15个旁路子模块，在其旁路开关合位信号上传过程中，阀控系统已经跳闸，故对应旁路开关状态标志位尚未变色。15个旁路子模块中有13个子模块报SM欠压故障。

阀控报文和故障列表中共涉及两类保护动作，分别为“SM欠压”和“子模块开关频繁保护2段”，下面依次分析。B相上桥臂子模块故障如图8-4所示。B相下桥臂子模块故障如图8-5所示。

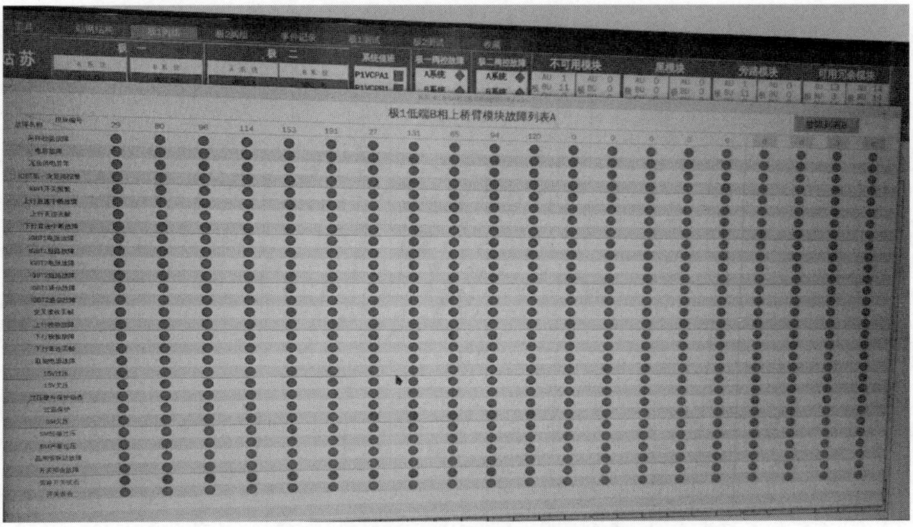

图 8-4　B 相上桥臂子模块故障列表

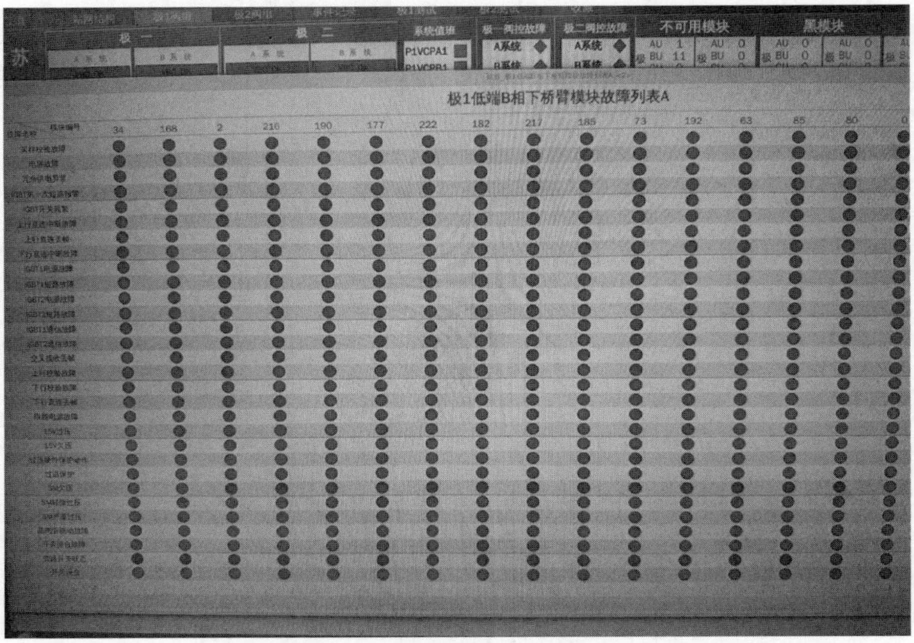

图 8-5　B 相下桥臂子模块故障列表

1. “SM 欠压”原因分析

“SM 欠压”为子模块电容欠压保护上报，三家换流阀厂家对于该保护的定值均为 600V，即某子模块电容电压低于 600V，会报出“SM 欠压”并将其旁路。在临近闭锁时刻，VSC2 各桥臂子模块电容电压最小值变化曲线如图 8-6 所示。

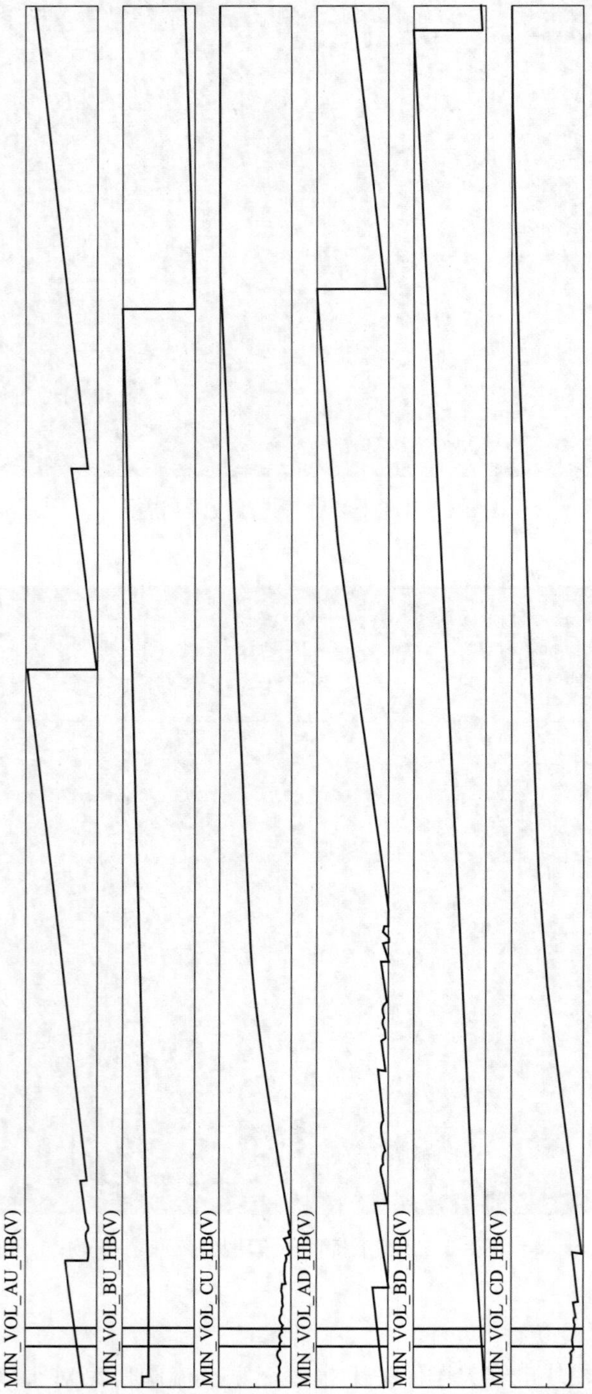

图 8-6　VSC2 各桥臂子模块电容电压最小值变化曲线

由图 8-6 可知，没有子模块电容电压最小值低于 600V。原因是该曲线只统计目前尚未故障的子模块电容电压。一旦某模块电容电压数值低于 600V 就会被旁路，不会出现在该统计曲线当中。

对于子模块电容电压出现异常下降的情况，初步分析结论为：开路试验阶段，桥臂电流数值较小并频繁过零，控制系统无法准确判定电流方向。某时刻，系统判定电流方向为正，应当投入电容电压最低的子模块进行充电；但子模块投入具有延时，当该子模块投入时，实际电流方向已经变为负向，电容进一步放电。反复多次以后，就会造成子模块电容欠压，保护动作执行旁路。

为防止此类情况的发生，阀控系统会在小功率下（轻载或空载阶段）进行二倍频环流注入，以增大桥臂电流，实现对电流方向的准确判断。三个厂家环流注入功能的定值见表 8-3。

表 8-3　　三个厂家环流注入控制定值（表中数值均为有效值）

定值名称	中电普瑞	南瑞继保	荣信汇科
注入环流的桥臂电流条件	＜40A	＜20A	＜40A
注入电流值	50A	30A	50A
取消环流注入的条件	＞80A	＞60A	＞80A
注入延时	2s	1s	50ms

从表 8-3 可见，南瑞继保注入的电流较其余两家小，并且取消环流注入的所需电流值也较其他两家小，相应的环流注入时间短，导致其环流注入后效果较差。

选取极 1 VSC1 和极 1 VSC3 换流阀不带线路开路试验时（录波时刻分别为 20220926 _ 230128 和 20220930 _ 143123）桥臂电流的波形与极 1 VSC2 换流阀不带线路开路试验时（录波时刻为 20220929 _ 221458）各桥臂阀底电流波形（IBP1 _ L1/IBP1 _ L2/IBP1 _ L3/IBN1 _ L1/IBN _ L2/IBN _ L3）进行比对，波形如图 8-7、图 8-8、图 8-9 所示，其中标红线时刻为环流注入时刻，对红线到蓝线这一时间段进行谐波分析。

比较三个 VSC 各桥臂电流波形可知，VSC1 和 VSC3 电流中二倍频含量很高，且波形规律，以稳定频率过零。而 VSC2 二倍频注入明显比其他两家差，2 次谐波分量明显偏少。继续查看极 1 VSC2 换流阀不带线路开路试验时解锁后下一时刻的波形（录波时刻为 20220929 _ 221504）如图 8-10 所示，并对该录波时间内的波形进行谐波分析。

由图 8-10 中的谐波分析可知，此时 2 次谐波已经不占主导，3 次、5 次谐波含量较高，同时从谐波分析可以看出 B 相的 2 次谐波注入量已经非常小，B 相相较于其他两相波形畸变严重。

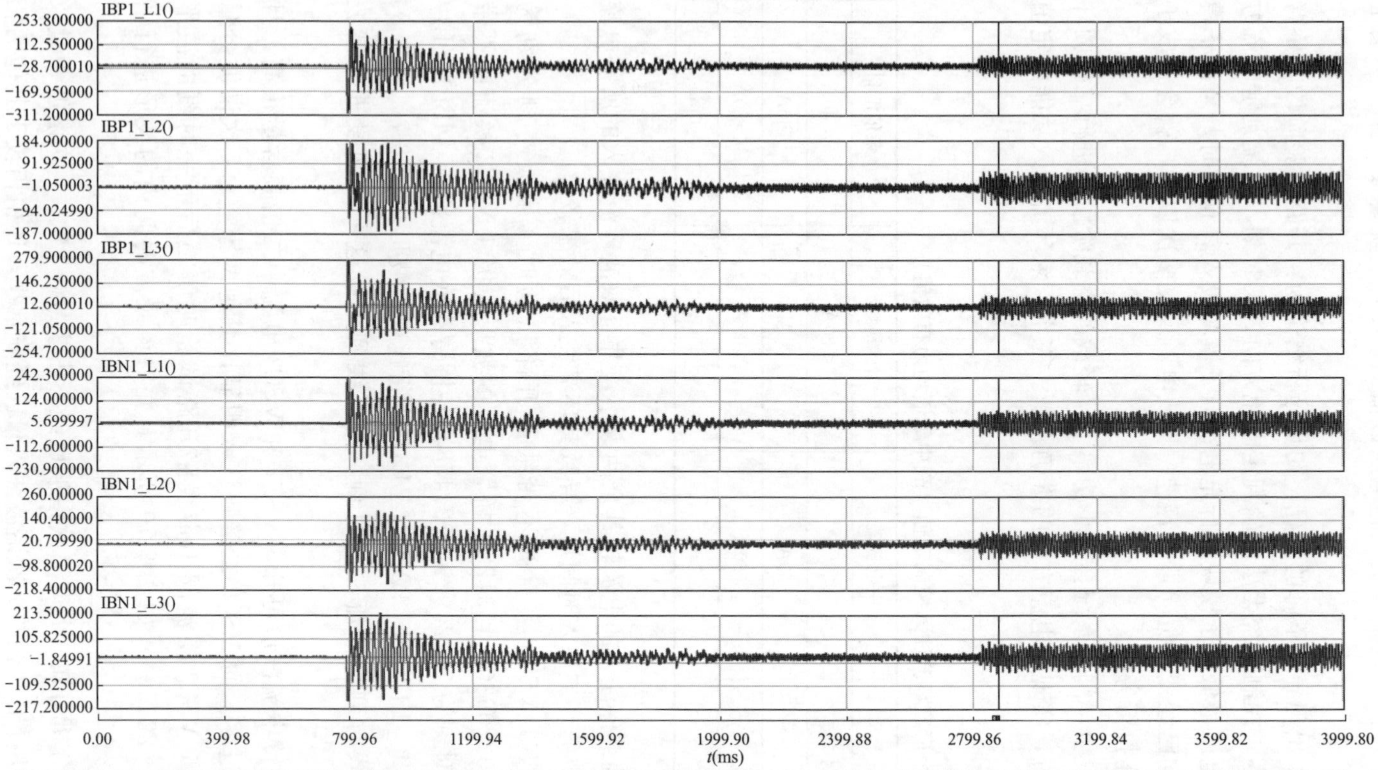

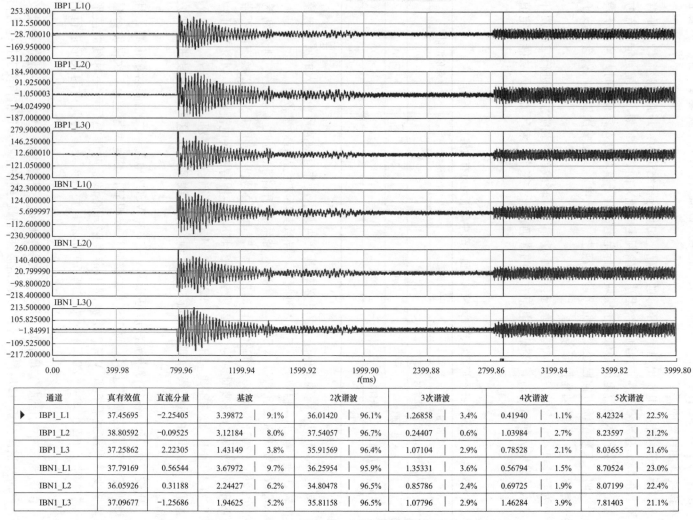

通道	真有效值	直流分量	基波		2次谐波		3次谐波		4次谐波		5次谐波	
▶ IBP1_L1	37.45695	−2.25405	3.39872	9.1%	36.01420	96.1%	1.26858	3.4%	0.41940	1.1%	8.42324	22.5%
IBP1_L2	38.80592	−0.09525	3.12184	8.0%	37.54057	96.7%	0.24407	0.6%	1.03984	2.7%	8.23597	21.2%
IBP1_L3	37.25862	2.22305	1.43149	3.8%	35.91569	96.4%	1.07104	2.9%	0.78528	2.1%	8.03655	21.6%
IBN1_L1	37.79169	0.56544	3.67972	9.7%	36.25954	95.9%	1.35331	3.6%	0.56794	1.5%	8.70524	23.0%
IBN1_L2	36.05926	0.31188	2.24427	6.2%	34.80478	96.5%	0.85786	2.4%	0.69725	1.9%	8.07199	22.4%
IBN1_L3	37.09677	−1.25686	1.94625	5.2%	35.81158	96.5%	1.07796	2.9%	1.46284	3.9%	7.81403	21.1%

图 8-7　极 1 VSC1 环流注入后的桥臂电流波形及谐波分析

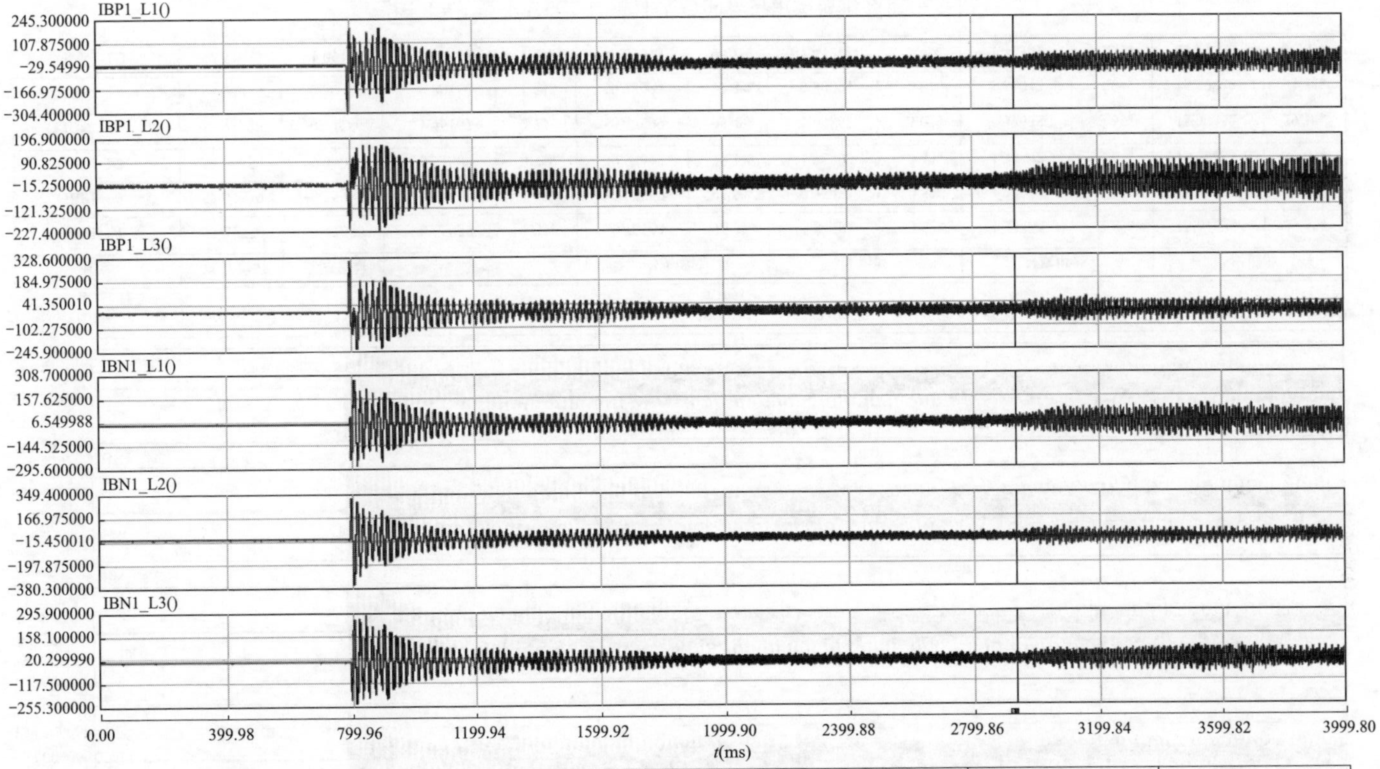

通道	真有效值	直流分量	基波		2次谐波		3次谐波		4次谐波		5次谐波	
▶ IBP1_L1	43.42949	2.52484	2.98218	6.9%	39.67018	91.3%	5.11938	11.8%	2.97714	6.9%	15.56076	35.8%
IBP1_L2	55.05587	−2.18795	4.42900	8.0%	47.11638	85.6%	9.47088	17.2%	2.90033	5.3%	25.50821	46.3%
IBP1_L3	24.32133	−0.82124	2.20926	9.1%	16.89500	69.5%	5.23468	21.5%	4.52766	18.6%	12.59140	51.8%
IBN1_L1	49.53747	−0.48262	1.92528	3.9%	44.68156	90.2%	9.63698	19.5%	5.80159	11.7%	17.17162	34.7%
IBN1_L2	31.56649	1.20468	1.10332	3.5%	24.04513	76.2%	8.92816	28.3%	9.46059	30.0%	11.63507	36.9%
IBN1_L3	31.96590	−1.53983	2.54530	8.0%	23.76074	74.3%	9.22346	28.9%	3.73756	11.7%	16.79559	52.5%

图 8-8　极 1 VSC2 环流注入后的桥臂电流波形及谐波分析

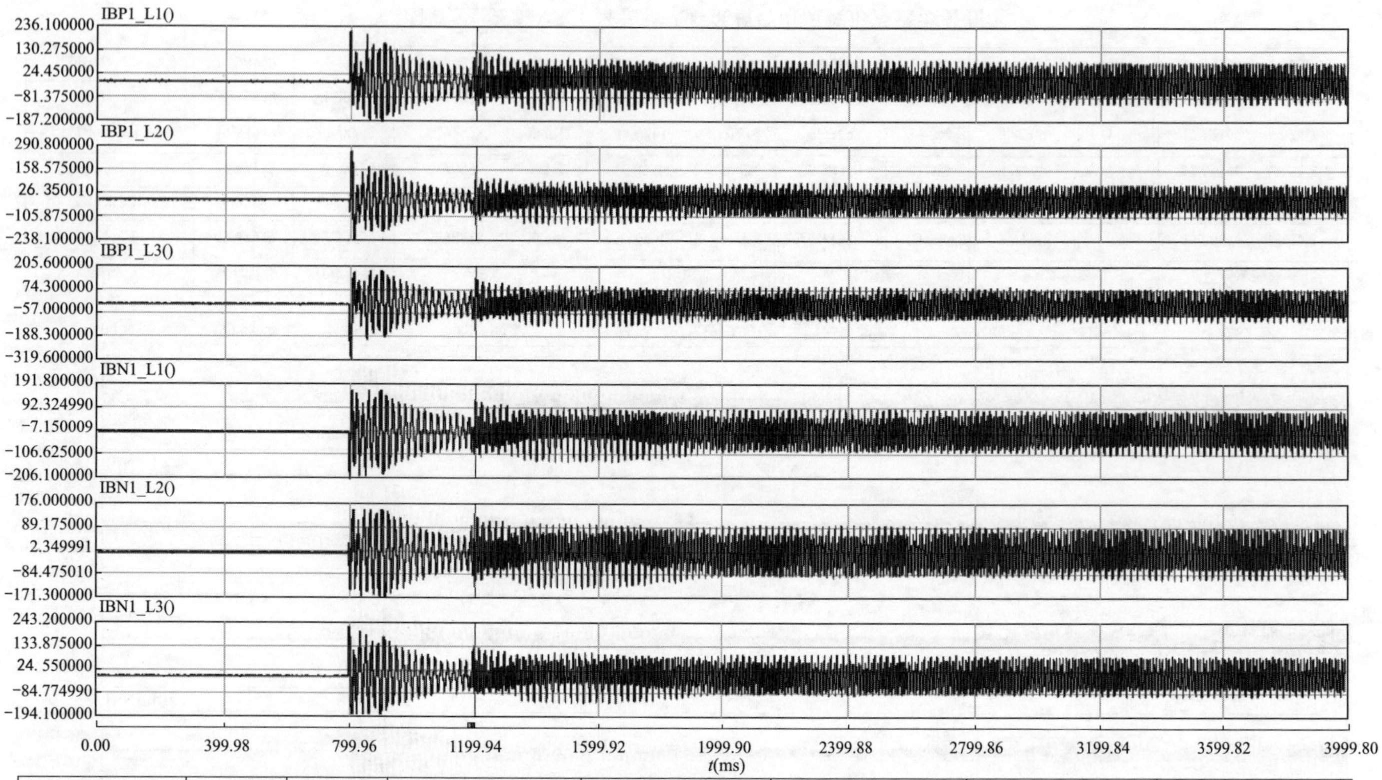

通道	真有效值	直流分量	基波		2次谐波		3次谐波		4次谐波		5次谐波	
▶ IBP1_L1	53.21770	0.47000	0.66939	1.3%	50.70164	95.3%	1.84791	3.5%	1.33163	2.8%	15.67834	29.5%
IBP1_L2	52.65639	−0.35987	0.77400	1.5%	50.01862	95.0%	0.28431	0.5%	1.22390	2.3%	16.14187	30.7%
IBP1_L3	52.49659	0.04007	0.34808	0.7%	49.94613	95.1%	1.78806	3.4%	1.34842	2.6%	15.75654	30.0%
IBN1_L1	52.92826	−0.74186	1.45167	2.7%	50.47899	95.4%	1.60863	3.0%	1.37638	2.6%	15.39652	29.1%
IBN1_L2	53.04459	−0.30385	0.80860	1.5%	50.28694	94.8%	0.30091	0.6%	1.61042	3.0%	16.57820	31.3%
IBN1_L3	52.64823	1.09118	0.59662	1.1%	50.07073	95.1%	1.44218	2.7%	1.42301	2.7%	15.77233	30.0%

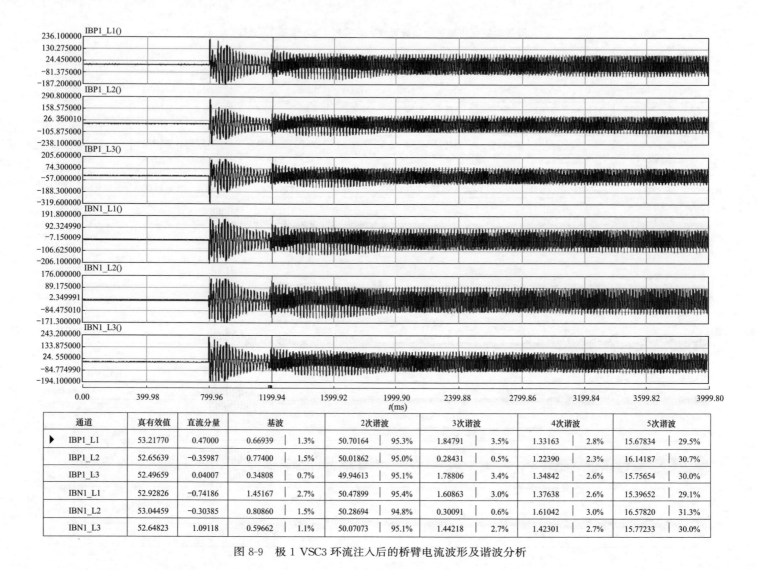

图 8-9　极 1 VSC3 环流注入后的桥臂电流波形及谐波分析

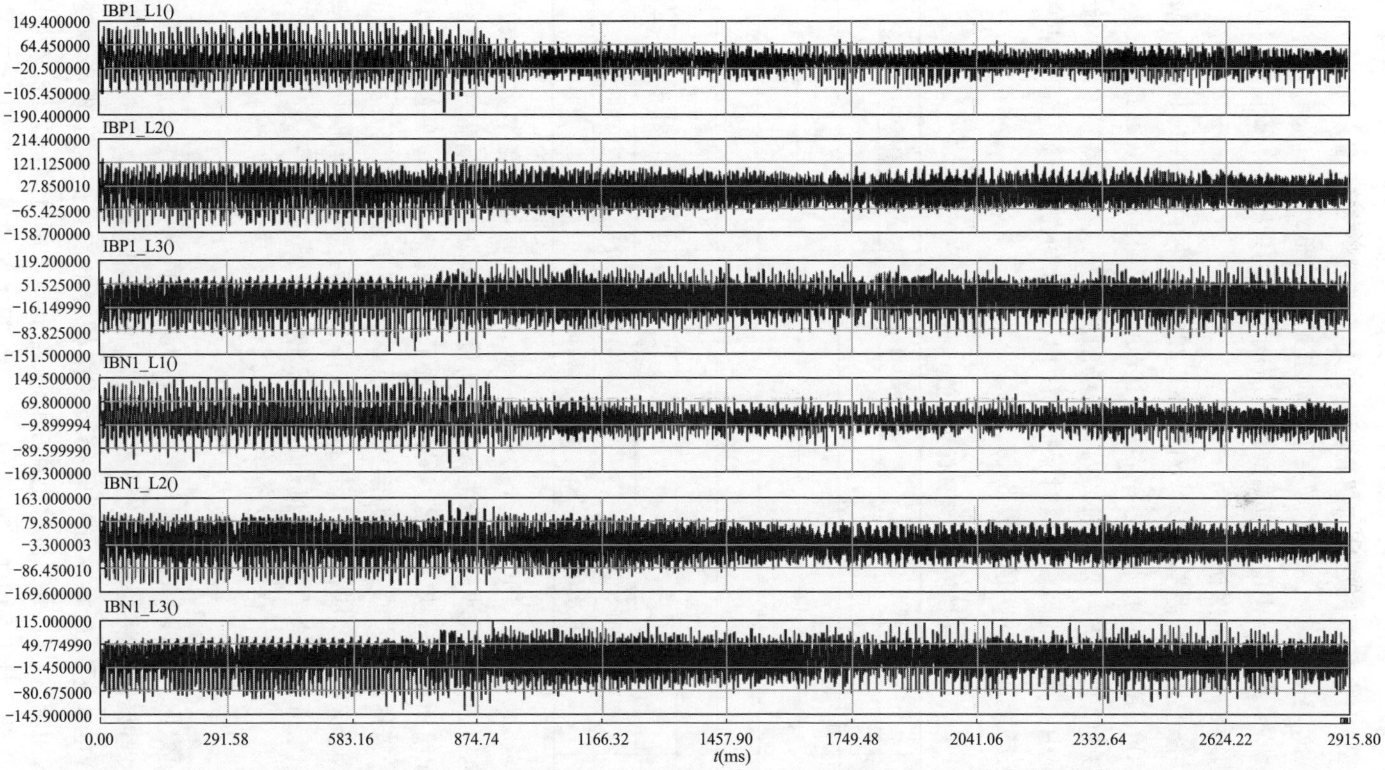

通道	真有效值	直流分量	基波		2次谐波		3次谐波		4次谐波		5次谐波	
▶ IBP1_L1	24.52293	−0.91486	5.99377	24.4%	1.66333	6.8%	10.41990	42.5%	2.92998	11.9%	13.60041	55.5%
IBP1_L2	32.46901	1.22318	4.68851	14.4%	1.24296	3.8%	7.17914	22.1%	1.79804	5.5%	12.52186	38.6%
IBP1_L3	36.46249	−0.24010	3.07950	8.4%	2.98793	8.2%	8.19185	22.5%	1.78539	4.9%	16.45184	45.1%
IBN1_L1	24.25402	−1.49291	2.57078	10.6%	3.60861	14.9%	7.22488	29.8%	1.68300	6.9%	15.19034	62.6%
IBN1_L2	29.52684	0.40405	6.31676	21.4%	1.04238	3.5%	4.11421	13.9%	1.86698	6.3%	15.71034	53.2%
IBN1_L3	30.02982	0.04192	4.80808	16.0%	2.90337	9.7%	4.59359	15.3%	3.33517	11.1%	16.73796	55.7%

图 8-10　极 1 VSC2 环流注入后续桥臂电流波形及谐波分析

2．“子模块开关频繁保护 2 段标志出现”原因分析

子模块开关频繁保护是为了防止子模块在短时间内开关频率过高损坏 IGBT 而设置的。保护可以分为两段，分别为高频长延时与超高频短延时。南瑞继保阀控系统中，此保护原本只有 1 段定值（高频长延时）。根据《关于白江工程双极低端柔直阀控可靠性提升措施软件修改的技术监督意见》中的“南瑞继保换流阀子模块只配置高频长延时频率保护，建议增加超高频短延时频率保护功能”。

根据南瑞继保的软件修改单（联系单编号：YC-OST-22027）中的“SMC 板卡新增开关频繁 1 段保护（1.2kHz 超高频短延时频率保护，10ms 统计到 12 次 IGBT 触发脉冲上升沿）。”实际增加的为 2 段保护，只是在厂内和现场的命名方式存在差异。统一命名方式后，在其阀控系统中：原有的高频长延时保护为 1 段，新增的超高频短延时保护为 2 段。三家子模块开关频繁保护的定值见表 8-4。

表 8-4　　三家子模块开关频繁保护定值

定值名称	中电普瑞	南瑞继保	荣信汇科
1 段动作次数	20	400	60
1 段判断时间	50ms	1s	100ms
1 段频率	400Hz	400Hz	600Hz
2 段动作次数	10	12	12
2 段判断时间	10ms	10ms	10ms
2 段频率	1kHz	1.2kHz	1.2kHz
保护投入电流定值	110A（有效值）	155A（瞬时值）	300A（瞬时值）
保护退出电流定值	90A（有效值）	155A（瞬时值）	150A（瞬时值）

查看子模块故障列表，原本设定“IGBT 开关频繁”为其标志位，但在本次调试故障中，该标志位并未变色。由于子模块频繁开关保护为新设置的保护，之前程序中预留的标志位已经不足以分配给所有子模块。因此，另外设置了总的标志信号，只要有 1 个子模块出现子模块频繁开关保护 1 段或 2 段动作，会上报事件：“子模块频繁开关保护 1 段标志”或“子模块频繁开关保护 2 段标志”。依据此事件和随后旁路的子模块号，来确定哪些子模块发生了频繁开关。查看事件可以确定，B 相上桥臂有 6 个子模块（29、96、80、114、153、191 号）、B 相下桥臂有 2 个子模块（34、168 号）是因为开关频繁保护动作而旁路。

出现“子模块开关频繁保护 2 段”的原因与之前分析大体相同。由于在环流注入之后，桥臂电流仍然含有大量谐波，将桥臂电流波形放大，如图 8-11 所示，发现在几十毫秒的时间区间内，桥臂电流频繁过零，导致阀控装置中桥臂电流方向也出现高频变化。同时，该保护的投入定值较小，由于桥臂电流中谐波含量高，部分峰值如红线处 B 相上桥臂电流已到 214A，蓝线处 B 相下桥臂已到 163A，均超过保护投入门槛值 155A，触发保护动作。在解锁后的一段时间内多次触发了“子模块开关频繁保护 2 段”。

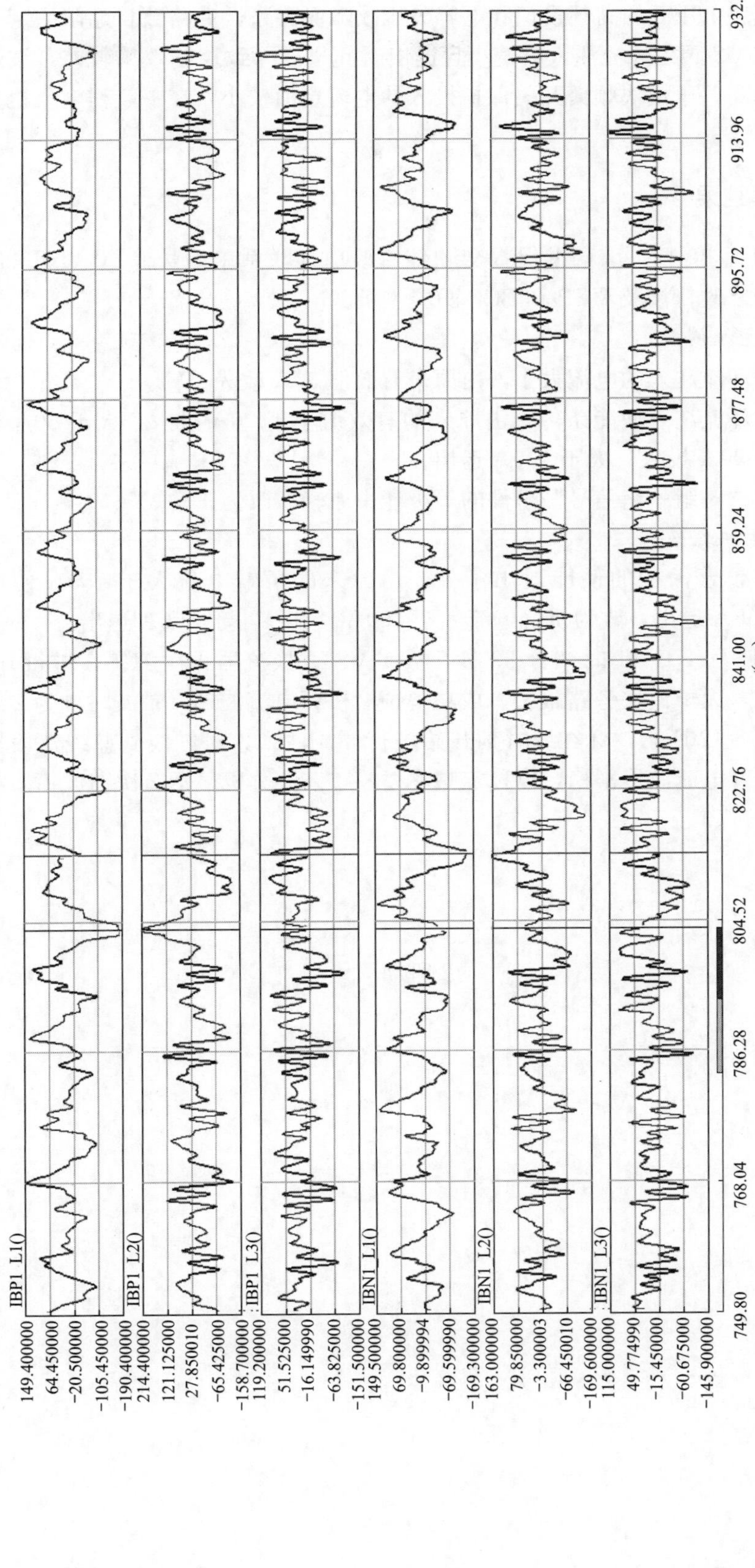

图 8-11　局部放大后的桥臂电流波形

根据上述分析可知，导致本次故障的直接原因为：子模块投切过快和充放电状态异常，引起子模块 IGBT 的高频投切和电容欠压故障而旁路，旁路数目超限引起跳闸。根本原因为：VSC2 阀控环流注入值偏小且退出时间早，导致控制效果较差，波形频繁过零点、畸变率高；子模块频繁开关保护投入的电流定值较小，在一定程度上也加速了故障的发展。

三、处理结果

2022 年 9 月 30 日，南瑞继保提交软件修改单（联系单编号：YC-OST-22051）对相关参数进行修改，涉及 VCP 和 BCP 两层主机。

1. VCP 主机修改

（1）修改环流注入的电流大小，由原来有效值 30A 改为 40A。

（2）修改环流注入使能条件，由原来的有效值小于 20A 投入、大于 60A 退出，改为有效值小于 20A 投入、大于 100A 退出。

（3）修改“阀组就绪信号”事件的等级，由原轻微改为正常。

2. BCP 主机修改

修改开关频繁保护的使能退出条件，由原来的桥臂电流大于 155A 使能、连续 100ms 低于 155A 退出，改为桥臂电流大于 400A 使能、小于 200A 退出。

2022 年 10 月 1 日 11 时 3 分 33 秒，极 1 VSC2 换流器再次解锁，进行开路试验，试验结果正常，无子模块旁路报警。成功解锁后桥臂电流波形（录波时刻为 20221001_110333）如图 8-12 所示，标红线时刻开始进行环流注入，对红线到蓝线这段区间进行谐波分析。桥臂电流波形平稳，以稳定频率过零，谐波分析显示 2 次谐波占主导，环流注入效果明显。

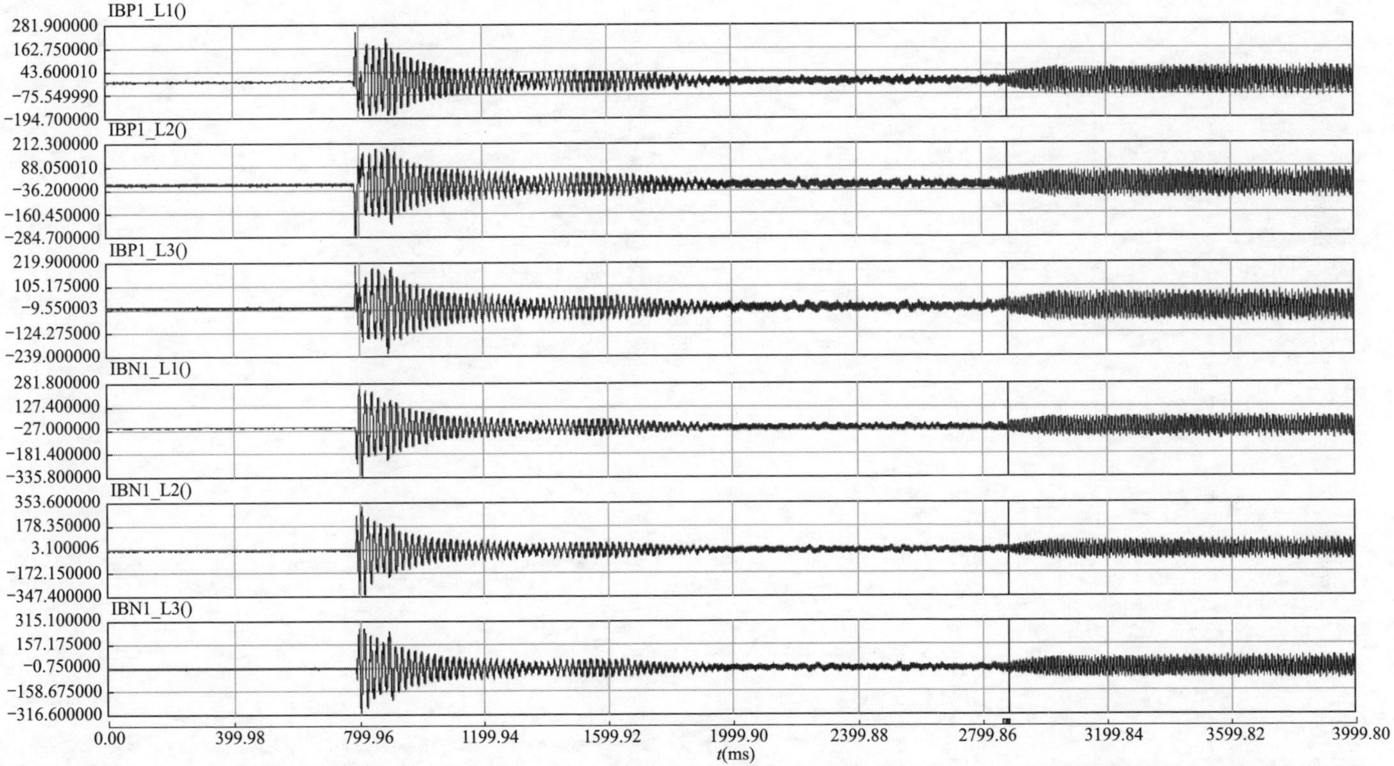

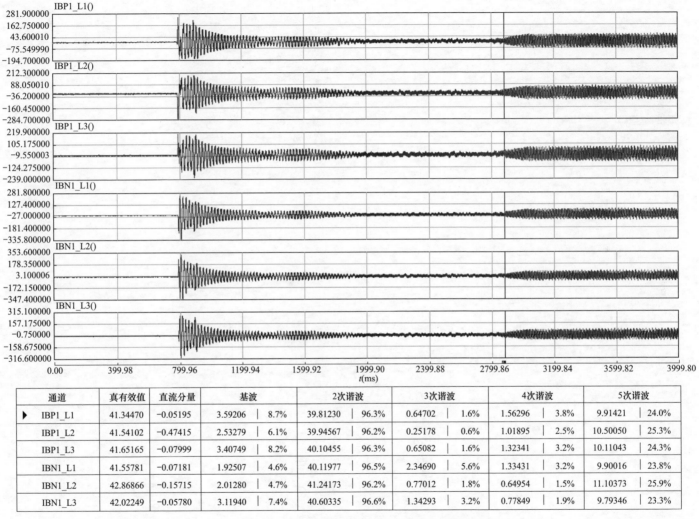

通道	真有效值	直流分量	基波		2次谐波		3次谐波		4次谐波		5次谐波	
▶ IBP1_L1	41.34470	−0.05195	3.59206	8.7%	39.81230	96.3%	0.64702	1.6%	1.56296	3.8%	9.91421	24.0%
IBP1_L2	41.54102	−0.47415	2.53279	6.1%	39.94567	96.2%	0.25178	0.6%	1.01895	2.5%	10.50050	25.3%
IBP1_L3	41.65165	−0.07999	3.40749	8.2%	40.10455	96.3%	0.65082	1.6%	1.32341	3.2%	10.11043	24.3%
IBN1_L1	41.55781	−0.07181	1.92507	4.6%	40.11977	96.5%	2.34690	5.6%	1.33431	3.2%	9.90016	23.8%
IBN1_L2	42.86866	−0.15715	2.01280	4.7%	41.24173	96.2%	0.77012	1.8%	0.64954	1.5%	11.10373	25.9%
IBN1_L3	42.02249	−0.05780	3.11940	7.4%	40.60335	96.6%	1.34293	3.2%	0.77849	1.9%	9.79346	23.3%

图 8-12　极 1 VSC2 成功解锁后桥臂电流波形及谐波分析